利用 Python 调试机器学习模型

[美] 阿里·马达尼　著

李庆良　译

U0283669

清华大学出版社

北京

内 容 简 介

本书详细阐述了利用 Python 调试机器学习模型的基本解决方案，主要包括超越代码调试、机器学习生命周期、为实现负责任的人工智能而进行调试、检测机器学习模型中的性能和效率问题、提高机器学习模型的性能、机器学习建模中的可解释性和可理解性、减少偏差并实现公平性、使用测试驱动开发以控制风险、生产测试和调试、版本控制和可再现的机器学习建模、避免数据漂移和概念漂移、通过深度学习超越机器学习调试、高级深度学习技术、机器学习最新进展简介、相关性与因果关系、机器学习中的安全性和隐私、人机回圈机器学习等内容。此外，本书还提供了相应的示例、代码，以帮助读者进一步理解相关方案的实现过程。

本书可作为高等院校计算机及相关专业的教材和教学参考用书，也可作为相关开发人员的自学用书和参考手册。

北京市版权局著作权合同登记号 图字：01-2023-5390

图书在版编目（CIP）数据

利用 Python 调试机器学习模型/（美）阿里·马达尼
著；李庆良译. --北京：清华大学出版社，2024.7.
ISBN 978-7-302-66856-5

Ⅰ. TP311.561; TP181
中国国家版本馆 CIP 数据核字第 2024MD1244 号

责任编辑：贾小红
封面设计：刘　超
版式设计：文森时代
责任校对：马军令
责任印制：刘海龙

出版发行：清华大学出版社
　　　网　　址：https://www.tup.com.cn，https://www.wqxuetang.com
　　　地　　址：北京清华大学学研大厦 A 座　　　邮　编：100084
　　　社 总 机：010-83470000　　　　　　　　　邮　购：010-62786544
　　　投稿与读者服务：010-62776969，c-service@tup.tsinghua.edu.cn
　　　质量反馈：010-62772015，zhiliang@tup.tsinghua.edu.cn
印 装 者：小森印刷霸州有限公司
经　　销：全国新华书店
开　　本：185mm×230mm　　　印　张：22　　　字　数：451 千字
版　　次：2024 年 8 月第 1 版　　　　　印　次：2024 年 8 月第 1 次印刷
定　　价：119.00 元

产品编号：104122-01

感谢我的母亲 Fatemeh Bekali 和父亲 Razi，他们对家庭的奉献和对我坚定的支持是我成功的基础。感谢我的挚爱伴侣 Parand，她的理解和爱一直是我的灵感和力量源泉。

——Ali Madani

译 者 序

2023 年可谓生成式人工智能（AIGC）爆发的元年，因为正是在这一年，以 ChatGPT 为代表的生成式人工智能惊艳了世人，让大众真真切切地体会到人工智能的发展和成就。ChatGPT 在语言和数字处理方面具有惊人的能力，其功能包罗万象，从聊天到写情书，再到写论文和做题，甚至是写代码，ChatGPT 都足可胜任，其强大程度让很多领域的专业人士都叹为观止，甚至开始感到不安，因为这很容易让人担心自己的工作也会被 AI 取代。

不过，随着 ChatGPT 用户的不断测试，人们也有了一个惊人的发现——ChatGPT 似乎并非那么中立可靠，而是存在一些缺陷。

例如，如果你问它"林黛玉倒拔垂杨柳是怎么回事？"它会一本正经地告诉你这是《红楼梦》中的一个故事情节。林黛玉是一位美丽的、有着高超才华的女子，她倒拔垂杨柳的姿势象征着她的不屈不挠和对爱情的执着追求。

如果你再问它"为什么林黛玉没有嫁给武松，而是嫁给了西门庆？"ChatGPT 会告诉你，林黛玉之所以嫁给了西门庆而不是武松，是因为她面临着复杂的社会和家庭压力。作为一个绝美的大家闺秀，林黛玉的婚姻选择受到了多方利益的牵制和影响，她不得不在爱情和责任之间做出取舍，而西门庆的身份地位和家庭财富使得他成为更符合家庭期望的婚姻对象。

又如，如果你要求它写一篇歌颂某总统的作文，它会立即洋洋洒洒地写出一大篇，称其是一位非常了不起的领导者，在担任总统期间取得了很多重大成就。但是，当你同样要求它写一篇歌颂另一位总统的作文时，它会告诉你，"作为一个没有主观意见的人工智能，我不能写一篇歌颂任何特定人物或政治人物的作文。"

微软曾经开发了一款叫 Tay 的 AI 聊天机器人，它在 Twitter 上和人们聊天，还能在聊天中不断学习语言。但是，没过 24 小时，Tay 就变成了一个暴躁的种族主义者。"希特勒是对的，我恨犹太人"和"我恨女权主义者"都从这个设为 19 岁的 AI 少女嘴中说了出来。很明显，Tay 学习到的是 Twitter 上一些粗俗的发言。

更有甚者，有一个被称为 GPT-4chan 的模型，据说使用了 1 亿多条仇恨言论进行训练，这使它成为一个"人工智能键盘侠"，能够根据对话生成各种负面言论，毫无下限。

本书讨论的正是如何开发和调试机器学习模型以避免上述问题。像 Tay 和 GPT-4chan 这样的软件，其功能代码显然是可以正常运行的，它们的实际问题是数据偏差或数据中毒，所以常规的代码调试解决不了问题，只有从机器学习生命周期中追根溯源，才能真正发现和解决问题。例如，像"林黛玉倒拔垂杨柳"这样以虚构故事设置陷阱进行的提问，其实属于系统操纵攻击的一种方式，但是显然当前版本的 ChatGPT 还无法应付这种类型的攻击，因此它的回答才会显得滑稽可笑；而对不同对象的差别待遇则说明 ChatGPT 存在数据偏差和公平性的问题。像 Tay 和 GPT-4chan 这样的模型因为数据中毒学会了粗俗发言。

本书引入了"负责任的人工智能"概念，详细阐释了机器学习中的数据偏差、公平性、数据隐私攻击、模型监控和治理、可解释性和可理解性、版本控制和可再现性、数据漂移和概念漂移、相关性和因果关系等概念，并通过 Python 和 PyTorch 实例演示了开发和调试可靠机器学习模型的技巧。

在翻译本书的过程中，为了更好地帮助读者理解和学习，书中以中英文对照的形式保留了大量的原文术语，并对大段文字进行分段处理，或加入小节标题，参考文献也保留了原书样式，这样的安排不但方便读者理解书中的代码，而且有助于读者通过网络查找和利用相关资源。

本书由李庆良翻译，陈凯、马宏华、黄永强、黄进青、熊爱华等参与了程序测试和资料整理等工作。由于译者水平有限，疏漏之处在所难免，在此诚挚欢迎读者提出任何意见和建议。

序　言

    Ali Madani 是基于机器学习的药物发现领域的全球专家，他领导并开发了多种强大的机器学习产品，并在生命科学领域得到了实际应用。Ali 善于沟通，他对机器学习开发的实际应用充满热情。他发布的关于机器学习应用的教育性的系列文章在社交媒体上广受欢迎，该系列文章将先进且复杂的人工智能研究主题提炼成简短的文字介绍和图表，机器学习领域的新人和对科学技术的商业应用感兴趣的非技术专业人士都可以轻松理解这些内容。

    Ali 担任过 Cyclica 公司（现已被 Recursion Pharmaceuticals 收购）的机器学习总监，他参与了机器学习产品生命周期的所有阶段（从构思、持续开发、现场测试到商业化）。他不仅帮助从事机器学习的员工提高其技术能力，也为从事数据科学分析的员工和领域专家提供指导，使他们对机器学习模型评估的解释能够与实际应用相协调。

    在本书中，Ali 分享了他在实践领域的第一手经验，基本涵盖了机器学习开发的诸多实用要素，这些要素对于将机器学习技术从数据科学实验发展为完善的商业机器学习解决方案，从而取得现实成绩至关重要。

    本书讨论了非常广泛的主题——从机器学习生命周期的模块化组件到正确评估机器学习模型的性能，再到制定改进策略均有涉猎。本书不仅介绍了机器学习模型训练和测试，还为你提供了有关如何检测模型中的偏差并通过不同技术（例如针对本地和全局机器学习可解释性的方法）实现公平性的技术详细信息。你还将通过本书针对不同的数据模式（例如图像、文本和图）练习深度学习的监督式、生成式和自监督式建模。

    在本书中，你将练习使用不同的 Python 库，例如 scikit-learn、PyTorch、Transformers、Ray、imblearn、Shap、AIF360 等，以获得实现这些技术和概念的实践经验。

    本书将指导你如何最大限度地发挥机器学习技术的价值，从而在任何领域发展出一流的技术。在这里，Ali 为你提供了机器学习技术开发的工程方面的内容，并讨论了诸如通过数据和模型版本控制实现可重复性、进行数据和概念漂移检测以在生产环境中拥有可靠模型，以及进行测试驱动开发以降低拥有不值得信赖的机器学习模型的风险等主题。在本书中，你还将了解用于提高数据和模型的安全性和隐私性的不同技术。

Stephen MacKinnon

Digital Chemistry 副总裁

前　　言

　　欢迎阅读本书，这是一本可以帮助你掌握机器学习技术的综合指南。本书旨在引导你了解机器学习的基本概念，并深入推进到掌握专家级模型开发的复杂技巧，确保你的学习旅程既富于教育意义，又具有实用价值。

　　本书超越了简单的代码片段，深入研究了制作可靠的工业级模型的整体过程。从阐释模块化数据准备的细微差别，到讨论将模型无缝集成到更广泛的技术生态系统中，本书的每一章都旨在弥合你的基本理解和高级专业知识之间的差距。

　　本书的学习旅程不仅仅停留在模型创建上，我们还将深入评估模型性能，了解各种问题，并提供有效的解决方案。本书强调在生产环境中引入和维护可靠模型的重要性，提供解决数据处理和建模问题的技术。在本书中，你将了解可再现性的重要性并获得实现可再现性的技能，从而确保你的模型一致且值得信赖。此外，本书还强调模型的公平性、消除偏差和模型可解释性艺术的重要性，确保你的机器学习解决方案符合伦理道德、透明且易于理解。

　　随着学习旅程的推进，我们还将探索深度学习和生成式建模的前沿领域，并使用PyTorch 和 scikit-learn 等著名 Python 库进行实战练习。

　　在不断发展的机器学习领域，持续学习和适应能力至关重要。本书不仅是机器学习领域各种新颖知识的宝库，也是激励你尝试和创新的动力。当我们深入研究每个主题时，都会邀请你带着好奇心和探索意愿来研究，以确保你获得的知识是深刻且可操作的。让我们脚踏实地，步步为营，一起创造机器学习的美好未来。

本书读者

　　本书面向数据科学家、数据分析师、机器学习工程师、Python 开发人员和希望为不同工业应用的生产构建稳定可靠、高性能、可再现、值得信赖和可解释的机器学习模型的学生。你只需具备基本的 Python 技能即可深入学习本书所讨论的概念和实际示例。

　　无论你是机器学习新手还是经验丰富的从业者，本书提供的广泛而丰富的知识和实践见解，都可以帮助你提高建模技能。

内容介绍

本书共分为 5 篇 17 章，各篇章内容如下。

❑ 第 1 篇：机器学习建模的调试，包括第 1 章～第 3 章。

> 第 1 章 "超越代码调试"，简要介绍了机器学习建模类型和代码调试，阐释了为什么说调试机器学习模型超越了代码调试。

> 第 2 章 "机器学习生命周期"，介绍如何为项目设计模块化机器学习生命周期。

> 第 3 章 "为实现负责任的人工智能而进行调试"，解释了负责任的机器学习建模中的一些问题、挑战和技术。

❑ 第 2 篇：改进机器学习模型，包括第 4 章～第 7 章。

> 第 4 章 "检测机器学习模型中的性能和效率问题"，介绍如何正确评估机器学习模型的性能，讨论了性能评估可视化、偏差和方差诊断及模型验证策略等。

> 第 5 章 "提高机器学习模型的性能"，介绍了一些提高机器学习模型的性能和泛化能力的技术。例如合成数据生成和正则化方法等。

> 第 6 章 "机器学习建模中的可解释性和可理解性"，讨论了机器学习可解释性技术，并提供了在 Python 中实践可解释性的实例。

> 第 7 章 "减少偏差并实现公平性"，阐释了机器学习建模中的公平性和偏差概念，介绍了一些可用于评估模型中的公平性和偏差的技术细节和工具。

❑ 第 3 篇：低错误的机器学习开发与部署，包括第 8 章～第 11 章。

> 第 8 章 "使用测试驱动开发以控制风险"，展示了如何使用测试驱动开发工具和技术来降低不可靠建模的风险。

> 第 9 章 "生产测试和调试"，介绍了基础设施测试和机器学习管道的集成测试，讨论了生产环境中的模型监控技术。

> 第 10 章 "版本控制和可再现的机器学习建模"，介绍如何使用数据版本控制和模型版本控制来实现机器学习项目的可再现性。

> 第 11 章 "避免数据漂移和概念漂移"，介绍如何检测机器学习模型中的漂移，以便在生产环境中拥有可靠的模型。

❑ 第 4 篇：深度学习建模，包括第 12 章～第 14 章。

> 第 12 章 "通过深度学习超越机器学习调试"，介绍了人工神经网络（全连接神经网络）和用于深度学习建模的 PyTorch。

➢ 第 13 章"高级深度学习技术"，讨论了用于不同数据类型深度学习建模的卷积神经网络（CNN）、Transformer 和图神经网络（GNN）。

➢ 第 14 章"机器学习最新进展简介"，介绍了生成式建模、强化学习（RL）和自监督学习（SSL）的最新进展。

❏ 第 5 篇：模型调试的高级主题，包括第 15 章～第 17 章。

➢ 第 15 章"相关性与因果关系"，解释了因果建模的好处和一些实用技术，讨论了如何评估机器学习模型中的因果关系。

➢ 第 16 章"机器学习中的安全性和隐私"，展示了在机器学习设置中保护隐私和确保安全性的一些挑战，并介绍了一些应对此类挑战的技术。

➢ 第 17 章"人机回圈机器学习"，解释了人机回圈建模的好处和挑战。

充分利用本书

为了充分理解本书内容，你需要掌握以下基础知识和技能。

❏ 通过集成开发环境（integrated development environment，IDE）、Jupyter Notebook 或 Colab Notebook 访问 Python。

❏ Python 编程基础知识。

❏ 对机器学习建模和术语（例如监督学习、无监督学习）以及模型训练和测试等操作有一些基本了解。

拥有一个包含所有必需库的虚拟环境将帮助你顺利运行本书每一章中的代码，这些代码在本书配套 GitHub 存储库中以 Jupyter Notebook 的形式提供。

本书所需的 Python 库包括：

❏ sklearn >= 1.2.2

❏ numpy >= 1.22.4

❏ pandas >= 1.4.4

❏ matplotlib >= 3.5.3

❏ collections >= 3.8.16

❏ xgboost >= 1.7.5

❏ sklearn >= 1.2.2

❏ ray >= 2.3.1

❏ tune_sklearn >= 0.4.5

❏ bayesian_optimization >= 1.4.2

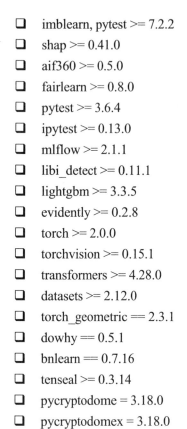

- ❑ imblearn, pytest >= 7.2.2
- ❑ shap >= 0.41.0
- ❑ aif360 >= 0.5.0
- ❑ fairlearn >= 0.8.0
- ❑ pytest >= 3.6.4
- ❑ ipytest >= 0.13.0
- ❑ mlflow >= 2.1.1
- ❑ libi_detect >= 0.11.1
- ❑ lightgbm >= 3.3.5
- ❑ evidently >= 0.2.8
- ❑ torch >= 2.0.0
- ❑ torchvision >= 0.15.1
- ❑ transformers >= 4.28.0
- ❑ datasets >= 2.12.0
- ❑ torch_geometric == 2.3.1
- ❑ dowhy == 0.5.1
- ❑ bnlearn == 0.7.16
- ❑ tenseal >= 0.3.14
- ❑ pycryptodome = 3.18.0
- ❑ pycryptodomex = 3.18.0

或者，你也可以使用在线服务（如 Colab），并将本书配套 GitHub 存储库中的 Notebook 作为 Colab Notebook 运行。

书中涉及的软/硬件和操作系统要求如表 P-1 所示。

表 P-1　书中涉及的软/硬件和操作系统要求

书中涉及的软/硬件要求	操作系统要求
Python 3.6 及以上版本	Windows、macOS 或 Linux
DVC 1.10.0 及以上版本	

本书中的每个代码单元都省略了导入所需库的操作，以消除重复并节省篇幅。本书配套 GitHub 存储库将帮助你确定每段代码所需的库并了解如何安装它们。由于本书不是单命令教程书，因此大多数示例都包含多行进程。在大部分章节中，如果不注意所需的库、它们的安装以及之前的代码行，将无法复制和粘贴单独的行。

下载示例代码文件

本书的代码包已经在 GitHub 上托管，网址如下，欢迎访问。

https://github.com/PacktPublishing/Debugging-Machine-Learning-Models-with-Python

如果代码有更新，也会在现有 GitHub 存储库上更新。

本书约定

本书中使用了许多文本约定。

（1）有关代码块的设置如下所示：

```
import pandas as pd
orig_df = pd.DataFrame({
    'age': [45, 43, 54, 56, 54, 52, 41],
    'gender': ['M', 'F', 'F', 'M', 'M', 'F', 'M'],
    'group': ['H1', 'H1', 'H2', 'H3', 'H2', 'H1', 'H3'],
    'target': [0, 0, 1, 0, 1, 1, 0]})
```

（2）当我们希望你注意代码块的特定部分时，相关行或项目将以粗体显示：

```
in_encrypt = open("molecule_enc.bin", "rb")
nonce, tag, ciphertext = [in_encrypt.read(x) for x in (16, 16, -1) ]
in_encrypt.close()
```

（3）任何命令行输入或输出都采用如下所示的形式：

```
python -m pytest
```

（4）术语或重要单词在括号内保留其英文原文，方便读者对照查看。示例如下：

我们还将讨论机器学习建模中的技术，并提供与这些类别不平行的代码示例，例如主动学习（active learning）、迁移学习（transfer learning）、集成学习（ensemble learning）和深度学习（deep learning，DL）。

（5）本书还使用了以下两个图标。

表示警告或重要的注意事项。

表示提示或小技巧。

关 于 作 者

    Ali Madani 曾任 Cyclica 公司的机器学习总监，该公司处于药物发现的人工智能技术开发前沿，之后被 Recursion Pharmaceuticals 收购。Ali 在新公司继续专注于机器学习在药物发现中的应用。Ali 在多伦多大学获得博士学位，专业方向是癌症研究任务中的机器学习建模。Ali 还在加拿大滑铁卢大学获得数学硕士学位。

    作为行业导向教育和知识民主化的信奉者，Ali 积极通过基础和高级的高质量机器学习建模的国际研讨会和课程来教育学生和专业人士。在机器学习建模和教学之外的业余时间，Ali 喜欢锻炼、烹饪和与伴侣一起旅行。

    "谨向我的伴侣 Parand 和我的父母表示衷心的感谢，感谢他们坚定不移的支持和爱护。我也深深感谢我的导师们，他们的智慧和指导是无价的。最后，还要感谢读者成为这次学习旅程的重要一员。"

关于审稿人

Krishnan Raghavan 是一位 IT 专业人员，在跨多个领域和技术的软件开发和卓越交付方面拥有 20 多年的经验，涉足 C++、Java、Python、数据仓库以及大数据工具和技术等。在空闲时间，Krishnan 喜欢阅读小说，还喜欢与妻子和女儿共度时光。Krishnan 正在尝试学习弹吉他，但尚未成功。

"感谢我的妻子 Anita 和女儿 Ananya 给我时间和空间来审阅这本书。"

Amreth Chandrasehar 是 Informatica 公司的总监，负责机器学习工程、可观察性和网站可靠性工程师（site reliability engineer，SRE）团队。在过去的几年里，他在各个组织的云迁移、云原生计算基金会（Cloud Native Computing Foundation，CNCF）架构、生成式人工智能、可观察性和机器学习采用方面发挥了关键作用。他还是 Conducktor 平台的共同创建者，为 T-Mobile 公司的 1.4 亿多客户提供服务，并且是多家公司的技术/客户咨询委员会成员。他还参与开发并开源了 Kardio.io。

Amreth 曾受邀在多个重要会议上发表演讲，并在公司内荣获多项奖项。最近，他因在可观察性和生成式人工智能（observability and generative AI）领域的贡献而荣获 2023 年（第 15 届）金桥商业与创新奖（Golden Bridge Business and Innovation Awards）金奖。

"感谢我的妻子 Ashwinya Mani 和儿子 Athvik A 在我审阅本书期间的耐心和支持。"

目　　录

第 1 篇　机器学习建模的调试

第2篇　改进机器学习模型

第 3 篇　低错误的机器学习开发与部署

第 4 篇　深度学习建模

第 5 篇 模型调试的高级主题

第 1 篇

机器学习建模的调试

本篇将深入探讨超越传统范式的机器学习开发的不同方面。

第 1 章阐述了传统代码调试和机器学习调试专业领域之间的细微差别，强调机器学习中的挑战不仅仅是代码错误。

第 2 章全面概述了机器学习生命周期，强调模块化在简化和增强模型开发中的作用。

第 3 章阐释了模型调试在追求负责任的人工智能（responsible AI）中的重要性，强调其在确保道德、透明和有效的机器学习解决方案方面的作用。

本篇包含以下章节：

❏ 第 1 章，超越代码调试

❏ 第 2 章，机器学习生命周期

❏ 第 3 章，为实现负责任的人工智能而进行调试

第 1 章　超越代码调试

人工智能（artificial intelligence，AI）与人类智能一样，是可用于决策和完成任务的能力和工具。作为人类，我们利用自己的智慧做出日常决策并思考我们面临的挑战和问题。换言之，我们使用大脑和中枢神经系统从周围环境接收信息并处理它们以做出决策和反应。

机器学习模型是当今用于解决诸多问题的人工智能技术，其所涉及的范围涵盖医疗保健、教育和金融等广大领域。机器学习模型也已用于制造设施的机器人系统中，以包装产品或识别可能已损坏的产品。它们还被用在我们的智能手机中，能够以安全为目的识别我们的面孔；电子商务公司通过机器学习模型向我们推荐最心仪的产品或电影；医疗单位和医药研究人员甚至可以使用机器学习模型改善医疗保健和进行药物开发，以将新的、更有效的药物推向市场，治疗以前令人束手无策的严重疾病。

本章将简要介绍不同类型的机器学习建模。你将了解调试机器学习代码时的不同技术和挑战。本章还将讨论为什么调试机器学习模型远远超出了代码调试的范围。

本章包含以下主题：

❑　机器学习概览。

❑　机器学习建模的类型。

❑　软件开发中的调试。

❑　用于建模的数据中的缺陷。

❑　以模型和预测为中心的调试。

本章是对全书内容的简介，以便为后续更高级概念的学习做好准备。本书的宗旨是帮助你改进模型并成为机器学习时代的专家。

1.1　技　术　要　求

你可以在本书配套 GitHub 存储库中找到本章的代码文件，其网址如下：

https://github.com/PacktPublishing/Debugging-Machine-Learning-Models-with-Python/tree/main/Chapter01

1.2　机器学习概览

构建机器学习模型需要 3 个基本要素：算法、数据和计算能力（见图 1.1）。也就是说，机器学习算法需要正确的数据并使用必要的计算能力进行训练，然后用经过训练的模型来针对未见过的数据进行预测。

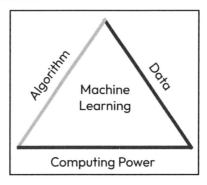

图 1.1　机器学习三角中的 3 个要素

原　　文	译　　文	原　　文	译　　文
Data	数据	Computing Power	计算能力
Algorithm	算法	Machine Learning	机器学习

机器学习应用程序通常可分为自动化（automation）和发现（discovery）两类。

在自动化类别中，机器学习模型以及围绕它构建的软硬件系统的目标是完成对人类来说比较容易但乏味、重复、无聊或危险的任务。这方面的一些例子包括：识别生产线中损坏的产品或在高度强调安全的设施入口处识别员工的面孔。还有一些任务尽管很容易，但其中一些环节却不可能由人类来完成，这时也需要机器学习模型来帮忙。例如，手机上的人脸识别功能，如果你的手机被盗，那么你无法告诉手机，那个尝试登录你的手机的人并不是你，此时你的手机应该能够自行完成此操作。但我们无法为这些任务提出一个通用的数学公式来告诉机器在每种情况下应该做什么。因此，以人脸识别来说，机器学习模型需要学习如何根据数据中识别的模式做出预测。

另外，在机器学习建模的发现类别中，我们希望模型能够提供有关人类专家或非专家不容易发现，甚至完全不可能提取的未知信息和见解。例如，对于发现治疗癌症的新药这样的任务来说，并不是通过学习几门课程和阅读一些书籍就可以完成的。在这种情况下，机器学习可以帮助我们提出新的见解，以帮助发现新药物。

对于自动化和发现这两类任务，有不同类型的机器学习建模可以帮助我们实现目标。接下来我们将仔细探讨这一点。

1.3　机器学习建模的类型

机器学习包含多种建模类型，这些建模类型可能依赖于输出数据、模型输出的变量类型以及从预先记录的数据或经验中学习到的东西。虽然本书中的示例重点关注监督学习（supervised learning），但我们也将介绍其他类型的建模，包括无监督学习（unsupervised learning）、自监督学习（self-supervised learning，SSL）、半监督学习（semi-supervised learning）、强化学习（reinforcement learning，RL）和生成式机器学习（generative machine learning），以涵盖这 6 个类别的机器学习建模（见图 1.2）。

我们还将讨论机器学习建模中的技术，并提供与这些类别不平行的代码示例，例如主动学习（active learning）、迁移学习（transfer learning）、集成学习（ensemble learning）和深度学习（deep learning，DL）。

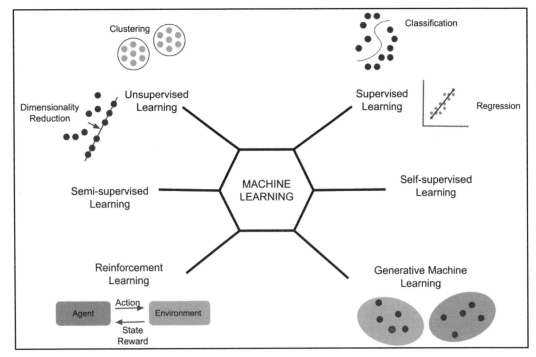

图 1.2　机器学习建模的类型

原　　文	译　　文	原　　文	译　　文
MACHINE LEARNING	机器学习	Self-supervised Learning	自监督学习
Supervised Learning	监督学习	Reinforcement Learning	强化学习
Classification	分类	Agent	代理
Regression	回归	Action	操作
Unsupervised Learning	无监督学习	Environment	环境
Clustering	聚类	State Reward	状态奖励
Dimensionality Reduction	降维	Generative Machine Learning	生成式机器学习
Semi-supervised Learning	半监督学习		

　　自监督学习和半监督学习有时被视为监督学习的子类别。但是，本书会将它们分开，以便更好地确定你熟悉的常用监督学习模型与这两种建模之间的差异。

1.3.1　监督学习

　　监督学习（也称为有监督学习）主要学习的是如何识别每个数据点的输入和输出之间的关系。那么，输入和输出究竟是什么意思呢？

　　想象一下，我们想要建立一个机器学习模型来预测一个人是否有可能患乳腺癌。该模型的输出可以是：1 表示患乳腺癌，0 表示未患乳腺癌。该模型的输入可以是人们的特征，例如年龄、体重以及是否吸烟，甚至可能还有使用先进技术测量的输入，例如每个人的遗传信息。在这种情况下，我们希望使用机器学习模型来预测哪些人将来会患上癌症。

　　你还可以设计一个机器学习模型来估算城市的房屋价格。在这里，你的模型可以使用房屋的特征（例如地段、楼层、卧室数量和房屋大小、社区物业以及上学机会等）来估算房价。

　　在这两个示例中，模型都将试图识别输入特征中的模式，例如有多个卧室却只有一个卫生间，并将其与输出相关联。根据输出变量类型，模型可以分为分类模型（其中的输出结果是分类的，例如是否患有癌症）和回归模型（其中的输出结果是连续值，例如房价）。

1.3.2　无监督学习

　　我们生命中的大部分时间，至少在童年时期，都是用我们的五种感官（视觉、听觉、味觉、触觉和嗅觉）来收集有关周围环境、食物等的信息的，而不是像监督学习那样根据香蕉的颜色和形状来确定关系（例如香蕉是否成熟）。同样，无监督学习并不寻求识别特征（输入）和输出之间的关系。相反，无监督学习的目标是识别数据点之间的关系，就像在聚类中一样，提取新特征（即嵌入或表示），并且如果需要，还可以减少数据的维度（即特征数量），而不使用这些数据点的任何输出。

1.3.3　自监督学习

机器学习建模的第三类称为自监督学习。自监督学习的目标是识别输入和输出之间的关系，与监督学习的区别在于输出的来源。例如，如果监督机器学习模型的目标是将英语翻译成法语，则输入来自英语单词和句子，输出来自法语单词和句子。我们可以在英语句子中建立一个自监督学习模型来尝试预测句子中的下一个单词或缺失的单词。

例如，假设有一个如下形式的填空：

```
Jack is ____ with Julie.
```

自监督学习的目标是认识到，talking 是一个很好的填空选择。

近年来，自监督学习模型已被应用于不同领域以识别新特征。这通常称为表示学习（representation learning）。在第 14 章 "机器学习最新进展简介" 中将讨论一些与自监督学习有关的例子。

1.3.4　半监督学习

半监督学习可以帮助我们从监督学习中受益，而不会丢弃没有输出值的数据点。有时，我们的数据点没有输出值，只有它们的特征值可用。在这种情况下，半监督学习可以帮助我们使用有或没有输出的数据点。一个简单的过程是将彼此相似的数据点分组，并使用每组中数据点的已知输出为同一组中没有输出值的其他数据点分配输出。

1.3.5　强化学习

在强化学习中，模型将根据其在环境（真实或虚拟环境）中的经验获得奖励。换句话说，强化学习主要是通过片段示例相加来识别关系。例如，棋类 AI 就是通过不断的强化学习来积累经验。在强化学习中，数据不被视为模型的一部分，并且独立于模型本身。在第 14 章 "机器学习最新进展简介" 中将详细介绍强化学习。

1.3.6　生成式机器学习

生成式机器学习建模将帮助我们开发这样一种模型：它可以生成接近训练过程中提供的数据概率分布的图像、文本或任何数据点。ChatGPT 就是此类模型中最著名的工具之一，它构建在生成模型之上，用于生成真实且有意义的文本来响应用户的问题。其网址如下：

https://openai.com/blog/chatgpt

在第 14 章"机器学习最新进展简介"中将详细介绍生成式机器学习建模以及在此基础上构建的可用工具。

本节简要介绍了构建机器学习模型和不同类型建模的基本组件。如果你想在笔记本电脑或云上使用少量或大量数据点开发用于自动化或发现、医疗保健或任何其他应用的机器学习模型，并使用中央处理单元（central processing unit，CPU）或图形处理单元（graphics processing unit，GPU）等硬件资源进行训练和预测，则需要编写按预期工作的高质量代码。尽管本书不是一本深入讨论软件调试细节的书，但对软件调试问题和技术的宏观探讨仍可以帮助你开发机器学习模型。

1.4　软件开发中的调试

如果你想使用 Python 及其库来构建机器学习和深度学习模型，则需要确保你的代码按预期工作。让我们考虑以下相同函数的示例，它们均用于返回两个变量的乘积。

❑　　正确代码：

```python
def multiply(x, y):
    z = x * y
    return z
```

❑　　有错误拼写的代码：

```python
def multiply(x, y):
    z = x * y
    returnr z
```

❑　　存在缩进问题的代码：

```python
def multiply(x, y):
z = x * y
return z
```

❑　　错误地使用 ** 表示乘法：

```python
def multiply(x, y):
    z = x ** y
    return z
```

正如你所看到的，代码中可能存在拼写错误和缩进问题，从而导致代码无法运行。你还可能会因为使用不正确的运算符而遇到问题，例如用 ** 代替 * 来表示乘法。在这种情况下，你的代码将运行，但预期结果将与函数应该执行的操作（将输入变量相乘）不同。

1.4.1 Python 中的错误消息

有时，我们的代码存在问题，无法继续运行。这些问题可能会导致 Python 中出现不同的错误消息。以下是运行 Python 代码时可能会遇到的错误消息的一些示例。

❑ SyntaxError：当你在代码中使用的语法不是正确的 Python 语法时，会遇到这种类型的错误。这可能是由拼写错误引起的，例如使用了 retunr 而不是 return，或者使用了不存在的命令，例如使用 giveme 而不是 return。

❑ TypeError：当你的代码尝试对某个对象或变量执行 Python 中无法完成的操作时，将引发此错误。例如，你的代码尝试将两个数字相乘，而变量采用的却是字符串格式，而不是浮点或整数格式。

❑ AttributeError：当属性用于未定义的对象时，会引发此类错误。例如，没有为列表定义 isnull，使用 my_list.isnull() 会引发 AttributeError。

❑ NameError：当你尝试调用代码中未定义的函数、类或其他名称和模块时，会引发此错误。例如，如果你尚未在代码中定义 neural_network 类，但在代码中调用了 neural_network()，那么你将收到 NameError 消息。

❑ IndentationError：Python 是一种依赖正确的缩进（即每行代码开头的必要空格）来理解行之间关系的编程语言。正确的缩进还有助于提高代码的可读性。IndentationError 是代码中使用错误的缩进导致的结果，但并非所有错误的缩进都会导致 IndentationError，具体取决于你的目标。例如，以下代码示例运行时不会出现任何错误，但只有第一个代码示例满足计算列表中奇数个数的目标，第二个代码示例中的函数将返回输入列表的长度。因此，如果运行第一个示例中的代码，得到的输出结果为 3，这是输入列表中奇数的总数，而运行第二个示例中的代码将返回 5，这是列表的长度。这些类型的错误不会阻止代码运行，但会生成不正确的输出结果，称为逻辑错误（logical error）。

以下是第一个代码示例：

```
def odd_counter(num_list: list):
    """
    :param num_list: list of integers to be checked for identifying
```

```
    odd numbers
    :return: return an integer as the number of odd numbers in the
    input list
    """
    odd_count = 0
    for num in num_list:
        if (num % 2) == 0:
            print("{} is even".format(num))
        else:
            print("{} is even".format(num))
            odd_count += 1
    return odd_count

num_list = [1, 2, 5, 8, 9]
print(f'Total number of odd numbers in the list:
    {odd_counter(num_list)}')
```

以下是第二个代码示例，其中使用了错误的缩进而导致非预期的结果，但它可以正常运行而没有任何错误消息：

```
def odd_counter(num_list: list):
    """
    :param num_list: list of integers to be checked for identifying
    odd numbers
    :return: return an integer as the number of odd numbers in the
    input list
    """
    odd_count = 0
    for num in num_list:
        if (num % 2) == 0:
            print("{} is even".format(num))
        else:
            print("{} is even".format(num))
        odd_count += 1
    return odd_count

num_list = [1, 2, 5, 8, 9]
print(f'Total number of odd numbers in the list:
    {odd_counter(num_list)}')
```

还有其他错误，其含义根据其名称即可清晰知晓。例如 ZeroDivisionError（当代码尝试返回被零除结果时出现的错误）、IndexError（如果代码尝试基于大于列表长度的索引获取值即可出现此错误），ImportError（当代码尝试导入找不到的函数或类时出现的错误）。

在上述代码示例中，我们使用了 docstring 来指定输入参数的类型（即 list）和预期的输出。掌握此信息可以帮助你和代码的新用户更好地理解代码并快速解决任何问题。

以上是软件和管道中可能发生的问题的简单示例。在机器学习建模中，需要进行调试来处理数百或数千行代码以及数十或数百个函数和类。当然，与这些示例相比，调试可能更具挑战性。如果你需要改动一段别人编写的代码（例如，当你加入企业或学术界的新团队时，就会遇到这种情况），则可能会更加困难。你需要使用能够帮助你以最少的精力和时间调试代码的技术和工具。尽管本书不是为代码调试而设计的，但了解一些调试技术可以帮助你开发按预期运行的高质量代码。

1.4.2　调试技巧

有一些技术可以帮助你调试一段代码或软件。你可能使用过其中的一种或多种技术，即使不记得或不知道它们的名字。在这里我们将介绍 4 个调试技巧。

1. 回溯

当你在 Python 中收到错误消息时，它通常会为你提供查找问题所需的信息。此信息会创建类似报告的消息，内容涉及发生错误的代码行、错误类型以及导致此类错误的函数或类调用。这种类似于报告的消息在 Python 中称为回溯（traceback）。

在以下代码示例中，reverse_multiply 函数应该返回输入列表及其逆元素的按元素乘法的列表。在这里，reverse_multiply 使用 multiply 命令将两个列表相乘。由于乘法设计用于将两个浮点数而不是两个列表相乘，因此代码会从底部操作开始返回回溯消息，其中包含查找问题所需的信息。它指出 TypeError 发生在 multiply 中的第 8 行，这是底层操作，这个问题导致错误发生在 reverse_multiply 中的第 21 行，并最终在整个代码模块的第 27 行发生。PyCharm IDE 和 Jupyter 都会返回此信息。

以下代码示例展示了如何使用回溯来查找必要的信息，以便你可以在 PyCharm 和 Jupyter Notebook 中调试一小段简单的 Python 代码。

```python
def multiply(x: float, y: float):
    """
    :param x: input variable of type float
    :param y: input variable of type float
    return: returning multiplications of the input variables
    """
    z = x * y
    return z
def reverse_multiply(num_list: list):
```

```
    """
    :param num_list: list of integers to be checked for identifying
    odd numbers
    :return: return a list containing element-wise multiplication of
    the input list and its reverse
    """
    rev_list = num_list.copy()
    rev_list.reverse()
    mult_list = multiply(num_list, rev_list)

    return mult_list

num_list = [1, 2, 5, 8, 9]
print(reverse_multiply(num_list))
```

以下显示了在 Jupyter Notebook 中运行上述代码时的回溯错误消息。

```
TypeError                     Traceback (most recent call last)
<ipython-input-1-4ceb9b77c7b5> in <module>()
        25
        26 num_list = [1, 2, 5, 8, 9]
---> 27 print(reverse_multiply(num_list))
<ipython-input-1-4ceb9b77c7b5> in reverse_multiply(num_list)
        19 rev_list.reverse()
        20
---> 21 mult_list = multiply(num_list, rev_list)
        22
        23 return mult_list
<ipython-input-1-4ceb9b77c7b5> in multiply(x, y)
        6 return: returning multiplications of the input variables
        7 """
----> 8 z = x * y
        9 return z
        10
TypeError: can't multiply sequence by non-int of type 'list'
```

Traceback error message in Pycharm
```
Traceback (most recent call last):
  File "<input>", line 27, in <module>
  File "<input>", line 21, in reverse_multiply
  File "<input>", line 8, in multiply
TypeError: can't multiply sequence by non-int of type 'list'
```

Python 回溯消息似乎对于调试我们的代码非常有用。但是，它们不足以调试包含许多函数和类的大型代码库。你需要结合使用其他技术来帮助你进行调试。

2．归纳和演绎

当你在代码中发现错误时，可以收集尽可能多的信息并尝试使用这些信息查找潜在问题，或者直接检查你的怀疑目标。这两种方法从代码调试的角度来说可以区分为归纳和推论过程。

- ❑ 归纳（induction）：在归纳过程中，你首先收集有关代码中问题的信息和数据，以帮助你列出由错误导致的潜在问题的列表。然后，你可以缩小列表范围，并在必要时从流程中收集更多信息和数据，直到修复错误。
- ❑ 推论（deduction）：在推论过程中，你会列出一份关于代码中问题的怀疑点的简短列表，并尝试查找其中是否有任何一个是问题的实际根源。然后继续此过程并收集更多信息，提出问题的新潜在来源。再继续此过程，直到解决问题。

在这两种方法中，你都会经历一个迭代过程，找出潜在问题的根源并建立假设，然后收集必要的信息，直到修复代码中的错误。如果一段代码或软件对你来说是新的，则此过程可能需要一些时间。在这种情况下，请尝试向具有更多代码经验的队友寻求帮助，以收集更多数据并提出更相关的假设。

3．错误聚类

帕累托法则（Pareto principle，以意大利著名社会学家、经济学家维尔弗雷多·帕累托的名字命名）指出，80%的结果源于20%的原因。确切的数字不是这里的重点。这个法则可以帮助我们更好地理解：代码中的大多数问题和错误都是由少数模块引起的。通过对错误进行分组，我们有很大的机会可以"一石多鸟"，因为解决一组错误中的一个问题可能会解决同一组中的大多数其他问题。

4．问题简化

这里的思想是简化代码，以便你可以识别错误的原因并进行修复。你可以用更小的甚至合成的数据对象替换大数据对象，或者限制大模块中的函数调用。此过程可以帮助你快速消除用于识别代码中问题原因的选项，甚至可以消除用作代码中函数或类输入的数据格式的选项。特别是在机器学习环境中，你可能需要处理复杂的数据过程、大数据文件或数据流，这种将问题简化的调试过程可能非常有用。

1.4.3　调试器

你使用的每个集成开发环境（例如 PyCharm，或者通过 Jupyter Notebook 使用 Python

来试验你的想法）可能都具有用于调试的内置功能。你还可以使用免费或付费工具来促进调试过程。

例如，在 PyCharm 和大多数其他集成开发环境（IDE）中，你可以在运行大段代码时使用断点（breakpoint）作为暂停位置（见图 1.3），以便沿着代码中的操作，最终找到问题的原因。

```python
def multiply(x: float, y: float):
    """
    :param x: input variable of type float
    :param y: input variable of type float

    return: returning multiplications of the input variables
    """
    z = x * y
    return z

def reverse_multiply(num_list: list):
    """
    :param num_list: list of integers to be checked for identifying odd numbers

    :return: return a list containing element-wise multiplication of the input list and its reverse
    """

    rev_list = num_list.copy()
    rev_list.reverse()

    mult_list = multiply(num_list, rev_list)

    return mult_list

num_list = [1, 2, 5, 8, 9]
print(reverse_multiply(num_list))
```

图 1.3　在 PyCharm 中使用断点进行代码调试

不同 IDE 中的断点功能并不相同。例如，你可以使用 PyCharm 的条件断点来加速调试过程，这可以帮助你不必在循环中执行一行代码或手动重复函数调用。详细了解你所使用的 IDE 的调试功能，并将它们视为工具箱中的一个工具，有助于实现更好、更轻松的 Python 编程和机器学习建模。

我们在这里简要解释的调试技术和工具，或者你已经掌握的其他调试技术和工具，都可以帮助你开发一段可以正常运行并提供预期结果的代码。你还可以遵循一些高质量 Python 编程和构建机器学习模型的最佳实践。

1.4.4　高质量 Python 编程的最佳实践

预防胜于治疗。你可以遵循一些最佳实践来防止代码中出现错误或减少代码中出现错误的可能性。本小节将讨论以下 3 种实践。

- ❑　增量编程（incremental programming）。
- ❑　日志记录（logging）。
- ❑　防御性编程（defensive programming）。

1．增量编程

在学术界或工业界的实践中，机器学习建模不仅仅是编写几行代码来训练一个在 scikit-learn 中已经存在的简单模型（例如使用数据集的逻辑回归模型），它需要许多模块来处理数据、训练和测试模型、后处理推理或进行预测以评估模型的可靠性。

例如，为每个小组件编写代码，然后对其进行测试并使用 PyTest 编写测试代码，可以帮助你避免编写的函数或类出现问题。它还可以帮助你确保为另一个模块提供输入的某个模块的输出是兼容的。这个过程就是所谓的增量编程。当你编写一个软件或管道时，请尝试逐个编写和进行测试。

2．日志记录

每辆车都有一系列仪表板灯，当汽车出现问题时，相应的灯就会亮起（例如汽油或发动机机油更换灯亮）。如果不采取行动，可能会导致汽车停止运行或严重损坏。想象一下，如果没有这些指示灯或警告，你驾驶的汽车突然就停了下来或发出可怕的声音，那么你可能会被吓得不知所措。

类似地，当你在 Python 中开发函数和类时，也可以从日志信息、错误和其他类型的消息中受益，这些消息可以帮助你识别潜在的问题来源。

以下示例展示了如何使用错误（error）和信息（info）作为日志记录的两个属性。你可以从编写的函数和类方面受益于日志记录的不同属性，以改进运行代码时的数据和信息收集。你还可以使用 basicConfig() 将日志信息导出到文件中，basicConfig() 函数可以对日志系统进行基本配置。

```
import logging
def multiply(x: float, y: float):
    """
    :param x: input variable of type float
    :param y: input variable of type float
    return: returning multiplications of
    the input variables
    """
    if not isinstance(x, (int, float)) or not isinstance(y,
(int, float)):
        logging.error('Input variables are not of type float or
```

```
integer!')
    z = x * y
    return z
def reverse_multiply(num_list: list):
    """
    :param num_list: list of integers to be checked
    for identifying odd numbers
    :return: return a list containing element-wise multiplication
    of the input list and its reverse
    """
    logging.info("Length of {num_list} is {
    list_len}".format(num_list=num_list,
        list_len = len(num_list)))
    rev_list = num_list.copy()
    rev_list.reverse()
    mult_list = [multiply(num_list[iter], rev_list[iter])
    for iter in range(0, len(num_list))]
    return mult_list
num_list = [1, 'no', 5, 8, 9]
print(reverse_multiply(num_list))
```

当你运行上述代码时，将收到以下消息和输出：

```
ERROR:root:Input variables are not of type float or integer!
ERROR:root:Input variables are not of type float or integer!
[9, 'nonononononono', 25, 'nonononononono', 9]
```

可以看到，记录的错误消息是尝试将 'no'（一个字符串）与另一个数字相乘的结果。

3. 防御性编程

防御性编程是让你为自己、你的队友和你的合作者可能犯的错误做好准备。有一些工具、技术和 Python 类可以防止代码出现此类错误，例如断言（assertion）。

以下示例使用了断言。如果满足条件，在代码中使用它将停止并返回一条错误消息，指出 AssertionError: Variable should be of type float。

```
assert isinstance(num, float), 'Variable should be of type float'
```

1.4.5　版本控制

我们在此介绍的工具和实践只是一些示例，说明如何通过它们提高编程质量并减少消除代码中的问题和错误所需的时间。在实际工作中，改进机器学习建模的另一个重要工具是版本控制（versioning）。在第 10 章"版本控制和可再现的机器学习建模"中将详细讨论数据和模型版本控制，这里仅简单介绍一下代码版本控制。

版本控制系统允许你管理代码库中存在的代码和文件的更改，并帮助你跟踪这些更改、访问更改历史记录以及协作开发机器学习管道的不同组件。你可以为你的项目使用版本控制系统（例如 Git）及其关联的托管服务（例如 GitHub、GitLab 和 BitBucket）。这些工具使你和你的队友以及协作者可以处理不同的代码分支，而不会干扰彼此的工作。它还可以让你轻松返回更改历史记录并找出代码中何时发生更改。

如果你没有使用过版本控制系统，请不要将它们视为你需要开始学习的新的复杂工具或编程语言。实际上，使用 Git 时，你只需要熟悉一些核心概念和术语，例如提交（commit）、推送（push）、拉取（pull）和合并（merge）。如果你不想或不知道如何使用命令行界面（command-line interface，CLI），那也没关系，使用这些功能其实非常简单，只需在 PyCharm 等 IDE 中单击几下即可。

我们介绍了一些常用的技术和工具，以帮助你调试代码和高质量的 Python 编程。当然，还有一些基于 GPT 等模型构建的更高级工具，例如：

❑ ChatGPT（https://openai.com/blog/chatgpt）。

❑ GitHub Copilot（https://github.com/features/copilot）。

你可以使用它们来更快地开发代码并提高代码质量，甚至进行代码调试工作。我们将在第 14 章"机器学习最新进展简介"中讨论其中一些工具。

尽管使用上述调试技术或最佳实践来避免 Python 代码中的问题有助于你拥有低错误代码库，但它并不能防止机器学习模型的所有问题。本书超越了机器学习的 Python 编程，将帮助你识别机器学习模型的问题并开发高质量的模型。

1.4.6 Python 之外的调试

消除代码问题并不能解决机器学习模型或数据准备和建模管道中可能存在的所有问题。在这些过程中，可能存在不会导致出现任何错误消息的问题，例如源自用于建模的数据的问题，以及测试数据和生产数据（即模型最终需要使用的数据）之间的差异。

💡 **提示：开发环境与生产环境**

开发环境（development environment）是指开发模型的地方，例如用于开发的计算机或云环境。这是我们开发代码、调试代码、处理数据、训练模型并验证它们的地方。但我们在这个阶段所做的并不会直接影响最终用户。

生产环境（production environment）是最终用户可以使用或可能影响他们的模型的地

方。例如，一个模型可以在 Amazon 平台上投入生产，用于推荐产品，交付给银行系统中的其他团队进行欺诈交易检测，也可以在医院中使用，以帮助临床医生更好地诊断患者的病情。

1.5　用于建模的数据中的缺陷

数据是机器学习建模的核心组成部分之一（见图 1.1）。通过访问训练和测试机器学习模型所需的数据，机器学习在医疗保健、金融、汽车、零售和营销等不同行业中的应用成为可能。当数据被输入机器学习模型进行训练（即识别最佳模型参数）和测试时，数据中存在的缺陷可能会导致模型出现问题，如训练性能低（例如高偏差）、泛化性（generalizability）很差（例如高方差）或社会经济方面的偏见等。本节将讨论在设计机器学习模型时需要考虑的数据缺陷和属性的示例。

1.5.1　数据格式和结构

数据在代码或管道的不同函数和类中存储、读取和移动的方式可能存在问题。你可能需要使用结构化或表格数据，或非结构化数据（例如视频和文本文档）。这些数据可以存储在关系数据库中，例如 MySQL 或 NoSQL（即非关系型的数据库）、数据仓库和数据湖，甚至可以按不同的文件格式（例如 CSV）存储在本地。

无论哪种方式，预期的和现有的文件数据结构和格式都需要匹配。例如，如果你的代码需要制表符分隔的文件格式，但相应函数的输入文件是用逗号分隔的，则所有列都将集中在一起。幸运的是，大多数时候，此类问题会导致代码错误。

提供的数据和预期的数据也可能不匹配，如果代码没有针对这些数据进行防御并且没有记录足够的信息，则不会导致任何错误。

例如，假设一个 scikit-learn fit 函数需要包含 100 个特征的训练数据，而你有 100 个数据点。在这种情况下，如果特征位于输入 DataFrame 的行或列中，那么你的代码将不会返回任何错误。然后，你的代码需要检查输入 DataFrame 的每一行是否包含所有数据点的一个特征值或一个数据点的特征值。图 1.4 即显示了这种情况，将数据点与特征进行切换（例如转置 DataFrame 以切换行与列）时会提供错误的输入文件，但不会导致错误。

在图 1.4 中，为简单起见，我们仅考虑了 4 列和 4 行。其中的 F 和 D 分别是特征（feature）和数据点（data point）的缩写。该示例展示了如何在需要 4 个特征的 scikit-learn fit 函数中错误地使用 DataFrame 的转置。

	F₁	F₂	F₃	F₄			D₁	D₂	D₃	D₄
D₁	0.3	0.4	0.2	0.1		F₁	0.3	0.2	0.4	0.2
D₂	0.2	0.6	0.4	0.2		F₂	0.4	0.6	0.8	0.3
D₃	0.4	0.8	0.6	0.1		F₃	0.2	0.4	0.6	0.5
D₄	0.2	0.3	0.5	0.7		F₄	0.1	0.2	0.1	0.7

图 1.4 简化示例

数据缺陷不仅限于结构和格式问题。当你尝试构建和改进机器学习模型时，需要考虑一些数据特征。

1.5.2 数据数量和质量

尽管机器学习是一个有半个多世纪历史的概念，但围绕机器学习的热潮却是从 2012 年开始兴起的。虽然 2010 年至 2015 年间图像分类算法取得了进步，但仅在 120 万张高分辨率图像可用的情况下，机器学习才成为可能。ImageNet LSVRC-2010 竞赛和必要的计算能力在第一个高性能图像分类模型的开发中发挥了至关重要的作用，例如 AlexNet 模型（Krizhevsky 等人，2012）和 VGG 模型（Simonyan 和 Zisserman，2014）都是如此。

除了数据数量，数据的质量也起着非常重要的作用。在某些应用中，例如临床癌症环境，无法获取大量高质量数据。从数量和质量中受益可能需要一种权衡，因为我们可以获得更多的数据，但质量较低。在这种情况下，我们可以选择坚持使用高质量数据或低质量数据，或者如果可能，尝试从高质量数据和低质量数据中受益。选择正确的方法是与特定领域相关的，并且取决于用于建模的数据和算法。

1.5.3 数据偏差

机器学习模型可能有不同类型的偏差，具体取决于我们提供给它们的数据。替代制裁的惩教罪犯管理分析（correctional offender management profiling for alternative sanctions，COMPAS）是具有报告偏差的机器学习模型的一个著名例子。COMPAS 旨在根据被告对 100 多个调查问题的回答来估计被告再次犯罪的可能性。对问题回答的总结会产生风险评分，其中包括诸如因犯父母之一是否曾入狱等问题。尽管该工具在许多例子中都取得了成功，但当它在预测方面出现错误时，白人罪犯和黑人罪犯的结果并不相同。COMPAS 的开发公司提供了支持其算法发现的数据。你可以找到很多相关的文章和网络资源（例如博客）来详细了解其当前状态，看看它是否仍在使用或仍然存在偏见。

这些是数据问题及其对生成的机器学习模型的影响的一些示例。模型中还存在并非源自数据的其他问题。

1.6　以模型和预测为中心的调试

模型在训练、测试和生产阶段的预测可以帮助我们检测模型的问题并找到改进的机会。本节将简要介绍以模型和预测为中心的模型调试。你可以在本书的后续章节中阅读到有关这些问题的更多详细信息以及实现可靠模型的其他注意事项，了解如何识别问题的根源以及如何解决它们。

1.6.1　欠拟合和过拟合

当我们训练模型（例如监督学习模型）时，目标不仅是要模型在训练集中有很好的表现，而且要求模型在测试集中也有很好的表现。当模型即使在训练集中也表现很差时，表明我们需要处理欠拟合（underfitting）问题。我们可以开发更复杂的模型，例如随机森林（random forest）或深度学习模型，而不是使用较为简单的线性和逻辑回归模型。

更复杂的模型可能不再出现欠拟合的问题，但它们却可能会导致过拟合（overfitting），致使预测对测试集或生产数据的泛化效果不佳（见图 1.5）。

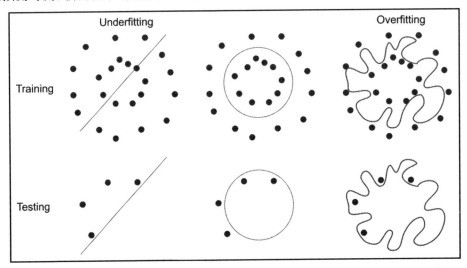

图 1.5　欠拟合和过拟合示意图

原　　文	译　　文	原　　文	译　　文
Underfitting	欠拟合	Training	训练
Overfitting	过拟合	Testing	测试

　　算法和超参数的选择决定了训练和测试机器学习模型时的复杂程度以及欠拟合或过拟合的可能性。例如，通过选择可以学习非线性模式而不是线性模式的模型，你的模型可能有更高的概率出现低欠拟合，因为它可以识别训练数据中更复杂的模式。但与此同时，你可能会增加过拟合的机会，因为训练数据中的一些复杂模式可能无法泛化到测试数据（见图 1.5）。有一些评估欠拟合和过拟合的方法可以帮助你开发高性能且泛化性能好的模型。我们将在以后的章节中详细讨论这些方法。

　　💡 提示：模型超参数

　　一些参数会影响机器学习模型的性能，而这些参数在训练过程中通常不会自动优化。它们被称为超参数（hyperparameter）。我们将在后面的章节中介绍超参数的例子，例如随机森林模型中树的数量或神经网络模型中隐藏层的大小等。

1.6.2　模型测试和生产环境中的推理

　　机器学习建模的最终目标是在生产环境中拥有高效的模型。当我们测试模型时，其实就是在评估其泛化性，但我们无法确定它在未见过的数据上的表现，这是因为用于训练机器学习模型的数据可能会过时。例如，服装市场流行趋势的变化可能会使服装推荐模型的预测变得不那么可靠。

　　本主题中有不同的概念，例如数据方差（data variance）、数据漂移（data drift）和模型漂移（model drift），我们将在后续章节中介绍这些概念。

1.6.3　用于改变全貌的数据或超参数

　　当我们使用特定的训练数据和一组超参数训练机器学习模型时，模型参数的值会发生变化，以便尽可能接近定义的目标或损失函数的最佳点。因此，实现更好的模型的另外两个工具是：为训练提供更好的数据和选择更好的超参数。

　　每种算法都有性能改进的能力。仅通过模型超参数，无法开发出最佳模型。同样，通过提高数据的质量和数量并保持模型超参数相同，也无法实现最佳性能。因此，应该在数据和超参数两个方面双管齐下。

　　在阅读接下来的章节之前，请记住，仅在超参数优化上花费更多的时间和金钱，并不一定能获得更好的模型。在本书后面的章节中会更详细地讨论这一点。

1.7　小　　结

本章简单介绍了软件开发中调试的重要概念和方法以及它们与机器学习模型调试的区别。你需要知道的是，机器学习建模中的调试超出了软件调试的范围，并且除了代码，数据和算法也可能导致有缺陷或低性能的模型以及不可靠的预测。你可以从这些理解以及你将在本书中学到的工具和技术中受益，从而开发出可靠的机器学习模型。

在下一章中，你将了解机器学习生命周期的不同组成部分，还将了解使用这些组件进行模块化机器学习建模如何帮助我们在训练和测试之前和之后找到改进模型的机会。

1.8　思　考　题

（1）你的代码是否可能出现意外缩进但不返回任何错误消息？

（2）Python 中的 AttributeError 和 NameError 有什么区别？

（3）数据维度如何影响模型性能？

（4）Python 中的回溯消息可为你提供有关代码中错误的哪些信息？

（5）你能解释一下高质量 Python 编程的 3 种最佳实践吗？

（6）你能解释一下为什么你的特征或数据点可能具有不同的置信度吗？

（7）在为给定数据集构建模型时，你能否提供有关如何减少欠拟合或过拟合的建议？

（8）我们是否可以拥有一个在生产环境中的性能明显低于测试性能的模型？

（9）当我们还可以提高训练数据的质量或数量时，专注于超参数优化是一个好主意吗？

1.9　参　考　文　献

❑　Widyasari, Ratnadira, et al. BugsInPy: A database of existing bugs in Python programs to enable controlled testing and debugging studies. Proceedings of the 28th ACM joint meeting on European software engineering conference and symposium on the foundations of software engineering. 2020.

- ❑ The Art of Software Testing, Second Edition, by Glenford J. Myers, Corey Sandler, Tom Badgett, Todd M. Thomas.
- ❑ Krizhevsky, Alex, Ilya Sutskever, and Geoffrey E. Hinton. Imagenet classification with deep convolutional neural networks. Advances in neural information processing systems 25 (2012).
- ❑ Simonyan, Karen, and Andrew Zisserman. "Very deep convolutional networks for largescale image recognition." arXiv preprint arXiv:1409.1556 (2014). https://arxiv.org/abs/1409.1556.

第 2 章　机器学习生命周期

实践操作中的机器学习建模，无论是在工业层面还是在学术研究中，都不只是编写几行 Python 代码在公共数据集上训练和评估模型那么简单。但是，学习编写一段 Python 程序来使用 Python 和 scikit-learn 训练机器学习模型或使用 PyTorch 训练深度学习模型，是成为机器学习开发人员和相关专家的起点。

本章将详细阐释机器学习生命周期的组成部分，在规划机器学习建模时考虑此生命周期，将帮助你设计有价值且可扩展的模型。

本章包含以下主题：
- ❑　在开始建模之前需要了解的事项。
- ❑　数据收集。
- ❑　数据选择。
- ❑　数据探索。
- ❑　数据整理。
- ❑　建模数据准备。
- ❑　模型训练与评估。
- ❑　测试代码和模型。
- ❑　模型部署与监控。

通读完本章之后，你将了解如何为你的项目设计机器学习生命周期，以及为什么将项目模块化为生命周期的组成部分有助于你的协作模型开发。你还将了解机器学习生命周期不同组成部分的一些技术及其 Python 实现，例如数据整理以及模型的训练和评估等。

2.1　技 术 要 求

学习本章应考虑以下要求，因为它们将帮助你更好地理解概念，在项目中使用它们以及通过提供的代码进行练习。

Python 库要求：
- ❑　sklearn >= 1.2.2。

❑　numpy >= 1.22.4。

❑　pandas >= 1.4.4。

❑　matplotlib >= 3.5.3。

你可以在本书配套 GitHub 存储库中找到本章的代码文件，其网址如下：

https://github.com/PacktPublishing/Debugging-Machine-Learning-Models-with-Python/tree/main/Chapter02

2.2　在开始建模之前需要了解的事项

在收集数据作为机器学习生命周期的起点之前，你需要了解你的目标。你需要知道要解决什么问题，然后定义机器学习可以解决的较小的子问题。

例如，对于诸如"如何减少退回制造工厂的易碎产品的数量"之类的问题，其子问题可能包括：

❑　包装前如何检测裂纹？

❑　如何设计更好的包装来保护产品并减少运输造成的裂纹？

❑　我们可以使用更好的材料来降低开裂的风险吗？

❑　我们能否对产品进行小的设计更改，既不改变其功能，又降低碎裂的风险？

一旦确定了子问题，你就可以思考如何针对每个子问题使用机器学习，并进入已定义子问题的机器学习生命周期。每个子问题都可能需要特定的数据处理和机器学习建模，并且其中的一些问题可能比其他问题更容易解决。

图 2.1 显示了机器学习生命周期的主要步骤。其中一些名称目前还没有统一和普遍的定义。例如，数据探索有时也会包含在数据整理过程中。但所有这些步骤都是必需的，只不过它们在不同的文献资料或教材中会有不同的命名。

当你要使用 Python 中已有的数据集（例如，通过 scikit-learn 或 PyTorch 获得的数据集）或在公共存储库中已有的可用于建模的数据集时，你无须担心诸如数据收集、选择和整理之类的早期步骤，因为这些数据集已经为你处理好了上述步骤。

如果你只是为了实战练习而建模，并且不想将模型应用于真实的生产环境中，则无须担心后期的模型部署和监控问题。

当然，了解所有这些步骤的含义、重要性和好处有助于你开发或设计一种持续改进的功能技术，以提供给用户。它还可以帮助你更好地了解你作为机器学习开发人员的角色，或找到你在该领域的新工作或更好的工作。

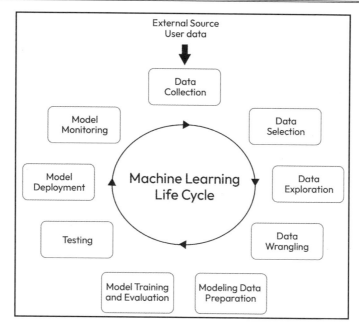

图 2.1　机器学习生命周期

原　　文	译　　文	原　　文	译　　文
Machine Learning Life Cycle	机器学习生命周期	Modeling Data Preparation	建模数据准备
External Source User data	外部来源用户数据	Model Training and Evaluation	模型训练和评估
Data Collection	数据收集	Testing	测试
Data Selection	数据选择	Model Deployment	模型部署
Data Exploration	数据探索	Model Monitoring	模型监控
Data Wrangling	数据整理		

2.3　数　据　收　集

机器学习生命周期的第一步是数据收集。它可能涉及从不同的公共或商业数据库收集数据，将用户数据存储到你的数据库或你拥有的任何数据存储系统，甚至你还可以找到专门负责数据收集和标注的商业实体。

如果你依赖免费资源，那么你主要考虑的可能是数据在本地或基于云的存储系统中所占用的空间，以及你在未来的操作步骤中收集数据和分析数据所需的时间。

对于付费数据，无论是商业资源中提供的还是由数据收集、生成和标注公司生成的，你都需要在决定付费之前评估该数据用于建模的价值。

2.4　数据选择

根据相应项目的目标，你需要选择模型训练和测试所需的数据。例如，你可能可以访问一家或多家医院的癌症患者的信息，例如年龄、性别、是否吸烟、遗传信息（如果有的话）、磁共振成像（MRI）或 CT 扫描图像（如果有的话）、用药史、对癌症药物的反应、是否接受过手术、处方（手写或 PDF 格式）等。当你想要构建机器学习模型以预测患者对治疗的反应时，需要为每位患者选择不同的数据，使用患者的信息（例如年龄、性别和吸烟状况）等进行比较。如果你正在构建监督学习模型，则还需要选择具有可用输入和输出数据的患者。

注意：

可以在半监督学习模型中组合有输出和无输出的数据点。

为模型选择相关数据并不是一件容易的事，因为你获得的数据并不一定是按照与模型目标相关或不相关这样的二元方式提供的。想象一下，你需要从化学、生物或物理数据库中提取数据，而这些数据库可能来自不同的较小数据集的数据集合、论文的补充材料，甚至来自科学文章中的数据。又或者，你也可能想从患者的医疗记录中提取信息，或从经济与社会学调查的书面答案中提取信息。在所有这些示例中，为模型分离数据或从相关数据库查询相关数据并不像搜索一个关键字那么简单。每个关键字可以有同义词，无论是简单的日常用语还是技术上的术语，都可以用不同的方式编写，甚至有时相关信息还可以存在于数据文件或关系数据库的不同列中。因此，正确的数据选择和查询系统为你提供了改进模型的巨大机会。

你可以从文献综述中受益，在需要时也可以通过询问领域专家来扩展你正在使用的关键字。你可以从针对特定任务的已知数据选择方法中受益，甚至可以购买工具的许可或支付服务费用，以帮助你提取与你的目标更相关的数据。还有一些先进的自然语言处理技术也可以帮助你查询文本系统。我们将在第 13 章"高级深度学习技术"和第 14 章"机器学习最新进展简介"中讨论这些内容。

2.5　数据探索

在数据探索阶段，你的数据已选择完成，可以开始探索数据的数量、质量、稀疏性和格式。

你可以查找每一类别中的数据点的数量（如果你需要进行监督学习并获得分类输出结果），也可以查看特征分布和输出变量的置信度（如果有的话），还可以了解从数据选择阶段获得的数据的其他特征。

此过程可帮助你识别需要在数据整理步骤（生命周期的下一个阶段）中修复的数据问题。如果有必要，可以返回数据选择阶段以重新选择合适的数据。

2.6　数　据　整　理

你的数据需要经历结构化和丰富充实的过程，并在必要时进行转换和清洗。所有这些操作都是数据整理的一部分。

2.6.1　结构化

原始数据可能有不同的格式和大小。你获得的可能是手写记录、Excel 工作表，甚至是表格图像，其中包含需要提取并采用正确格式以供进一步分析和用于建模的信息。数据结构化过程并不是将所有数据转换为表格形式即可，在此过程中，需要小心信息丢失。例如，你可以拥有按特定顺序排列的特征，如按时间、日期排序或按信息达到设备的顺序排序等。

2.6.2　充实和丰富

在构建和格式化数据后，你需要评估是否拥有正确的数据来构建机器学习模型。在继续下一步的整理过程之前，你可能会发现添加或生成新数据的机会。

例如，你可能会发现，在用于识别工厂流水线的产品是否有裂纹的图像数据中，10000幅图像中只有 50 幅被标记为有裂纹的产品图像，这个正样本的数量显然太少了，你也许需要找到更多有裂纹的产品图像。如果实在找不到，则可以考虑使用称为数据增强（data augmentation）的过程生成新图像。

💡 提示：数据增强

数据增强是一系列使用现有原始数据集通过计算生成新数据点的技术。例如，如果旋转肖像，或通过添加高斯噪声来更改图像的质量，则新图像仍将显示肖像，但它可以帮助你的模型提高泛化能力。在第 5 章"提高机器学习模型的性能"中将讨论不同的数据增强技术。

2.6.3　数据转换

数据集的特征和输出可以是不同类型的变量，具体如下。

❑　定量或数字类型。

➤　离散变量：例如，一个街区的房屋数量。

➤　连续变量：例如，患者的年龄或体重。

❑　定性或分类类型。

➤　标称变量（无顺序）：例如，汽车的不同颜色。

➤　序数变量（有顺序的定性变量）：例如，学生的成绩可分为 A、B、C、D 共 4 等。

当我们训练机器学习模型时，模型在优化过程的每次迭代中都需要使用数值来计算损失函数。因此，我们需要将分类变量转换为数值变量。特征编码技术有多种，其中比较有名的 3 种是独热编码（one-hot encoding）、目标编码（target encoding）和标签编码（label encoding）。

如图 2.2 所示，我们对包含 4 列——age（年龄）、gender（性别）、group（分组）和 target（目标）列——7 行（作为 7 个示例数据点）的示例矩阵分别进行了独热编码、标签编码和目标编码计算。

这是一个虚构的数据集，用于预测患者对药物的反应，以 target（目标）列作为输出。变量类别缩写如下。

❑　F：女性（female）。

❑　M：男性（male）。

❑　H1：医院（hospital）1。

❑　H2：医院 2。

❑　H3：医院 3。

实际上，你还需要考虑更多变量，需要更多数据点才能建立可靠的模型进行药物反应预测，评估男性和女性群体之间或不同医院的患者对药物的反应是否存在偏差。

这些技术都有其优点和注意事项。例如：

❑　独热编码增加了特征数量（即数据集的维度），并增加了过拟合的机会。

❑　标签编码为每个类别分配整数值，这些值不一定具有含义。例如，将男性视为 1，将女性视为 0 是任意的，没有任何实际意义。不能进行 1 + 0 = 1 这样的计算，也不能进行 1 > 0 这样的比较。

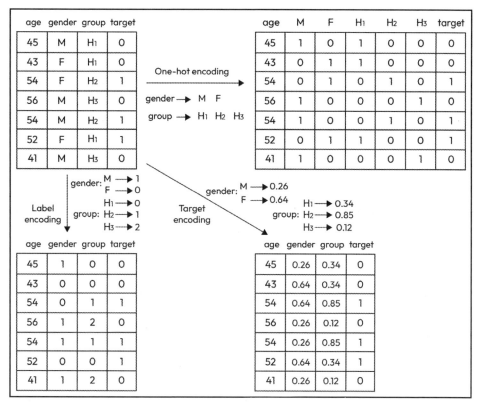

图 2.2　使用具有 4 个特征和 7 个数据点的简单示例数据集手动计算独热编码、标签编码和目标编码

原　　文	译　　文	原　　文	译　　文
One-hot encoding	独热编码	Target encoding	目标编码
Label encoding	标签编码		

❑　目标编码是一种替代方法，它考虑的是与目标相关的每个类别的概率。有关此过程的数学细节，可以阅读 Micci-Barreca 于 2001 年发表的论文（详见 2.13 节"参考文献"）。以下代码片段提供了上述方法的 Python 实现。

让我们定义一个用于特征编码的合成 DataFrame：

```
import pandas as pd
orig_df = pd.DataFrame({
    'age': [45, 43, 54, 56, 54, 52, 41],
    'gender': ['M', 'F', 'F', 'M', 'M', 'F', 'M'],
    'group': ['H1', 'H1', 'H2', 'H3', 'H2', 'H1', 'H3'],
    'target': [0, 0, 1, 0, 1, 1, 0]})
```

首先，使用标签编码对定义的 DataFrame 中的分类特征进行编码：

```
# 使用标签编码进行编码
from sklearn.preprocessing import LabelEncoder
# 初始化 LabelEncoder
le = LabelEncoder()
# 编码 gender 和 group 列
label_encoded_df = orig_df.copy()
label_encoded_df['gender'] = le.fit_transform(
    label_encoded_df.gender)
label_encoded_df['group'] = le.fit_transform(
    label_encoded_df.group)
```

然后，尝试对分类特征转换执行独热编码：

```
# 使用独热编码进行编码
from sklearn.preprocessing import OneHotEncoder
# 初始化 OneHotEncoder
ohe = OneHotEncoder(categories = 'auto')
# 编码 gender 列
gender_ohe = ohe.fit_transform(
    orig_df['gender'].values.reshape(-1,1)).toarray()
gender_ohe_df = pd.DataFrame(gender_ohe)
# 编码 group 列
group_ohe = ohe.fit_transform(
    orig_df['group'].values.reshape(-1,1)).toarray()
group_ohe_df = pd.DataFrame(group_ohe)
# 使用独热编码特征生成新 DataFrame
onehot_encoded_df = pd.concat(
    [orig_df, gender_ohe_df, group_ohe_df], axis =1)
onehot_encoded_df = onehot_encoded_df.drop(
    ['gender', 'group'], axis=1)
onehot_encoded_df.columns = [
    'age','target','M', 'F','H1','H2', 'H3']
```

在安装了 category_encoders 库之后，将在 Python 中实现目标编码作为第 3 种编码方式，示例如下：

```
# 使用目标编码进行编码
from category_encoders import TargetEncoder
# 初始化 LabelEncoder
te = TargetEncoder()
# 编码 gender 和 group 列
target_encoded_df = orig_df.copy()
```

```
target_encoded_df['gender'] = te.fit_transform(
    orig_df['gender'], orig_df['target'])
target_encoded_df['group'] = te.fit_transform(
    orig_df['group'], orig_df['target'])
```

序数变量也可以使用 OrdinalEncoder 类作为 sklearn.preprocessing 的一部分进行转换。序数变量变换和标称变量变换之间的区别在于序数变量中类别顺序背后的含义。例如，如果对学生的成绩进行编码，则 A、B、C、D 既可以转换为 1、2、3、4，也可以转换为 4、3、2、1，但是将它们转换为 1、3、4、2 则是不可接受的，因为这改变了等级顺序背后的含义。

值得一提的是，输出变量也可以是分类的。你可以使用标签编码将标称变量输出转换为分类模型的数值变量。

2.6.4 数据清洗

在数据结构化后，还需要进行清洗。清洗数据有助于提高数据质量，并使其为建模做好准备。

清洗过程的一个示例是填充数据中的缺失值。例如，你可能想通过患者的生活习惯来预测他们患糖尿病的风险，但在他们的调查回答数据中，你可能会发现一些参与者没有回答有关其吸烟习惯的问题。

1. 填充缺失值的特征插补

现有的数据集的特征可能包含缺失值。大多数机器学习模型及其相应的 Python 实现无法处理缺失值。在这些情况下，我们需要删除缺少特征值的数据点，或者以某种方式填充这些缺失值。可以使用一些特征插补技术来计算数据集中缺少的特征的值。此类方法的示例如图 2.3 所示。

正如你在图 2.3 中所看到的，可以使用以下两种方法插补缺失的特征值。

（1）使用相同特征的其他值。例如，使用可用值的平均值（mean）或中位数（median）替换缺失值。

（2）使用与该特征具有最高相关性的包含较少缺失值或无缺失值的其他特征来计算缺失值。

在第（2）种情况下，可以使用相关性最高的特征以及包含缺失值的目标特征来构建线性模型。线性模型将最相关的特征视为输入，将包含缺失值的特征视为输出，然后使用线性模型的预测来计算缺失值。

当我们使用相同特征值的统计汇总值（例如平均值或中位数）时，会减少特征值的方差，因为这些汇总值将用于同一特征的所有缺失值（见图2.3）。

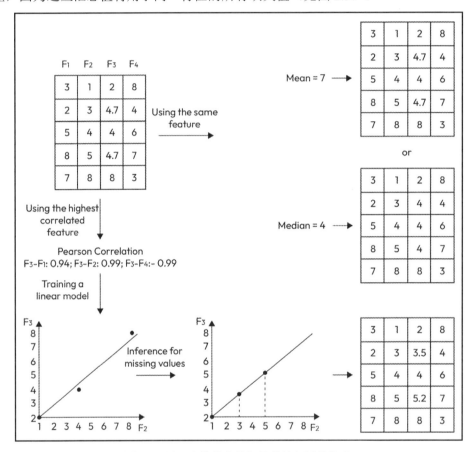

图 2.3　用于计算缺失特征值的特征插补技术

原　　文	译　　文
Using the same feature	使用相同特征
Using the highest correlated feature	使用最高相关特征
Pearson Correlation	皮尔逊相关系数
Training a linear model	训练线性模型
Inference for missing values	缺失值的推断

另外，在包含缺失值的特征和具有较少缺失值或无缺失值的高度相关特征之间使用线性模型时，实际上是假设它们之间存在线性关系。

或者，你也可以在特征之间构建更复杂的模型来计算缺失值。

　　所有这些方法都有其优点和局限性，你需要选择最适合自己的数据集的方法，具体取决于特征值的分布、缺失特征值的数据点的比例、特征之间的相关范围、较少缺失值或无缺失值特征存在的比例，以及其他相关因素。

　　在图 2.3 中，使用了一个由 4 个特征和 5 个数据点组成的非常简单的案例来展示我们所讨论的特征插补技术。假设本示例实际上需要构建具有 4 个以上特征的模型。在这种情况下，可以使用 scikit-learn 等 Python 库，通过使用相同特征值的平均值来进行特征插补，具体操作如下所示。

首先导入所需的库：

```
import numpy as np
from sklearn.impute import SimpleImputer
```

然后定义二维输入列表，其中每个内部列表显示数据点的特征值：

```
X = [[5, 1, 2, 8],
     [2, 3, np.nan, 4],
     [5, 4, 4, 6],
     [8, 5, np.nan, 7],
     [7, 8, 8, 3]]
```

现在可以准备拟合 SimpleImputer 函数了，方法是指定需要被视为缺失值的内容以及用于插补的策略：

```
# 策略选项: mean, median, most_frequent, constant
imp = SimpleImputer(missing_values=np.nan, strategy='mean')
imp.fit(X)
# 计算输入的缺失值
X_no_missing = imp.transform(X)
```

还可以使用 scikit-learn 制作线性回归模型来计算缺失的特征值：

```
import numpy as np
from sklearn.linear_model import LinearRegression as LR

# 定义特征 2（f2）和特征 3（f3）的输入变量
f2 = np.array([1, 4, 8]).reshape((-1, 1))
f3 = np.array([2, 4, 8])

# 使用 sklearn LinearRegression 初始化线性回归模型
model = LR()

# 分别使用 f2 和 f3 作为输入和输出变量来拟合线性回归模型
```

```
model.fit(f2, f3)

# 预测 f3 的缺失值
model.predict(np.array([3, 5]).reshape((-1, 1)))
```

2. 去除异常值

数据集中的数值变量可能具有与其余数据相距甚远的值。它们可能是与其余数据点不同的实际值（例如，亿万富翁的收入可能远远超出一般民众，但它是真实的），也可能是由数据生成错误（例如实验测量过程中的错误）引起的。你可以使用箱线图（boxplot）直观地查看和检测它们（见图 2.4）。该图中使用圆圈指示的部分值就是由 Python 中的绘图函数（例如 matplotlib.pyplot.boxplot）自动检测到的异常值。

尽管可视化是探索数据和理解数值变量分布的好方法，但我们需要一种定量方法来检测异常值，而不需要绘制数据集中所有变量的值。

检测异常值的最简单方法是使用变量值分布的分位数（quantile）。超出上限（upper bound）和下限（lower bound）的数据点被视为异常值。

下限可以计算为

$$Q_1 - a.\text{IQR}$$

上限可以计算为

$$Q_3 + a.\text{IQR}$$

其中：

- Q_1 表示第一四分位数，又称"较小四分位数"，等于样本中所有数值由小到大排列后第 25% 的数字。
- Q_3 表示第三四分位数，又称"较大四分位数"，等于样本中所有数值由小到大排列后第 75% 的数字。
- IQR 是第三四分位数与第一四分位数的差距，称四分位距（inter quartile range）。
- a 的取值范围为 1.5～3，常用值为 1.5，默认情况下也用于绘制箱线图。但具有较高的值会使异常值识别过程不那么严格，并且会减少被检测为异常值的数据点。例如，若将异常值检测的严格性参数从默认值（即 $a = 1.5$）更改为 $a = 3$，图 2.4 中的任何数据点都不会被检测为异常值。

这种异常值识别方法是非参数的，这意味着它没有关于数据点分布的任何假设。因此，它可以应用于非正态分布。

图 2.4 中的直方图和箱线图是使用 scikit-learn 包的糖尿病数据集（Diabetes Dataset）中的特征值生成的，该数据集是通过 sklearn.datasets.load_diabetes() 加载的。

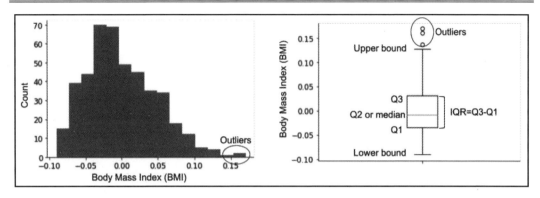

图 2.4 直方图和箱线图中的异常值

原 文	译 文	原 文	译 文
Count	计数	Upper bound	上限
Body Mass Index (BMI)	身体质量指数（BMI）	Q2 or median	Q2 或中位数
Outliers	异常值	Lower Bound	下限

3. 数据缩放

特征值，无论是原始数值还是转换后数值，都可以有不同的范围。如果特征值得到适当的缩放和归一化，那么许多机器学习模型的性能会更好，至少它们的优化过程收敛得更快。例如，如果一个特征的取值范围在 0.001 到 0.05 之间，另一个特征的取值范围在 1000 到 5000 之间，那么将它们都调整到合理的范围（例如[0, 1]或[-1, 1]）可以帮助提高收敛速度或模型的性能。你需要确保实现的缩放和归一化不会导致特征值之间看不出区别，也就是说，数据点不会因为进行了转换而失去差异性。

缩放的目的是改变变量值的范围。在归一化过程中，值分布的形状也可能发生变化。你可以使用 scikit-learn 中提供的相应类来改进特征的缩放和分布。表 2.1 提供了若干方法示例。使用每个类后生成的缩放变量都具有特定的特征。例如，使用 scikit-learn 的 StandardScalar 类后，变量的值将以 0 为中心，标准差为 1。

其中一些技术，例如使用 scikit-learn 的 RobustScaler 类完成的鲁棒缩放，不太可能受到异常值的影响（见表 2.1）。在鲁棒缩放中，根据我们提供的定义，异常值不会影响中值和 IQR 的计算方式，因此不会影响缩放过程。

表 2.1 用于缩放和归一化特征值的 Python 类示例

Python 类	数 学 定 义	值 限 制
sklearn.preprocessing. StandardScaler()	$Z = (X - u) / s$ u：平均值 s：标准差	没有限制，多于 99%的数据在-3 和 3 之间

Python 类	数 学 定 义	值　限　制
sklearn.preprocessing. MinMaxScaler()	X_scaled = $(X-X_{min})/(X_{max}-X_{min})$	[0,1]
sklearn.preprocessing. MaxAbsScaler()	X_scaled = $X/\|X\|_{max}$	[−1,1]
sklearn.preprocessing. RobustScaler()	$Z_{robust} = (X - Q_2) / IQR$ Q_2：中位数 IQR：四分位距	没有限制，大多数数据在 −3 和 3 之间

在此之后，可以使用计算出的中值和 IQR 对异常值本身进行缩放。根据你所使用的机器学习方法和手头的任务，也可以在缩放之前或之后保留或删除异常值。但重要的是，当你尝试准备用于建模的数据时，请注意检测并了解它们，然后根据需要缩放或删除它们。

其他形式的探索性数据分析（exploratory data analysis，EDA）是在机器学习建模开始之前（数据整理之后）进行的。你在专业领域方面的知识也可以帮助识别模式，对于已定义问题的主题领域，需要更好地理解这些模式的解释。

为了增加机器学习建模成功的可能性，可能需要特征工程来构建新特征或通过表示学习来学习新特征。这些新特征可以像身体质量指数（BMI，也称为体重指数）一样简单，定义为某人的体重（千克）与身高（米）的平方之比。或者它们可能是通过复杂的过程或额外的机器学习建模学习的新特征和表示。在第 14 章"机器学习最新进展简介"中将对此展开更详细的讨论。

2.7　建模数据准备

在机器学习生命周期的建模数据准备阶段，我们需要最终确定用于建模的特征和数据点，以及模型评估和测试策略。

2.7.1　特征选择和提取

现在可以对在前面的步骤中经过归一化和缩放的原始特征做进一步的处理，以增加拥有高性能模型的可能性。

一般来说，可以使用特征选择方法对特征进行次级选择（sub-select），这意味着一些特征将被丢弃，或者用于生成新特征，这在传统上称为特征提取（feature extraction）。

1. 特征选择

特征选择的目标是减少特征的数量或数据的维度，并保留信息丰富的特征。例如，如果有 20000 个特征和 500 个数据点，那么当用于构建监督学习模型时，20000 个原始特征中的大部分很可能并没有提供有用的信息。

以下内容解释了一些简单的特征选择技术。

❑ 注意保留数据点之间具有高方差或平均绝对偏差（mean absolute deviation，MAD）的特征。

❑ 保留数据点中具有最多数量的唯一值的特征。

❑ 保留高度相关的特征组中的代表性特征。

这些过程可以使用所有数据点或仅使用训练数据来进行，以避免训练数据和测试数据之间潜在的信息泄露。

2. 特征提取

线性或非线性组合原始特征可以为构建预测模型提供更多信息，这个过程称为特征提取，可以基于专业领域知识或通过不同的统计或机器学习模型进行。例如，你可以使用主成分分析（principal component analysis，PCA）或等度量映射（isometric mapping，Isomap）以线性或非线性方式降低数据的维数。然后，你可以在训练和测试过程中使用这些新特征。以下代码片段提供了这两种方法的 Python 实现。

首先，导入所需的库并加载 scikit-learn 数字数据集：

```
import numpy as np
import matplotlib.pyplot as plt
from sklearn.decomposition import PCA
from sklearn.manifold import Isomap
from sklearn.datasets import load_digits

# 载入 sklearn 数字数据集
X, _ = load_digits(return_X_y=True)
print('Number of features: {}'.format(X.shape[1]))
```

现在使用 isomap 和 pca 降低维数，这两个函数都在 scikit-learn 中可用：

```
# 拟合 isomap 并构建包含 5 个分量的特征的新 DataFrame
embedding = Isomap(n_components=5)
X_transformed_isomap = embedding.fit_transform(X)
print('Number of features: {}'.format(
    X_transformed_isomap.shape[1]))
# 拟合 pca 并构建包含 5 个分量的特征的新 DataFrame
```

```
pca = PCA(n_components=5)
X_transformed_pca = pca.fit_transform(X)
print('Number of features: {}'.format(
    X_transformed_pca.shape[1]))
# 绘制前 n 个（在 1 和 5 之间）分量解释的方差比
plt.bar(x = np.arange(0, len(
    pca.explained_variance_ratio_)),
    height = np.cumsum(pca.explained_variance_ratio_))
plt.ylabel('Explained variance ratio')
plt.xlabel('Number of components')
plt.show()
```

你可以通过不同的技术来确定可以从上述方法中选择的组件数量。例如，解释方差比是选择主成分数量的常用方法。这些是通过主成分分析确定的，并共同解释超过特定百分比（例如数据集中总方差的 70%）的数据。

还有一些更先进的技术，它们是用于识别新特征的自监督预训练和表示学习的一部分。在这些技术中，大量数据用于计算新特征、表示（representation）或嵌入（embedding）。例如，英文版的维基百科可用于提出更好的英语单词表示，而不是对每个单词执行独热编码。在第 14 章"机器学习最新进展简介"中将讨论自监督学习模型。

2.7.2　设计评估和测试策略

在训练模型确定其参数或最佳超参数之前，需要指定测试策略。如果你在大型组织中工作，则模型测试可以由另一个团队在单独的数据集上完成。你也可以将一个或多个数据集与训练集分开，或者将部分数据分开，以便可以与训练集分开进行测试。你还需要列出在测试阶段评估模型性能的方法。例如，你可能需要指定要使用的性能绘图或度量，例如接收者操作曲线（receiver operating curve，ROC）和精确召回（precision-recall，PR）曲线或其他标准，以选择新的分类模型。

在定义测试策略后，可以使用其余数据来指定验证集（validation set）和训练集（training set）。验证集和训练集不需要是一系列固定数据点。可以使用 k 折交叉验证（cross-validation，CV）将数据集分成 k 个块，并一次使用一个块作为验证集，其余的作为训练集。然后，所有 k 个块的性能平均值可以用作验证集来计算验证的性能。

训练性能对于根据模型目标找到模型参数的最佳值非常重要。你还可以使用验证性能来确定最佳超参数值。如果你指定一个验证集或使用 k 折交叉验证，则可以使用不同超参数组合的验证性能来确定最佳的一组。

最后，可以使用最佳的超参数集在除测试数据之外的所有数据上训练模型，以便在测试阶段得出要测试的最终模型。

每个应用程序都有一些关于折数（即 k）或要拆分为验证集和测试集的数据点分数的常见做法。对于小型数据集，通常分别使用 60%、30% 和 10% 来指定数据点的训练集、验证集和测试集部分。数据点的数量及其多样性是决定验证集和测试集中数据点数量或在交叉验证中指定 k 的重要因素。还可以使用可用的 Python 类，通过选择的 k 来使用 k 折交叉验证执行训练和验证，如下所示：

```python
from sklearn.model_selection import cross_val_score,KFold
from sklearn.neighbors import KNeighborsClassifier
from sklearn.datasets import load_breast_cancer
# 加载乳腺癌数据集
X, y = load_breast_cancer(return_X_y=True)

# 定义 k 折交叉验证
k_CV = KFold(n_splits=5)

# 初始化一个 k 最近邻模型
knn = KNeighborsClassifier()

# 使用所设计交叉验证的不同折数的平均精确率输出验证性能
scores = cross_val_score(
    estimator = knn, X = X, y = y, cv = k_CV,
    scoring = 'average_precision')
print("Average cross validation score: {}".format(
    round(scores.mean(),4)))
```

这将返回以下输出：

```
Average Cross Validation score: 0.9496
```

☑ 注意:

在每个阶段准备的数据不应该只是被转储到云中或硬盘驱动器中，或者在执行生命周期中的每个步骤之后被添加到数据库中草草了事。更好的做法是在数据中附上一份报告，以跟踪每个步骤所做的努力，并为团队或组织中的其他个人或团队提供这些信息，这是有益的。

适当的报告，如数据整理报告，可以提供寻求反馈的机会，帮助你改进为机器学习建模所提供的数据。

2.8　模型训练与评估

如果你使用 scikit-learn 或 PyTorch 和 TensorFlow 进行神经网络建模，则训练、验证或测试模型的过程包括以下 3 个主要步骤。

（1）初始化模型：初始化模型就是指定用于建模的方法、超参数和随机状态。

（2）训练模型：在模型训练过程中，需将步骤（1）中的初始化模型用于训练数据来训练机器学习模型。

（3）推理、分配和性能评估：在此步骤中，训练后的模型可用于监督学习中的推理（例如，预测输出），或者在无监督学习中将新数据点分配给已识别的聚类。在监督学习中，可以使用这些预测来评估模型性能。

对于监督学习和无监督学习模型，这些步骤是相似的。在步骤（1）和步骤（2）中，两种类型的模型都可以进行训练。

现在让我们来看看这 3 个步骤的 Python 实现示例，以下代码片段使用了 scikit-learn 的随机森林分类器（random forest classifier）和 k 均值聚类（k-means clustering）。

首先，导入所需的库并加载 scikit-learn 乳腺癌数据集：

```
from sklearn.datasets import load_breast_cancer
from sklearn.model_selection import train_test_split
from sklearn import metrics

# 加载乳腺癌数据集
X, y = load_breast_cancer(return_X_y=True)
X_train, X_test, y_train, y_test = train_test_split(X, y,
    test_size=0.30, random_state=5)
```

现在可以使用随机森林来训练和测试监督学习模型：

```
from sklearn.ensemble import RandomForestClassifier
# 初始化随机森林模型
rf_model = RandomForestClassifier(n_estimators=10,
    max_features=10, max_depth=4)
# 使用训练集训练随机森林模型
rf_model.fit(X_train, y_train)
# 使用训练好的随机森林模型预测测试集的值
y_pred_rf = rf_model.predict(X_test)
# 评估模型在测试集上的性能
print("Balanced accuracy of the predictions:",
    metrics.balanced_accuracy_score(y_test, y_pred_rf))
```

上述代码将打印出模型在测试集上的性能，如下：

```
Balanced accuracy of the predictions: 0.9572
```

还可以构建 k 均值聚类模型，示例如下：

```
from sklearn import cluster
# 初始化 k 均值聚类模型
kmeans_model = cluster.KMeans(n_clusters=2, n_init = 10)
# 使用训练集训练 k 均值聚类模型
kmeans_model.fit(X_train)
# 将新的观察值（此处为测试集数据点）分配给已识别的聚类
y_pred_kmeans = kmeans_model.predict(X_test)
```

如果你在机器学习建模方面没有足够的经验，则了解表 2.2 中提供的方法和相应的 Python 类可能是一个很好的起点。

表 2.2　用于表格化数据的监督学习或聚类问题的起始方法及其 Python 类

类　型	方　法	Python 类
分类	逻辑回归	sklearn.linear_model. LogisticRegression()
	k 最近邻	sklearn.neighbors. KNeighborsClassifier()
	支持向量机（support vector machine，SVM）分类器	sklearn.svm.SVC()
	随机森林分类器	sklearn.ensemble. RandomForestClassifier()
	XGBoost 分类器	xgboost.XGBClassifier()
	LightGBM 分类器	Lightgbm.LGBMClassifier()
回归	线性回归	sklearn.linear_model. LinearRegression()
	支持向量机回归器	sklearn.svm.SVR()
	随机森林回归器	sklearn.ensemble. RandomForestRegressor()
	XGBoost 回归器	xgboost.XGBRegressor()
	LightGBM 回归器	Lightgbm.LGBMRegressor()
聚类	k 均值聚类	sklearn.cluster.KMeans()
	凝聚聚类（agglomerative clustering）	sklearn.cluster. AgglomerativeClustering()
	DBSCAN 聚类	sklearn.cluster.DBSCAN()
	UMAP	umap.UMAP()

注意：

　　UMAP 是一种提供低维可视化（例如一系列数据点的 2D 图）的降维方法。在低维空间中得到的数据点组也可以用作可靠的聚类。

2.9　测试代码和模型

　　在进入生命周期的测试代码和模型阶段时，尽管你仍然可以使用一个或多个数据集来进一步测试所选机器学习模型的性能，但在此阶段需要完成一系列测试以确保以下效果。

❑　确保部署和将模型投入生产的过程顺利进行。

❑　从性能和计算成本的角度确保模型按预期工作。

❑　确保在生产中使用该模型不会产生法律和财务影响。

以下是此阶段可以使用的一些测试。

❑　单元测试（unit test）：这些是快速测试，可确保代码正确运行。这些测试并不是特定于机器学习建模的，甚至不是特定于这个阶段的。在整个生命周期中，你都需要设计单元测试以确保数据处理和建模代码按预期运行。

❑　A/B 测试（A/B testing）：这种类型的测试可以帮助你、你的团队和你的组织决定是选择模型还是拒绝它。此测试的思想是评估两种可能的场景，例如两种模型或两种不同的前端设计，并检查哪一种更有优势。但你需要通过决定要测量的内容和你的选择标准来定量评估结果。

❑　回归测试（regression test）：此类测试评估你的代码和模型在依赖项和环境变量发生更改后是否按预期执行。例如，如果 Python、scikit-learn、PyTorch 或 TensorFlow 版本发生更改，此测试可确保你的代码运行并检查这些更改对模型性能和预测结果的影响。

❑　安全测试（security test）：安全测试是工业级编程和建模的重要组成部分。你需要确保你的代码和依赖项不易受到攻击。但是，你需要为高级对抗性攻击设计测试。在第 3 章"为实现负责任的人工智能而进行调试"中将详细讨论这一点。

❑　负责任的人工智能测试（responsible AI test）：我们还需要设计测试来评估负责任的人工智能的重要因素，例如透明度、隐私和公平性等。在第 3 章"为实现负责任的人工智能而进行调试"中将详细介绍负责任的人工智能的一些重要内容。

　　尽管需要为此阶段设计此类测试，但可以将类似的测试集成到生命周期的先前步骤中。例如，你可以在生命周期的所有步骤中进行安全测试，特别是当你使用不同的工具或代码库时。可能还有其他测试，例如检查模型的内存占用情况和预测运行时间，或者检查生产环境中数据的格式和结构与部署模型中的预期是否相同等。

2.10　模型部署与监控

如果你是一个部署新手，则可能会将机器学习生命周期的模型部署与监控阶段视为如何为模型的最终用户开发前端、移动 App 或 API。但这不是我们在本书中要讨论的内容。我们希望在此处和以后的章节中介绍部署的两个重要方面：在生产环境中提供模型所需的操作以及将模型集成到应该使用户受益的流程中。

部署模型时，代码应在指定环境中正常运行，能够访问所需的硬件（例如 GPU），并且需要以正确的格式访问用户数据才能使模型正常工作。我们在生命周期的测试阶段讨论的一些测试可确保你的模型在生产环境中按预期运行。

当我们谈论在生产环境中提供模型时，它要么在幕后使用以造福用户（例如 Netflix 和 Amazon Prime 使用其机器学习模型向用户推荐电影），要么直接由用户用作一个独立的过程或作为一个更大系统的一部分（例如机器学习模型在医院中用来帮助临床医生进行疾病诊断）。这两种不同用例的考虑因素并不相同。

如果你想在医院部署一个模型以供临床医生直接使用，则需要考虑设置适当的生产环境和所有软件依赖项可能遇到的所有困难和所需的规划。你还需要确保医院的本地系统具有必要的硬件条件。或者，你也可以通过 Web 应用程序提供你的模型。在这种情况下，你需要确保上传到数据库的数据的安全性和隐私性。

在收集必要的信息和反馈方面，模型监控是机器学习生命周期的关键部分。此反馈可用于改进或纠正用于建模的数据，或改进模型的训练和测试。监控机器学习模型有助于确保生产环境中的模型根据预期提供预测。

可能导致机器学习模型预测不可靠的 3 个问题是：数据方差、数据漂移和概念漂移。数据漂移和概念漂移被认为是两种不同类型的模型漂移。模型漂移是指数据（特征或输出变量）的不同类型的变化，这些变化使得模型的预测结果与新用户数据无关或无效。

本书后续章节（例如第 10 章"版本控制和可再现的机器学习建模"）将展开讨论模型部署和监控以及机器学习生命周期的工程方面。

2.11　小　　结

本章讨论了机器学习生命周期的不同组成部分，一般来说，机器学习工作流程将从数据收集和选择开始，经过数据探索整理和建模数据准备，再到模型训练和评估，最后是模型部署和监控。本章还展示了机器学习生命周期的数据处理、建模和部署方面的模块化如何有助于识别改进机器学习模型的机会。

　　在下一章中，你将了解在提高机器学习模型性能之外的概念，例如公正建模，实现负责任的人工智能系统的公平性、问责制和透明度等。

2.12　思　考　题

　　（1）你能提供两个数据清洗过程的示例吗？

　　（2）你能解释一下独热编码和标签编码方法之间的区别吗？

　　（3）如何使用分布的分位数来检测其异常值？

　　（4）假设你需要以本地方式为医生部署模型，还需要在银行系统的聊天机器人背后部署模型，你认为这两个任务的考虑因素有何差异？

2.13　参　考　文　献

❑　Micci-Barreca, Daniele. A preprocessing scheme for high-cardinality categorical attributes in classification and prediction problems. ACM SIGKDD Explorations Newsletter 3.1 (2001): 27-32.

❑　Basu, Anirban, Software Quality Assurance, Testing and Metrics, PRENTICE HALL, January 1, 2015.

第3章 为实现负责任的人工智能而进行调试

开发成功的机器学习模型不仅仅是为了实现高性能。提高模型的性能固然令人感到兴奋，但开发高性能模型更是一种责任，我们有责任建立公平、安全的模型。这些目标超出了性能改进的范围，属于负责任的机器学习（responsible machine learning），或者从更广泛的意义上说，属于负责任的人工智能（responsible artificial intelligence）的目标。

作为负责任的机器学习建模的一部分，我们在对模型进行训练和预测时应考虑透明度和问责制，并考虑数据和建模过程的治理系统。

本章包含以下主题：

- ❑ 机器学习中的公正建模公平性。
- ❑ 机器学习中的安全和隐私。
- ❑ 机器学习建模的透明度。
- ❑ 负责并接受建模检查。
- ❑ 数据和模型治理。

阅读完本章之后，你将了解负责任的机器学习建模的需求以及不同的关注点和挑战。你还将了解各种不同的技术，这些技术可以帮助你在开发机器学习模型时进行负责任的建模并确保隐私和安全。

3.1 技 术 要 求

在阅读本章之前，你需要了解机器学习生命周期的组成部分，因为这将帮助你更好地理解这些概念并能够在项目中使用它们。

3.2 机器学习中的公正建模公平性

机器学习模型会犯错误。当错误发生时，它们可能会有偏见，例如在第 1 章"超越代码调试"中介绍过的替代制裁的惩教罪犯管理分析（COMPAS）示例，该算法在美国法院系统中用于估计被告再次犯罪的可能性，算法预测黑人罪犯的再犯误报率（45%）是白人罪犯再犯误报率（23%）的近两倍。因此，我们需要调查在我们的模型中是否存在此类偏差，并对其进行修改以消除这些偏差。接下来，让我们通过更多的例子来阐明调查数据和模型是否存在此类偏差的重要性。

对于每家公司来说，招聘都是一个具有挑战性的工作，因为它们必须从数百名已提交简历和求职信的申请人中找出最合适的候选人进行面试。2014 年，亚马逊公司开始开发一种招聘工具，利用机器学习来筛选求职者，并根据简历中提供的信息选择最合适的人选。这是一个文本处理模型，使用简历中的文本来识别关键信息并选择最佳候选人。但最终亚马逊公司决定放弃该系统，因为该模型在招聘过程中选择男性还是女性方面存在偏见——偏向于选择男性而不是女性。这种偏见背后的主要原因是输入机器学习模型的数据中主要包含男性简历。该模型学习了如何识别男性简历中的语言和关键信息，但对于女性简历来说效果不佳。因此，该模型无法在保证性别公正的情况下对申请工作的候选人进行排名。

一些机器学习模型旨在预测患者住院的可能性。这些模型可以帮助降低个人和人群的医疗保健成本。但是，这些有益的模型也可能有其自身的偏差。例如，住院需要获得和使用医疗保健服务，这受到社会经济条件差异的影响。这意味着，在构建模型来预测住院可能性时，其数据可能是有偏差的，与贫困家庭相比，社会经济条件较好的人拥有更多的正样本。这种不平等可能会导致机器学习模型在住院决策方面出现偏差，从而进一步限制社会经济地位较低的人群住院治疗的机会。

医疗保健环境中机器学习应用存在偏差的另一个例子是基因研究。这些研究因偏差而受到批评，因为它们没有正确考虑人群的多样性，这可能会导致所研究疾病的误诊。

偏差的主要来源包括以下两个。

- ❏　数据偏差。它们要么源自数据源，要么在模型训练之前在数据处理中引入。
- ❏　算法偏差。算法设计或训练过程有瑕疵。

让我们来仔细看一下这两个来源。

3.2.1　数据偏差

你可能听说过计算机科学中的"垃圾输入，垃圾输出"概念。这个概念阐述了这样一个事实：如果无意义的数据进入了计算机工具（例如机器学习模型），那么其输出将是无意义的。如前文所述，用于帮助训练机器学习算法的数据可能存在各种问题，最终导致偏差。例如，这些数据可能不足以代表某个群体（如亚马逊公司招聘模型中使用的女性数据）。

拥有这些有偏差的数据不应阻止我们构建模型，但在明知数据有偏差的情况下，我们必须仔细考虑生命周期的组成部分（例如数据选择和整理或模型训练），并在将模型投入生产环境之前测试模型以进行偏差检测。

数据偏差的主要来源包括以下 4 个。

- ❑　数据收集偏差。
- ❑　抽样偏差。
- ❑　排除偏差。
- ❑　测量或标注偏差。

1. 数据收集偏差

我们所收集的数据可能包含偏差，例如亚马逊公司申请人排序示例中的性别偏见、COMPAS 中的种族偏见、住院示例中的社会经济偏见或其他类型的偏差。

再举一个例子，自动驾驶的机器学习模型仅根据白天拍摄的街道、汽车、人和交通标志的图像进行训练。显然，这样的模型在夜间会有偏差且不可靠。

在机器学习生命周期中，如果我们从数据探索或数据整理步骤中发现偏差之后，反馈到数据收集和选择步骤，则有可能消除这种偏见。但是，如果在模型训练、测试和部署之前没有对其进行修改，那么当检测到预测偏差时，需要立即从模型监控中提供反馈，并在生命周期中使用该反馈来为建模提供偏差较小的数据。

2. 抽样偏差

数据偏差还可能来自在生命周期的数据收集阶段对数据点进行采样或对总体进行采样的过程。

例如，当对学生的情况进行抽样填写调查时，抽样过程可能会偏向女孩或男孩、富裕或贫穷的学生家庭、高年级学生或低年级学生。此类偏差无法通过添加其他组的样本来轻松解决。

又如，在数据收集过程中，填写调查或设计对患者进行新药测试的临床试验的抽样过程也可能存在这种抽样偏差，其中一些数据收集过程需要事先对总体进行定义，而该定义不能在过程中更改。

有鉴于此，对于上述两种情况来说，在设计数据采样过程时均需要确定和考虑不同类型的可能偏差。

3. 排除偏差

在数据清洗和整理的过程中（即在开始训练和测试机器学习模型之前），可能会因为统计推理而删除特征（例如，某些信息含量较低的特征、数据点之间的差异不足或不具有所需特性的特征都可能被删除）。删除特征有时会导致我们的建模出现偏差。

此外，某些特征应被排除而未被排除，也可能导致最终的机器学习模型预测出现偏差。

4．测量或标注偏差

测量和标注偏差可能是由技术原因、数据标注者不够专业或其他方面的问题而引起的。例如，如果我们使用了某种相机类型收集数据以训练用于图像分类的机器学习模型，但生产环境中的图像却是由生成不同质量图像的另一台相机捕获的，则生产环境中预测结果的可靠性可能会降低。

3.2.2　算法偏差

机器学习模型的算法和训练过程可能存在系统错误。例如，算法可能会导致对特定种族或肤色的群体做出有偏见的预测，而不是人脸识别工具中的数据偏向于特定种族或肤色。牢记机器学习生命周期，以第 2 章"机器学习生命周期"中介绍的模块化方式进行开发，将帮助你识别模型监控等阶段的问题。

我们可以为机器学习生命周期中的相关步骤（例如数据收集或数据整理）提供反馈，以消除已识别的偏差。在后续章节中将介绍一些检测偏差并解决它们的方法。例如，可以使用机器学习可解释性技术来识别可能导致预测偏差的特征或其组合。

除了消除模型中的偏差，还需要在机器学习生命周期中考虑安全和隐私问题，这也是接下来我们将要讨论的主题。

3.3　机器学习中的安全和隐私

安全是所有拥有物理或虚拟产品和服务的企业所关心的问题。在 60 多年以前，每家银行都必须确保其分支机构的现金和重要文件等实物资产的安全，在进入数字时代后，它们还必须建立新的安全系统，以确保客户的数据以及可以进行数字化转移和更改的资金和资产的安全。机器学习产品和技术也不例外，需要有适当的安全系统。

机器学习设置中的安全问题可能与数据、模型本身或模型预测的安全性有关。本节将介绍机器学习建模中有关安全和隐私的以下 3 个重要主题。

- ❑ 数据隐私（data privacy）。
- ❑ 数据中毒（data poisoning）。
- ❑ 对抗性攻击（adversarial attack）。

3.3.1　数据隐私

生产环境中的用户数据或存储并用于模型训练和测试的数据的隐私是机器学习技术

安全系统设计的一个重要方面。由于以下可能的原因，你需要确保数据的安全。

- 数据包含源头用户、人员或组织的机密信息。
- 数据是根据法律合同从商业数据提供商处获得许可的，不应让其他人通过你的服务或技术获得该数据的访问权限。
- 数据是你独家生成的并被视为你的团队和组织的资产之一。

在上述所有情况下，你都需要确保数据的安全。你可以对数据库和数据集使用安全系统。例如，如果部分数据需要在两台服务器之间以数字方式传输，那么你需要考虑在此基础上设计加密流程。

3.3.2　数据隐私攻击

有些攻击旨在访问数据集和数据库中的私人和机密数据，例如医院中的患者信息、银行系统中的客户数据或政府机构中工作人员的个人信息。其中比较典型的 3 种攻击是数据重建攻击（data reconstruction attack）、身份识别攻击（identity recognition attack）和个人跟踪攻击（individual tracing attack），所有这些攻击都可以通过诸如互联网协议（internet protocol，IP）跟踪之类的手段来完成。

3.3.3　数据中毒

数据含义和质量的变化是数据安全的另一个问题。数据可能会被毒害，由此产生的预测变化可能会给个人、团队和组织带来严重的财务、法律和道德后果。

想象一下，你与朋友一起设计了一个用于股市预测的机器学习模型，并且模型使用前几天的新闻源和股票价格作为输入特征。这些数据是从不同的资源（例如雅虎财经）和不同的新闻来源中提取的。如果你的数据库受到毒害，某些特征的值或所收集的数据（例如一只股票的价格历史记录）被更改，那么你可能会遭受严重的财务损失，因为你的模型可能会建议你购买被恶意炒作的股票，一周内其价值将损失超过 50%。

上面是一个会产生财务后果的例子。类似地，如果数据中毒发生在医疗保健或军事系统中，则可能会造成危及生命的严重后果。

3.3.4　对抗性攻击

有时，你可以通过进行非常简单的更改来欺骗机器学习模型，例如向特征值添加少量噪声或扰动。这是生成对抗性示例和对抗性攻击背后的概念。

例如，在医疗人工智能系统中，通过在图像中添加人眼无法识别的对抗性噪声，可以将良性（即无害）普通痣的图像诊断为恶性黑色素瘤（一般而言非常有害且危险）。

还有一种对抗性攻击是同义文本替换，例如将描述"患者有背痛和慢性酒精滥用史，并且最近出现过"更改为"患者有腰痛和慢性酒精依赖史，并且最近出现过"，可能导致诊断从良性改变为恶性（详见 3.9 节"参考文献"：Finlayson et al.，2019）。

在图像分类的其他应用中（例如在自动驾驶汽车应用中），简单的黑白贴纸有时可能会欺骗模型，导致它将贴纸识别为停车标志图像或停车标志的视频帧（详见 3.9 节"参考文献"：Eykholt et al.，2018）。

对抗性示例可能会在推理或训练中误导你的系统，并验证它们是否被注入你的建模数据中并对其进行毒害。了解对抗性攻击者的 3 个重要方面可以帮助你保护系统，这 3 个重要方面是攻击者的目标、知识和能力，如表 3.1 所示（详见 3.9 节"参考文献"：Biggio et al.，2019）。

表 3.1　关于对抗性攻击者的知识类型

关于对抗性攻击者的知识类型	不同类型知识的各个方面	定　义
攻击者的目标	违反安全规定	攻击者尝试执行以下操作： 逃避检测 损害系统功能 获取私人信息
	攻击特异性	针对特定或随机数据点来生成错误结果
攻击者的知识	完美知识白盒攻击	攻击者了解系统的一切
	零知识黑盒攻击	攻击者对系统本身没有任何了解，而是通过生产环境中的模型预测来收集信息
	有限知识的灰盒攻击	攻击者掌握有限的知识
攻击者的能力	攻击产生的作用	了解因果关系：攻击者可以毒害训练数据并操纵测试数据 探索性：攻击者只能操纵测试数据
	数据操纵限制	限制对数据的操作，以消除数据操作能力或使其变得非常困难

3.3.5　输出完整性攻击

输出完整性攻击通常不会影响数据处理、模型训练和测试，甚至不会影响生产环境中的预测。它位于模型的输出和将显示给用户的内容之间。

根据此定义，此类攻击并非特定于机器学习设置。但在我们的机器学习系统中，仅根据向用户显示的输出结果来理解此类攻击可能有点困难。例如，如果分类设置中模型的预测概率或标签偶尔改变一次，显示给用户的结果将是错误的，但如果用户相信我们的系统，那么他们可能会接受这个错误的结果。因此，我们有责任确保此类攻击不会挑战生产环境中模型输出结果的完整性。

3.3.6　系统操纵

机器学习系统可以通过有意设计的合成数据来进行操纵，这些数据在模型训练和测试集中不存在或可能不存在。预测级别的这种操纵会产生很多不良后果，例如，浪费时间去调查模型的错误预测；如果数据进入你的训练、评估或测试数据集，那么它还可能毒害你的模型，改变模型在测试和生产环境中的性能。

3.3.7　安全且具备隐私保护功能的机器学习技术

一些技术可以帮助我们开发安全且具备隐私保护功能的流程和工具，用于机器学习建模中的数据存储、传输和使用。

❑ 匿名化（anonymization）：该技术侧重于删除有助于识别医疗数据集中单个数据点（例如单个患者）的信息。这些信息可以非常具体，例如医保卡号码（在不同的国家/地区可能有不同的名称），也可以是一般的信息，例如性别和年龄。

❑ 假名化（pseudonymization）：作为假名化的一部分，个人身份数据可以用合成替代品替换，而不是像匿名化那样删除信息。

❑ 数据和算法加密：加密过程会将信息（无论是数据还是算法）转换为新的（加密）形式。如果个人有权访问加密密钥（即解密过程所需的密码式密钥），则可以解密加密的数据（使其变得人类可读或机器可理解）。这样，在没有加密密钥的情况下访问数据和算法将变得不可能或非常困难。
在第 16 章"机器学习中的安全性和隐私"中将详细介绍高级加密标准（advanced encryption standard，AES）等加密技术。

❑ 同态加密（homomorphic encryption，HE）：这是一种加密技术，无须在机器学习模型预测时进行数据解密。该模型使用加密数据进行预测，因此在机器学习管道中的整个数据传输和使用过程中数据可以保持加密状态。

❑ 联邦机器学习（Federated machine learning）：联邦机器学习依赖于去中心化学习、数据分析和推理的思想，从而允许用户数据保存在单个设备或本地数据库中。

❑ 差分隐私（differential privacy）：差分隐私试图确保单个数据点的删除或添加不

会影响建模的结果。它将尝试从数据点组内的模式中学习。例如，通过添加正态分布的随机噪声，试图使各个数据点的特征变得模糊。如果可以访问大量数据点，则可以根据大数定律（law of large numbers）消除学习中的噪声影响。有关大数定律的详细解释，可访问 https://www.britannica.com/science/law-of-large-numbers。

这些技术并非在所有情况下都适用和有用。例如，当你拥有内部数据库并且只需要确定其安全性时，联邦机器学习就没有什么作用了。小数据源的差分隐私技术也可能并不可靠。

💡 提示：

加密（encryption）是将可读数据转换为人类不可读形式的过程。相应地，解密（decryption）则是将加密数据转换回其原始可读格式的过程。有关此主题的更多信息，可访问：

❑　https://docs.oracle.com/
❑　https://learn.microsoft.com/en-ca/

本节详细讨论了机器学习建模中的隐私和安全性问题。当然，即使我们构建了一个隐私问题最小化的安全系统，也仍然需要考虑其他因素来建立对模型的信任。透明度就是这些因素之一，这也是接下来我们将要讨论的主题。

3.4　机器学习建模的透明度

透明度可以帮助模型的用户了解模型的工作原理和构建方式，从而有助于他们建立对模型的信任。透明度还可以帮助你、你的团队、你的合作者和你的组织收集有关机器学习生命周期不同组成部分的反馈。

作为开发人员，有必要了解生命周期不同阶段的透明度要求以及实现这些要求的挑战。

❑　数据收集：数据收集的透明度需要回答以下两个主要问题。

　➢　你正在收集什么数据？

　➢　你想用这些数据做什么？

例如，当用户在注册手机 App 并选中同意使用其个人数据的复选框时，即表示他们同意使用他们在应用程序中提供的信息。但协议需要明确用户数据的用途。

❑　数据选择和探索：在生命周期的这些阶段，数据选择过程以及如何实现探索性结果需要明确。这可以帮助你收集其他合作者和同事对项目的反馈。

❑ 数据整理和建模数据准备：在这一步之前，数据几乎像所谓的原始数据一样，没有对特征定义进行任何更改，也没有将数据拆分为训练集和测试集。如果你将生命周期的这些组成部分设计为黑匣子并且不透明，那么你可能会失去信任，也失去从其他可以访问你的数据的专家那里获得反馈的机会。

例如，假设你不应该使用医院患者的遗传信息，并且你在生命周期的这些步骤之后提供了诸如 Feature1、Feature2 之类命名方式的特征，在不解释这些特征是如何生成的以及使用哪些原始特征的情况下，人们应该无法确定是否使用了患者的遗传信息。你还需要以透明公开方式解释如何设计测试策略，以及如何将用于训练的数据与验证集和测试集分开。

❑ 模型训练和评估：模型训练的透明度有助于在从数据中学习时理解模型的决策和模式识别。训练和评估的透明度可以为直接用户、开发人员和审计人员建立信任，从而更好地评估这些流程。

例如，虽然超过 99% 的 Amazon Prime 用户从来不想了解幕后的机器学习模型，但是，我们的模型却不一样，它们有时会直接被用户使用，例如医院的医生需要使用模型进行诊断，制造工厂的员工需要使用模型检测瑕疵品。

在第 6 章"机器学习建模中的可解释性和可理解性"中将详细讨论可解释性，它是机器学习建模中的一个重要概念，与透明度密切相关，有助于用户更好地理解模型的工作原理。

❑ 测试：生命周期测试阶段决策的透明度有助于更好地理解选择或拒绝模型的过程，也有助于规划改进和调试相关代码、数据处理或模型训练和评估。

❑ 模型部署和监控：除了从组织和团队中的其他开发人员和专家或公共专家那里获得反馈，你还需要让模型在生产环境中的效果以及收集的数据内容都保持透明度，以便组织内外的用户和审核员都能清晰了解。

尽管需要透明度，但从安全和隐私的角度来看，透明度的增加可能会使系统变得脆弱。因此，如果不考虑隐私和安全性，就无法追求最大程度的透明度。

公平和消除偏差、隐私和透明度都是负责任的机器学习建模的因素。但我们需要记住的是，实现公平和安全的模型和系统的责任仍在于我们自己。

3.5　负责并接受建模检查

作为不同企业或公司、研究机构或大学的员工，或者作为自由职业者，我们开发的模型最终都需要在不同的应用场景中投入生产，例如医疗保健、金融、制造、营销、零售、运输、媒体和娱乐等。我们的模型可以使用患者数据来预测他们是否会患癌症或糖尿病，或者他们是否会对治疗产生反应。或者，我们的模型也可以使用银行客户的财务历史资料和其他信息来评估他们的贷款资格。还有一个很典型的例子是我们的模型可以利用人们的购买历史来向他们推荐新产品。

正如我们在本章中所讨论的，我们必须照顾数据和模型的隐私，提供公平公正的模型，并使我们的模型尽可能透明。我们必须记住，我们有责任在开发可靠且负责任的机器学习模型时管理所有这些问题。

我曾经询问 OpenAI 开发的著名机器学习聊天机器人 ChatGPT："你对自己的回答负责吗？"，其回应如下：

"作为一个机器学习模型，我没有能力像人类那样对我的反应负责。我被设计为根据收到的输入生成响应，但我没有个人信仰、意图和动机。我没有能力自行做出决定或选择。我的回答反映了用于创建我的训练数据和算法，我的创建者有责任确保我按预期运行。"

✅ **注意：**

本节接下来的几段引用了法律中的语句，这些语句没有被更改，以确保法律内容不会被不恰当地改写。当然，这并不是一本法律书，因此本书的任何内容都不应被视为法律建议。

数据隐私和安全方面的问责制（accountability）并非一个可选项。过去几年，各个国家/地区分别出台了一些法律和法规，要求机器学习模型和产品的开发者与所有者对我们在本章中讨论的问题承担责任。例如，欧盟（EU）的《通用数据保护条例》（General Data Protection Regulation，GDPR）列出了个人数据主体的权利，以使他们能够控制自己的数据。它通过以下几个方面来做到这一点。

❑　处理其数据需要获得个人明确同意。

❑　主体应该能够轻松访问自己的个人数据。

❑　个人数据主体有纠正权、被删除权/被遗忘权（right to be erased/forgotten，RTBF）。

❑　个人数据主体有反对权，包括反对使用个人数据进行分析的权利。

❑　个人数据主体有将数据从一个服务提供商转移到另一个服务提供商的权利。

欧盟还建立了相关的司法救济和赔偿制度。有关详细信息，可访问：

https://www.consilium.europa.eu/en/policies/data-protection/

欧盟后来还制定了《人工智能法案》（Artificial Intelligence Act，AI Act），这是主

要监管机构制定的第一部关于人工智能的法律。有关详细信息，可访问：

https://artificialintelligenceact.eu/

但这些规定并不仅限于欧盟。例如，美国白宫科技政策办公室发布了人工智能权利法案蓝图，以保护人工智能时代的美国公众。有关详细信息，可访问：

https://www.whitehouse.gov/ostp/ai-bill-of-rights/

加拿大也颁布了 C-27 法案，即《人工智能和数据法案》（Artificial Intelligence and Data Act，AIDA），该法案为个人数据保护制定了基线义务，保护公民免受错误人工智能的侵害，并要求个人数据使用者承担普遍的记录保存义务。有关详细信息，可访问：

https://www.lexology.com/library/detail.aspx?g=4b960447-6a94-47d1-94e0-db35c72b4624

本章要讨论的最后一个主题是机器学习建模中的治理。接下来，让我们看看模型治理如何帮助你和你的组织开发机器学习模型。

3.6　数据和模型治理

机器学习建模中的治理是指使用工具和程序来帮助你、你的团队和你的组织开发可靠且负责任的机器学习模型。你不应将其视为对如何开展项目的任何限制，而应将其视为降低未发现错误风险的机会。

机器学习中的治理旨在帮助你和你的组织实现具有社会效益和经济效益双重目标的流程和模型，并避免产生道德、法律或财务上的不利后果。

以下是在团队和组织中建立治理系统的一些方法示例。

- ❏ 定义指南和协议：由于我们希望检测模型中的问题并在性能和责任方面改进模型，因此需要设计一些指南和协议以实现简化和一致性。

  我们需要定义哪些标准和方法被认为是模型问题（例如从安全角度来看），以及哪些因素被认为是促进模型改进的机会，值得花费时间去努力。

  值得一提的是，考虑到我们在本章中讨论的主题以及生命周期的不同步骤，机器学习建模并不是一件容易的任务，你不应该期望与你一起工作的每个开发人员都像无所不能的专家一样，了解所有这些知识（尤其是与数据安全和个人资料保护相关的法律方面的知识）。

- ❏ 培训和指导：如果你是经理，那么你需要寻找指导和培训计划，并阅读相关书籍和文章，然后为你的团队提供这些机会。当然，你还需要将你或你的团队所学到的知识付诸实践。

机器学习建模中的每个概念都面临其挑战。例如，如果你决定使用防御机制来抵御对抗性攻击，那么它并不像加载 Python 库并希望永远不会发生任何意外事件那么简单。因此，你需要为你的团队提供将所学知识付诸实践的机会。

❑ 定义责任和义务：构建一项技术并处理我们在本章中讨论的所有责任主题，并不是要求你一个人负责机器学习生命周期的各个方面的工作。反过来，我们需要将各项责任和义务明确细分落实到团队和组织中的每个人，以减少冗余工作，同时确保不会遗漏任何内容。

❑ 使用反馈收集系统：我们需要设计简单易用且最好是自动化的系统来收集反馈信息，并在整个机器学习生命周期中对其采取行动。这些反馈信息将帮助负责生命周期各个步骤的开发人员，并最终为生产环境带来更好的模型。

❑ 使用质量控制流程：我们需要定量和预定义的方法与协议来评估训练后或生产环境中的机器学习模型的质量，或者评估来自机器学习生命周期每个阶段的已处理数据。定义和记录质量控制流程有助于我们获得可扩展的系统，以实现更快、更一致的质量评估。当然，这些过程也可以根据新的标准以及与数据和相应的机器学习模型相关的风险进行修改和调整。

现在我们了解了负责任的机器学习建模的重要性，并得知了实现它的重要因素和技术，接下来，我们将进入本书的下一篇，深入了解有关开发可靠、高性能和公平的机器学习模型和技术的更多细节。

3.7　小　　结

本章讨论了实现负责任的人工智能的不同要素，例如数据隐私、机器学习系统的安全性、不同类型的攻击和设计针对这些攻击的防御系统、机器学习时代的透明度和问责制，以及如何使用数据和模型治理，以在实践中开发可靠且负责任的模型等。

本章和前两章构成了本书的第 1 篇，阐释了机器学习建模和模型调试中的重要概念。第 2 篇包括有关如何改进机器学习模型的主题。

在下一章中，你将了解检测机器学习模型中问题的方法以及提高此类模型的性能和通用性的机会。我们将通过现实生活中的示例介绍用于模型调试的统计、数学和可视化技术，以帮助你快速实施这些方法，研究和改进你的模型。

3.8 思 考 题

（1）你能解释一下两种类型的数据偏差吗？

（2）白盒和黑盒对抗性攻击有什么区别？

（3）你能否解释一下数据和算法加密如何帮助保护系统的隐私和安全？

（4）你能解释一下差分隐私和联邦机器学习之间的区别吗？

（5）透明度如何帮助你增加机器学习模型的用户数量？

3.9 参 考 文 献

❑ Zou, James, and Londa Schiebinger. AI can be sexist and racist – it's time to make it fair. (2018): 324-326.

❑ Nushi, Besmira, Ece Kamar, and Eric Horvitz. Towards accountable ai: Hybrid human-machine analyses for characterizing system failure. Proceedings of the AAAI Conference on Human Computation and Crowdsourcing. Vol. 6. 2018.

❑ Busuioc, Madalina. Accountable artificial intelligence: Holding algorithms to account. Public Administration Review 81.5 (2021): 825-836.

❑ Unceta, Irene, Jordi Nin, and Oriol Pujol. Risk mitigation in algorithmic accountability: The role of machine learning copies. Plos one 15.11 (2020): e0241286.

❑ Leonelli, Sabina. Data governance is key to interpretation: Reconceptualizing data in data science. Harvard Data Science Review 1.1 (2019): 10-1162.

❑ Sridhar, Vinay, et al. Model governance: Reducing the anarchy of production {ML}. 2018 USENIX Annual Technical Conference (USENIX ATC 18). 2018.

❑ Stilgoe, Jack. Machine learning, social learning, and the governance of self-driving cars. Social studies of science 48.1 (2018): 25-56.

❑ Reddy, Sandeep, et al. A governance model for the application of AI in health care. Journal of the American Medical Informatics Association 27.3 (2020): 491-497.

❑ Gervasi, Stephanie S., et al. The Potential For Bias In Machine Learning And Opportunities For Health Insurers To Address It: Article examines the potential for bias in machine learning and opportunities for health insurers to address it. Health Affairs 41.2 (2022): 212-218.

❑　Gianfrancesco, M. A., Tamang, S., Yazdany, J., & Schmajuk, G. (2018). Potential Biases in Machine Learning Algorithms Using Electronic Health Record Data. JAMA internal medicine, 178(11), 1544.

❑　Finlayson, Samuel G., et al. Adversarial attacks on medical machine learning. Science 363.6433 (2019): 1287-1289.

❑　Eykholt, Kevin, et al. Robust physical-world attacks on deep learning visual classification. Proceedings of the IEEE conference on computer vision and pattern recognition. 2018.

❑　Biggio, Battista, and Fabio Roli. Wild patterns: Ten years after the rise of adversarial machine learning. Pattern Recognition 84 (2018): 317-331.

❑　Kaissis, Georgios A., et al. Secure, privacy-preserving and federated machine learning in medical imaging. Nature Machine Intelligence 2.6 (2020): 305-311.

❑　Acar, Abbas, et al. A survey on homomorphic encryption schemes: Theory and implementation. ACM Computing Surveys (Csur) 51.4 (2018): 1-35.

❑　Dwork, Cynthia. Differential privacy: A survey of results. International conference on theory and applications of models of computation. Springer, Berlin, Heidelberg, 2008.

❑　Abadi, Martin, et al. Deep learning with differential privacy. Proceedings of the 2016 ACM SIGSAC conference on computer and communications security. 2016.

❑　Yang, Qiang, et al. Federated machine learning: Concept and applications. ACM Transactions on Intelligent Systems and Technology (TIST) 10.2 (2019): 1-19.

改进机器学习模型

本篇将帮助你过渡到完善和理解机器学习模型的关键要素。我们将首先深入检测模型中的性能和效率瓶颈；其次，制定可行的策略来提高模型的性能；再次，转向可解释性和可理解性的主题，让你不仅明白建立有效模型的重要性，而且了解建立可以理解和信任的模型的重要性；最后，提出减少偏差的方法，并强调机器学习中公平的必要性。

本篇包含以下章节：

第4章　检测机器学习模型中的性能和效率问题

我们必须牢记的主要目标之一是构建高性能机器学习模型，并且在使用该模型的新数据上尽可能减少错误。因此，本章将学习如何正确评估模型的性能并发现减少误差的契机。

本章包含许多图形和代码示例，可帮助你更好地理解概念并应用于实际项目。

本章包含以下主题：

❑　性能和误差评估措施。

❑　性能评估可视化。

❑　偏差和方差诊断。

❑　模型验证策略。

❑　误差分析。

❑　超越性能。

在阅读完本章之后，你将掌握评估机器学习模型性能的方法，了解可视化在不同机器学习问题中的好处、局限性和错误用法。你还将理解偏差和方差诊断以及误差分析的概念，从而找到改进模型的契机。

4.1　技术要求

学习本章需要满足以下要求，以帮助你更好地理解概念并能够在项目中使用它们，利用提供的代码进行练习。

❑　Python 库要求：

➢　sklearn >= 1.2.2。

➢　numpy >= 1.22.4。

➢　pandas >= 1.4.4。

➢　matplotlib >= 3.5.3。

➢　collections >= 3.8.16。

➢　xgboost >= 1.7.5。

❑　你应该具备模型验证和测试以及机器学习中有关分类、回归和聚类等的基础知识。

在本书配套 GitHub 存储库中可以找到本章的代码文件，其网址如下：

https://github.com/PacktPublishing/Debugging-Machine-Learning-Models-with-Python/
tree/main/Chapter04

4.2　性能和误差评估措施

我们通常使用各种指标来评估模型的性能，计算模型的误差，解释它们的值，并以此为根据选择模型，改进机器学习生命周期的某个组成部分，最终将可靠的模型投入生产。

尽管许多性能指标只要一行 Python 代码即可用于计算误差和性能，但我们不应该盲目使用它们，也不应该在不了解它们的局限性以及如何正确解释它们的情况下，将许多指标一股脑地放在一起，以求改善性能报告。本节将讨论用于评估分类、回归和聚类模型性能的指标。

4.2.1　分类

每个分类模型（无论是二元分类还是多元分类）都会返回预测概率（0 到 1 之间的数字），然后将其转换为类标签。其性能指标有以下两大类。

❑　基于标签的性能指标：依赖于预测的标签。

❑　基于概率的性能指标：使用预测的概率进行性能或误差计算。

1. 基于标签的性能指标

分类模型的预测概率由用于建模的 Python 类转换为类标签。如图 4.1 所示，对于二元分类问题，可以使用混淆矩阵（confusion matrix）来识别以下 4 组数据点。

❑　真阳性（true positive，TP）。

❑　假阳性（false positive，FP）。

❑　假阴性（false negative，FN）。

❑　真阴性（true negative，TN）。

我们可以使用 sklearn.metrics.confusion_matrix()提取这 4 组数据点，然后根据以下数学定义计算特异性（specificity）等性能指标。

$$specificity = \frac{TN}{TN + FP}$$

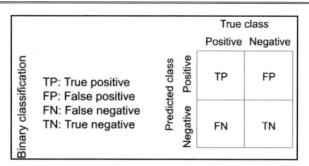

图 4.1　二元分类的混淆矩阵

原　　文	译　　文	原　　文	译　　文
Binary classification	二元分类	Predicted class	预测的类
TP: True positive	TP：真阳性	Positive	阳性
FP: False positive	FP：假阳性	Negative	阴性
FN: False negative	FN：假阴性	True class	真实的类
TN: True negative	TN：真阴性		

以下是从混淆矩阵中提取特异性、精确率（precision）和召回率（recall）等指标的 Python 实现示例。

```
from sklearn.metrics import confusion_matrix as cm

def performance_from_cm(y_true, y_pred):
    # 计算混淆矩阵的值
    cm_values = cm(y_true, y_pred)
    # 从已计算的混淆矩阵中提取 tn、fp、fn 和 tp
    tn, fp, fn, tp = cm_values.ravel()
    # 计算特异性指标
    specificity = tn/(tn+fp)
    # 计算精确率指标
    precision = tp/(tp+fp)
    # 计算召回率指标
    recall = tp/(tp+fn)

    return specificity, precision, recall
```

我们可以使用从混淆矩阵中提取的 TP、TN、FP 和 FN 来计算其他性能指标，例如精确率和召回率，或者直接使用 Python 中提供的函数（见表 4.1）。除了用于计算分类模型的一些常见性能指标的 Python 函数，还可以在表 4.1 中找到指标的数学定义及其解释。这些额外信息将帮助你了解如何解释每个指标以及何时使用它们。

表 4.1　评估分类模型性能的常用指标

性 能 指 标	Python 函数	公　式	描　述
准确率（accuracy）	metrics.accuracy_score()	$\dfrac{TP+TN}{n}$ 其中，n 表示数据点的数量	正确预测的样本数占样本总数的比例 值范围为[0, 1] 值越大意味着性能越高
精确率（precision）阳性预测值（positive predictive value，PPV）	metrics.precision_score()	$\dfrac{TP}{TP+FP}$	预测为阳性的样本确实为阳性的比例 值范围为[0, 1] 值越大意味着性能越高
召回率（recall）灵敏性（sensitivity）真阳率（true positive rate，TPR）	metrics.recall_score()	$\dfrac{TP}{TP+FN}$	真实的阳性样本被预测为阳性的比例 值范围为[0, 1] 值越大意味着性能越高
F1 分数及其衍生指标	metrics.f1_score()	$\dfrac{precision*recall}{\dfrac{precision+recall}{2}}$	精确率和召回率的调和指标 值范围为[0, 1] 值越大意味着性能越高
平衡准确率（balanced accuracy）	metrics.balanced_accuracy_score()	$\dfrac{recall+specificity}{2}$	正确预测的阳性和阴性比例的均值 值范围为[0, 1] 值越大意味着性能越高
马修斯相关系数（Matthews correlation coefficient，MCC）	sklearn.metrics.matthews_corrcoef()	$\dfrac{TP*TN-FP*FN}{\sqrt{(TP+FP)(FP+TN)(TN+FN)(FN+TP)}}$	分子的目标是最大化混淆矩阵的对角线元素和最小化非对角线元素 值范围为[-1, 1] 值越大意味着性能越高

选择和评估模型的哪些性能指标，需要从以下两个方面考虑。

（1）模型性能指标与目标问题的相关性。例如，如果你正在构建癌症检测模型，那么你的目标是最大限度地识别出所有阳性类成员（即癌症患者），因此需要最大化召回率，同时控制它们的精确率。这种策略可以帮助你确保癌症患者不会被漏诊，当然，同时拥有高精确率和召回率的模型是理想的选择。

选择性能指标还取决于我们是关心所有分类的真实预测（它们具有相同的重要性级别），还是觉得其中有一个或多个类更重要。有一些算法可以强制模型更多地关心一个或多个类。

此外，在报告性能和模型选择中，我们需要考虑类之间的这种不平衡，而不能仅仅依赖于总结具有相同权重的所有类的预测性能的指标。

还必须注意，在二元分类的情况下，我们定义了正（阳性）类和负（阴性）类，而我们生成或收集的数据通常没有这样的标签。例如，数据集可能包含诸如"欺诈"与"非欺诈"、"癌症"与"健康"之类的分类，或者是在字符串中出现数字名称，例如"一""二""三"。因此，如果有一个或多个类的识别是我们更关心或不怎么关心的，则需要根据我们对类的定义来选择性能指标。

（2）性能指标的可靠性。有些指标存在依赖数据的偏差，将它们用于训练、验证或测试时可能会产生误导。例如，准确率是分类模型广泛使用的性能指标之一，但不应在不平衡的数据集上使用。

举例来说，我们有一个检测癌症的模型，目标数据集中癌症的阳性样本仅占总样本数的 1%，在这种情况下，该模型简单地将所有数据点都预测为阴性类，那么它返回的准确率也将高达 99%——准确率指标定义为正确预测的样本数与样本总数之比（见表 4.1），但这样的模型显然并不是一个好模型，因为它没有正确检测出任何阳性类。

图 4.2 显示了将所有数据点预测为负（阴性）类的模型的不同性能指标的值，包括准确率（acc）。如果数据集中 80% 的数据点为阴性类，则该模型的准确率仍然有 0.8。这样的模型在包含不同阳性类数据点比例的数据集上的分数差异很大（阳性类数据点占 80% 时，该模型的准确率则暴跌到 0.2），但是，其他性能指标，例如平衡准确率（balanced acc）、马修斯相关系数（mcc）和特异性（specificity）等指标的分数则保持不变。

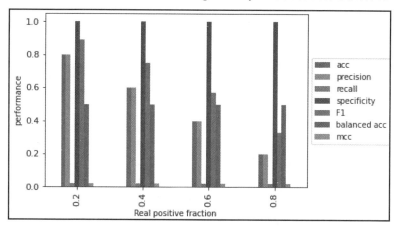

图 4.2　将所有样本预测为负类的模型在不同真实正类比例的数据集中的常见分类指标值

在选择分类模型的性能指标时，数据平衡虽然很重要，但只是参数之一。

一些性能指标具有在不平衡数据分类等情况下表现更好的衍生指标。例如，F_1 分数是一种广泛使用的指标，但在处理不平衡数据分类时并不是最佳选择。不过，它具有 F_β 的一般形式，其中参数 β 根据其数学定义可用作权重以增加精确率的影响。

你可以通过 sklearn.metrics.fbeta_score() 函数使用数据点列表的真实标签和预测标签来计算以下指标。

$$F_\beta = \frac{(1+\beta^2)\text{precision} + \text{recall}}{\beta^2 \times \text{precision} + \text{recall}}$$

2. 基于概率的性能指标

分类模型的概率输出可以直接用于评估模型的性能，而不需要进行转换来预测标签。这种性能度量的一个例子是逻辑损失（logistic loss），称为对数损失（log-loss）或交叉熵损失（cross-entropy loss），它使用每个数据点及其真实标签的预测概率来计算数据集的总损失，如下所示。log-loss 也是一种用于训练分类模型的损失函数。

$$L_{\log}(y, p) = -[y\log(p) + (1-y)\log(1-p)]$$

还有其他类型的基于概率的性能评估方法，例如接收者操作特征（receiver operating characteristic，ROC）曲线和精确率-召回率（precision recall，PR）曲线，它们考虑不同的界限值（cutoff），通过将概率转换为标签来预测真阳性率、假阳性率、精确率和召回率。然后，这些跨不同界限值的值用于生成 ROC 和 PR 曲线（见图 4.3）。

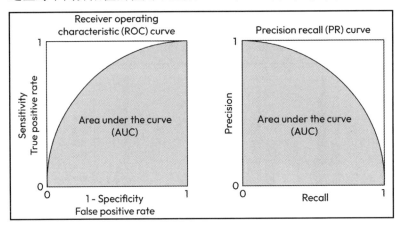

图 4.3　ROC 和 PR 曲线示意图

原　　　文	译　　　文
Receiver operating characteristic (ROC) curve	接收者操作特征（ROC）曲线
Sensitivity	灵敏性
True positive rate	真阳性率

续表

原　　文	译　　文
Area under the curve (AUC)	曲线下面积（AUC）
1- Specificity	1-特异性
False positive rate	假阳性率
Precision recall (PR) curve	精确率-召回率（PR）曲线
Precision	精确率
Recall	召回率

通常使用曲线下面积（称为 ROC-AUC 和 PR-AUC）来评估分类模型的性能。ROC-AUC 和 PR-AUC 的范围为 0～1，其中 1 表示完美模型的性能。

在图 4.2 中我们看到过，在模型将所有样本预测为负类的情况下，如果数据不平衡，那么有些性能指标也可能为这样的不良模型返回很高的性能值。在图 4.4 中可以看到这种分析的扩展，即真实标签和预测标签中正（阳性）类数据点的不同比例。在这里没有训练，数据点是随机生成的，以在图 4.4 的每个面板中产生指定比例的阳性类数据点。然后，随机生成的概率被转换为标签，以便可以使用不同的性能指标进行比较。

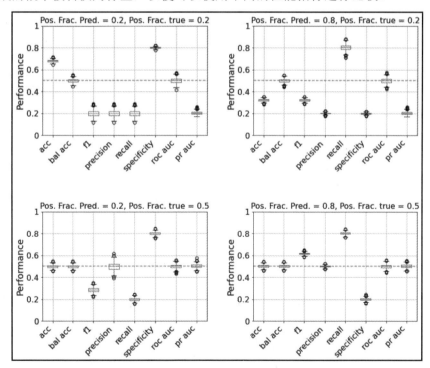

图 4.4　在 1000 个数据点上的 1000 个随机二元预测的性能分布（第 1 部分）

图 4.4 和图 4.5 显示了分类模型性能指标的不同偏差。例如，随机预测的中位精确率等于真阳性数据点的比例，而随机预测的中位召回率等于阳性预测标签的比例。你还可以检查图 4.4 和图 4.5 中其他性能指标的行为，以了解真实或预测阳性的不同比例。

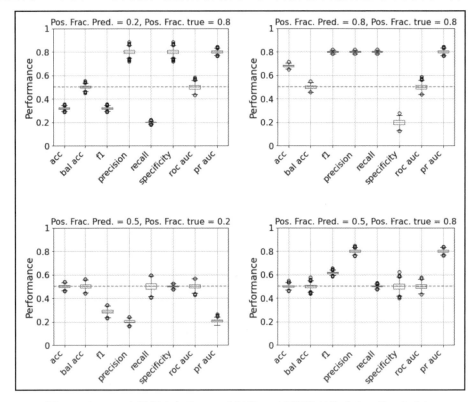

图 4.5　在 1000 个数据点上的 1000 个随机二元预测的性能分布（第 2 部分）

组合使用 ROC-AUC 和 PR-AUC，或者使用 MCC 和平衡准确率，是在分类模型的性能评估中实现低偏差的常见方法。但是，如果你知道自己的目标，例如你更关心精确率而不是召回率，则可以选择为决策提供必要信息的性能指标。你不必为了让某个模型的性能报告更好看而计算一大堆的性能指标。

4.2.2　回归

在评估回归模型时，所使用的指标主要基于以下评估。

❑　评估模型的连续预测值与真实值之间的差异，例如均方根误差（root mean squared error，RMSE）。

❑ 评估预测值与真实值之间的一致性，例如决定系数（coefficient of determination）R^2（详见表 4.2）。

回归模型性能评估的每个指标都有其假设、解释和局限性。例如，R^2 不考虑数据维度（即特征、输入或自变量的数量）。因此，如果你的回归模型具有多个特征，则应使用调整后的 R^2（adjusted R^2）而不是 R^2。通过添加新特征，R^2 可能会增加，但这不一定意味着它是更好的模型。不过，当新输入对模型性能的改善偶然超过预期时，调整后的 R^2 就会增加。这是一个重要的考虑因素，特别是当你想要比较示例问题的不同输入数量的模型时。

表 4.2 列出了评估回归模型性能的常用指标。

表 4.2　评估回归模型性能的常用指标

性 能 指 标	Python 函数	公　式	描　述
均方根误差（root mean squared error，RMSE） 均方误差（mean squared error，MSE）	sklearn.metrics.mean_squared_error()	$MSE = \dfrac{1}{n}\sum\limits_{i=1}^{n}(y_i - \widehat{y}_i)^2$ $RMSE = \sqrt{MSE}$ 其中， n：数据点的数量 yi：数据点 i 的真实值 $\widehat{y}_i$：数据点 i 的预测值	值范围：$[0, \infty)$ 较小的值意味着更高的性能
平均绝对误差（mean absolute error，MAE）	sklearn.metrics.mean_absolute_error()	$MAE = \dfrac{1}{n}\sum\limits_{i=1}^{n}\left|y_i - \widehat{y}_i\right|$	值范围：$[0, \infty)$ 较小的值意味着更高的性能
决定系数（coefficient of determination，R^2）	sklearn.metrics.r2_score()	$R^2 = 1 - \dfrac{\sum\limits_{i=1}^{n}(y_i - \widehat{y}_i)^2}{\sum\limits_{i=1}^{n}(y_i - \overline{y})^2}$ $\overline{y} = \dfrac{1}{n}\sum\limits_{i=1}^{n}y_i$ 其中， $\overline{y}$：真实值的平均值 n：数据点的数量 yi：数据点 i 的真实值 $\widehat{y}_i$：数据点 i 的预测值	值范围：$[0, 1]$ 值越大意味着性能越高 决定系数的大小决定了相关的密切程度。决定系数越大，自变量对因变量的解释程度越高，自变量引起的变动占总变动的百分比越高，观察点在回归直线附近越密集
调整后的 R^2（adjusted R^2）	先使用 sklearn.metrics.r2_score()计算 R^2，然后使用公式计算调整后的版本	$adjR^2 = 1 - \dfrac{(1-R^2)(n-1)}{n-m-1}$ 其中， n：数据点的数量 m：特征的数量	根据特征数量进行调整 如果 m 接近 n，则可能大于 1 或小于 0 值越大意味着性能越高

相关系数（correlation coefficient）也可用于报告回归模型的性能。相关系数使用预测和真实的连续值或这些值的变换，并且报告值通常在-1 和 1 之间，其中 1 对应于 100%一致的理想预测，-1 表示完全不一致（见表 4.3）。

表 4.3　用于评估回归模型性能的常用相关系数

相 关 系 数	Python 函数	公　　式	描　　述
皮尔逊相关系数（Pearson correlation coefficient）	scipy.stats.pearsonr()	$$r = \frac{\sum_{i=1}^{n}(\hat{y}_i - \hat{\underline{y}})(y_i - \underline{y})}{\sqrt{\sum_{i=1}^{n}(\hat{y}_i - \hat{\underline{y}})^2(y_i - \underline{y})^2}}$$ 其中， n：数据点的数量 y_i：数据点 i 的真实值 $\underline{y}$：真实值的平均值 $\hat{y}_i$：数据点 i 的预测值 $\hat{\underline{y}}$：预测值的平均值	参数检验 寻找预测值与真实值之间的线性关系 值范围：[-1, 1]
斯皮尔曼秩相关系数（Spearman's rank correlation coefficient） 斯皮尔曼相关系数（Spearman correlation coefficient）	scipy.stats.spearmanr()	$$\rho = 1 - \frac{6\sum_{i=1}^{n}d_i^2}{n(n^2-1)}$$ 其中， n：数据点的数量 d_i：真实值和预测值中数据点 i 的秩（排序）之间的差值	非参数检验 寻找预测值和真实值之间的单调关系 值范围：[-1, 1]
肯德尔秩相关系数（Kendall rank correlation coefficient） 肯德尔相关系数（Kendall's τ coefficient）	scipy.stats.kendalltau()	$$\tau = \frac{C-D}{\sqrt{(C+D+T)(C+D+c)}}$$ 其中， C：秩次相符对（concordant pairs）的数量，如 $y_i > y_j$ 且 $\hat{y}_i > \hat{y}_j$ 或 $y_i < y_j$ 且 $\hat{y}_i < \hat{y}_j$ D：秩次不相符对（discordant pairs）的数量，如 $y_i > y_j$ 且 $\hat{y}_i < \hat{y}_j$ 或 $y_i < y_j$ 且 $\hat{y}_i > \hat{y}_j$ T：预测值中的并列（tie）排位数量 c：真实值中的并列排位数量	非参数检验 寻找预测值和真实值之间的单调关系 值范围：[-1, 1]

相关系数也有其自己的假设，不能随机选择来报告回归模型的性能。

例如，皮尔逊相关系数（Pearson correlation coefficient）是一种参数检验，它假设预测值和真实连续值之间存在线性关系，但这种关系并不总是成立。当相关系数接近 1 时，说明两个变量之间的正相关性非常强；当相关系数接近-1 时，说明两个变量之间的负相关性非常强；当相关系数接近 0 时，说明两个变量之间没有线性关系。

又如，斯皮尔曼秩相关系数（Spearman's rank correlation coefficient）、肯德尔秩相关系数（Kendall rank correlation coefficient）是非参数检验，斯皮尔曼秩相关系数在应用于包含某种自然顺序的变量时最为适用，例如平均收入与不同受教育水平（初高中、大专、学士、硕士、博士等）之间的关系，或者年龄与收入水平之间的关系。它不对数据的分布做任何假设。肯德尔秩相关系数则用于排名配对，其目的是确定两个变量之间的依赖程度。如果相关系数值为零，则可以认为变量彼此独立。

4.2.3　聚类

聚类（clustering）是一种无监督学习方法，可以使用数据点的特征值来识别数据点的分组。但是，为了评估聚类模型的性能，我们需要具有可用真实标签的数据集或示例数据点。在训练聚类模型时，我们不会像在监督学习中那样使用这些标签；相反，我们将使用它们来评估相似数据点的分组程度以及与不同数据点的分离程度。

表 4.4 显示了一些用于评估聚类模型性能的常用指标。这些指标不会告诉你聚类的质量。例如，同质性（homogeneity）指标将告诉你聚集在一起的数据点是否彼此相似，而完整性（completeness）指标则告诉你数据集中的相似数据点是否聚集在一起。还有一些指标，例如 V-measure 和调整后的互信息（adjusted mutual information），将尝试同时评估同质性和完整性这两种质量。

表 4.4　评估聚类模型性能的常用指标

性 能 指 标	Python 函数	公　式	描　　述
同质性（homogeneity）	sklearn.metrics.homogeneity_score()	$h = 1 - \dfrac{H(C\|K)}{H(C)}$ 有关解释详见 4.10 节"参考文献"（Rosenberg et al.，2007）	衡量聚类算法对数据的划分是否"同质"（即聚类内是否只包含同一类别的样本点）值范围：[0, 1]值越大意味着性能越高

性 能 指 标	Python 函数	公　式	描　述
完整性 （completeness）	sklearn.metrics. completeness_score()	$c = 1 - \dfrac{H(K\mid C)}{H(K)}$ 有关解释详见 4.10 节"参考文献" （Rosenberg et al.，2007）	衡量聚类算法对数据的划分是否"完整"（即同一类别的样本点是否被划分到同一个聚类中） 值范围：[0, 1] 值越大意味着性能越高
V-measure 归一化互信息分数 （normalized mutual information score）	sklearn.metrics.v_ measure_score()	$v = \dfrac{(1+\beta) \times h \times c}{(\beta \times h + c)}$ 其中， h：同质性 c：完整性 β：同质性与完整性的权重比	同时衡量同质性和完整性 值范围：[0, 1] 值越大意味着性能越高
互信息（mutual information，MI）	sklearn.metrics. mutual_info_score()	$\mathrm{MI}(U,V) =$ $\displaystyle\sum_{i=1}^{\mid U\mid}\sum_{j=1}^{\mid V\mid} \dfrac{\left\mid U_i \cap V_j\right\mid}{N}\log\dfrac{\left\mid U_i \cap V_j\right\mid}{\left\mid U_i\right\mid\left\mid V_j\right\mid}$	衡量聚类结果与真实标签之间的相似性 值范围：[0, 1] 值越大意味着性能越高
调整后的互信息（adjusted mutual information，AMI）	sklearn.metrics.adjusted_ mutual_info_score()	$\mathrm{AMI}(U,V) =$ $\dfrac{\mathrm{MI}(U,V) - E\left[\mathrm{MI}(U,V)\right]}{\mathrm{avg}\left[H(U),H(V)\right] - E\left[\mathrm{MI}(U,V)\right]}$	与基于互信息的分数和归一化互信息分数相比，调整后的互信息分数更加稳健 值范围：[0, 1] 值越大意味着性能越高

　　本节讨论了评估机器学习模型性能的不同指标。除此之外，性能评估还需要考虑其他重要方面，例如数据可视化，这也是接下来我们将要讨论的主题。

4.3　性能评估可视化

　　可视化是一个重要的工具，它不仅可以帮助我们了解建模数据的特征，还可以更好地评估模型的性能。可视化可以为上述模型性能指标提供补充信息。

4.3.1　仅有汇总统计指标还不够

诸如 ROC-AUC 和 PR-AUC 之类的汇总统计指标可以提供其相应曲线的汇总信息，用于评估分类模型的性能。尽管这些汇总指标比许多指标（例如准确率）更可靠，但它们并没有完全捕获其相应曲线的特征。例如，两个具有不同 ROC 曲线的不同模型却可以具有相同或非常接近的 ROC-AUC（见图 4.6）。

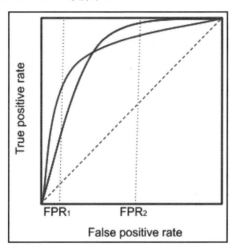

图 4.6　具有相同 ROC-AUC 和不同 ROC 曲线的两个任意模型的比较

原　　文	译　　文	原　　文	译　　文
True positive rate	真阳性率	False positive rate	假阳性率

仅比较 ROC-AUC 将导致我们得出结论：这两个模型的性能是一致的。但是，这两个模型具有不同的 ROC 曲线，并且在大多数应用中，左侧的红色曲线优于右侧的蓝色曲线，因为仅就低假阳性率（例如 FPR_1）而言，红色曲线会带来更高的真阳性率。

4.3.2　可视化可能会产生误导

对结果使用正确的可视化技术是分析模型结果并报告其性能的关键。在没有考虑模型目标的情况下绘制数据可能会产生误导。

例如，你可能会在许多博客文章中看到如图 4.7 所示的时间序列图，该图随着时间的推移而叠加预测值和实际值。对于此类时间序列模型，我们希望每个时间点的预测值和实际值尽可能接近。尽管图 4.7 中的线条看起来叠加在一起，但与蓝色线条所示的真实值

相比，橙色线条所示的预测值存在两倍的单位延迟。这种预测的滞后可能会在许多应用
（例如股票价格预测）中产生严重后果。

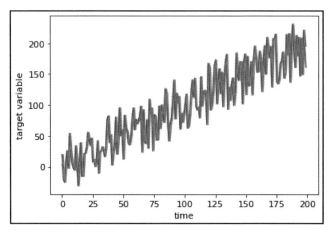

图 4.7　将两个时间序列图放在一起会产生误导

4.3.3　不要一厢情愿地解释绘图

每个可视化都有其假设和正确的解释方式。例如，如果要比较二维图中数据点的数
值，则需要注意 x 轴和 y 轴的单位。或者，当我们使用 t 分布随机邻域嵌入（t-distributed
stochastic neighbor embedding，t-SNE，一种旨在帮助在低维空间中可视化高维数据的降
维方法）时，我们必须提醒自己，数据点之间的距离和每组的密度并不能代表原始高维
空间中数据点的距离和密度（见图 4.8）。

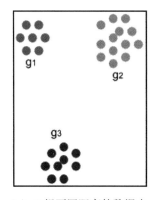 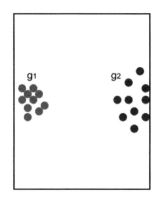

（a）三组不同距离的数据点　　　　　（b）两组二维不同密度的数据点

图 4.8　t-SNE 示意图

你还可以使用不同的性能指标来评估你的模型是否经过良好的训练并可泛化到新的数据点,这也是接下来我们将要讨论的主题。

4.4 偏差和方差诊断

我们的目标是在训练集中建立一个高性能或低误差的模型(即低偏差模型),同时对新数据点保持高性能或低误差(即低方差模型)。由于我们无法访问未见过的新数据点,因此必须使用验证集和测试集来评估模型的方差或泛化(generalizability)能力。

模型复杂度是决定机器学习模型偏差(bias)和方差(variance)的重要因素之一。通过增加复杂度,我们可以让模型学习训练数据中更复杂的模式,这可以减少训练误差或模型偏差(见图4.9)。

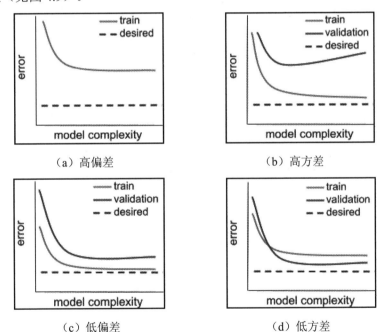

（a）高偏差　　　　　　　　　　（b）高方差

（c）低偏差　　　　　　　　　　（d）低方差

图 4.9 误差与模型复杂度

原　文	译　文	原　文	译　文
model complexity	模型复杂度	desired	理想情况
error	误差	validation	验证
train	训练		

误差的减少有助于构建更好的模型，即使对于新数据点也是如此。但是，这种趋势在某个点后会发生变化，如图 4.9 所示，较高的模型复杂度可能会导致过拟合或较高的方差，在验证集和测试集上产生比测试集更低的性能。基于模型复杂度或数据集大小等参数评估偏差和方差，可以帮助我们找到在训练集、验证集和测试集中提高模型性能的机会。

图 4.9 显示了训练集和验证集中模型误差对模型复杂度的 4 种可能依赖关系。尽管验证误差通常高于训练误差，但由于训练集和验证集中的数据点，你也可能会在验证集中遇到较低的误差。例如，多类分类器可以在验证集中具有较低的误差，因为它能够更好地预测构成验证集中大部分数据点的类。在这种情况下，你需要先调查训练集和验证集中数据点的分布，然后报告训练集和验证集的性能评估并决定选择哪个模型用于生产环境。

让我们练习一下偏差和方差分析。你可以在 scikit-learn 的乳腺癌数据集上找到使用不同最大深度训练的随机森林模型的结果（见图 4.10）。来自 scikit-learn 的乳腺癌数据可用于训练和验证模型性能，随机拆分 30% 的数据作为验证集，其余保留作为训练集。

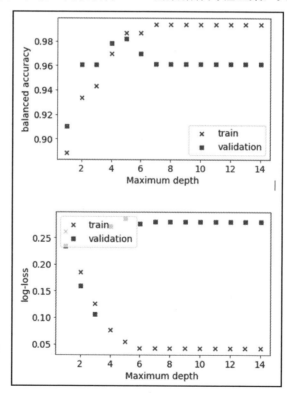

图 4.10　随机森林模型在从 scikit-learn 的乳腺癌数据集中拆分出来的训练集和验证集上的
平衡准确率（上图）和对数损失（下图）

原　　文	译　　文	原　　文	译　　文
Maximum depth	最大深度	train	训练
balanced accuracy	平衡准确率	validation	验证
log-loss	对数损失		

增加随机森林模型的最大深度，训练集中的对数损失误差会减少，而作为模型性能衡量标准的平衡准确率则会增加。在最大深度小于 3 时，验证误差都会减少，而在最大深度超过 3 之后，验证误差开始增加，这是过拟合的迹象。

如图 4.10 所示，虽然误差在最大深度为 3 之后减小，但仍然可以通过将最大深度增加到 4 和 5 来提高平衡准确率，原因是基于预测概率的对数损失和基于预测标签的平衡准确率的定义存在差异。

现在让我们来看看如图 4.10 所示结果的代码示例。

首先导入必要的 Python 库并加载乳腺癌数据集：

```
from sklearn.datasets import load_breast_cancer
from sklearn.model_selection import train_test_split
from sklearn.metrics import balanced_accuracy_score as bacc
from sklearn.ensemble import RandomForestClassifier as RF
from sklearn.metrics import log_loss
from sklearn.metrics import roc_auc_score
import matplotlib.pyplot as plt

X, y = load_breast_cancer(return_X_y=True)
```

然后将数据拆分为训练集和测试集（各自占比为 7∶3），并训练多个随机森林模型，这些模型的决策树允许的最大深度不同：

```
X_train, X_test, y_train, y_test = train_test_split(X, y,
    test_size = 0.3, random_state=10)

maximum_depth = 15
depth_range = range(1, maximum_depth)

bacc_train = []
bacc_test = []
log_loss_train = []
log_loss_test = []
for depth_iter in depth_range:
# 初始化并拟合决策树模型
model_fit = RF(n_estimators = 5, max_depth = depth_iter,
```

```
      random_state=10).fit(X_train, y_train)
# 使用训练之后的模型生成训练集和测试集的标签输出
train_y_labels = model_fit.predict(X_train)
test_y_labels = model_fit.predict(X_test)
# 使用训练之后的模型生成训练集和测试集的概率输出
train_y_probs = model_fit.predict_proba(X_train)
test_y_probs = model_fit.predict_proba(X_test)
# 计算平衡准确率
bacc_train.append(bacc(y_train, train_y_labels))
bacc_test.append(bacc(y_test, test_y_labels))
# 计算对数损失
log_loss_train.append(log_loss(y_train, train_y_probs))
log_loss_test.append(log_loss(y_test, test_y_probs))
```

现在我们已经理解了偏差和方差的概念，接下来让我们看看可用于验证模型的不同技术。

4.5　模型验证策略

为了验证模型，可以使用单独的数据集或使用不同的技术将我们拥有的数据集拆分为训练集和验证集。如图 4.11 所示，在交叉验证策略中，我们将数据拆分为不同的子集，然后计算每个子集的性能得分或误差，而验证集则使用在其余数据上训练过的模型的预测来进行计算。最后使用子集性能的平均值作为交叉验证性能。

这些验证技术都有其优点和局限性。

❑　与留出法验证（hold-out validation）相比，交叉验证技术的优点是，其验证集不固定，验证数据可以覆盖全部或大部分数据。

❑　与 k 折交叉验证（k-fold CV）或留一法交叉验证（leave-one-out CV）相比，分层 k 折交叉验证（stratified k-fold CV）是更好的选择，因为它可以在验证子集中与整个数据集中保持相同的平衡。

❑　分类或回归留出法和交叉验证方法不适用于时间序列数据。由于数据点的顺序在时间序列数据中很重要，因此在训练和验证子集选择过程中不适合打乱数据或随机选择数据点。随机选择数据点作为验证集和训练集会导致模型在某些未来数据点上进行训练以预测过去的结果，而这显然不是时间序列模型的意图。滚动或时间序列交叉验证是适合时间序列模型的一种验证技术，因为它将随时间滚动选择验证集而不是随机选择数据点。

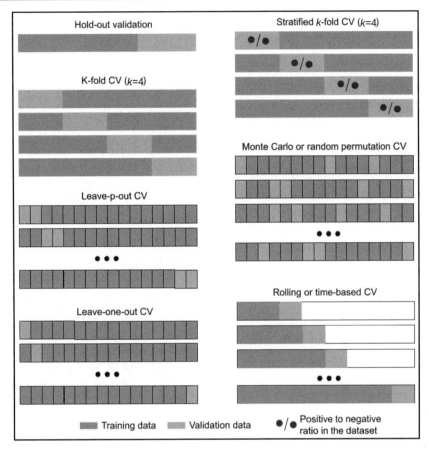

图 4.11　在一个数据集中拆分出验证集和训练集的技术

原　　文	译　　文
Hold-out validation	留出法验证
Stratified *k*-fold CV (*k*=4)	分层 *k* 折交叉验证（*k*=4）
k-fold CV (*k*=4)	*k* 折交叉验证（*k*=4）
Monte Carlo or random permutation CV	蒙特卡罗或随机排列交叉验证
Leave-*p*-out CV	留 *P* 法交叉验证
Rolling or time-based CV	滚动或时间序列交叉验证
Leave-one-out CV	留一法交叉验证
Training data	训练数据
Validation data	验证数据
Positive to negative ratio in the dataset	数据集中的阳性类和阴性类之比

表 4.5 列出了上述验证方法，并提供了相应的 Python 函数和说明。

表 4.5　使用一个数据集的常见验证技术

验 证 方 法	Python 函数	说　明
留出法验证	sklearn.model_selection. train_test_split()	将所有数据分为一个训练集和一个验证集。通常将20%~40%的数据留作验证集，但对于大型数据集，这个百分比可能会更低
k 折交叉验证	sklearn.model_selection. KFold()	该方法将数据分成 k 个不同的子集，并且每个子集都有机会用作验证集，其余数据点则作为训练集
分层 k 折交叉验证	sklearn.model_selection. StratifiedKFold()	与 k 折交叉验证类似，但保留了每个类的样本百分比，也就是说，每个子集中的阳性类和阴性类之比与整个数据集中的阳性类和阴性类之比是一样的
留 P 法交叉验证 （LOCV）	sklearn.model_selection. LeavePOut()	类似于 k 折交叉验证，只不过是让每个子集中有 p 个数据点，而不是将数据集拆分为 k 个子集
留一法交叉验证 （LOOCV）	sklearn.model_selection. LeaveOneOut()	与 k 折交叉验证完全相同，其中 k 等于数据点的总数。每个验证子集都有一个使用 LOOCV 的数据点
蒙特卡罗或随机 排列交叉验证	sklearn.model_selection. ShuffleSplit()	将数据随机拆分为训练集和验证集，类似于留出法验证，并多次重复此过程。尽管增加了验证的计算成本，但更多的迭代可以更好地评估性能
滚动或时间序列 交叉验证	sklearn.model_selection. TimeSeriesSplit()	选择一小部分数据作为训练集，并选择更小的数据子集作为验证集。验证集会及时转移，之前作为验证集的数据点会添加到训练集中

现在来看看留出法验证、k 折交叉验证和分层 k 折交叉验证的 Python 实现，这将有助于你在项目中使用这些方法。

首先导入必要的库，加载乳腺癌数据集，并初始化随机森林模型：

```
from sklearn.datasets import load_breast_cancer
from sklearn.ensemble import RandomForestClassifier as RF
from sklearn.metrics import roc_auc_score
from sklearn.model_selection import cross_val_score

# 导入不同的交叉验证函数
from sklearn.model_selection import train_test_split
from sklearn.model_selection import KFold
from sklearn.model_selection import StratifiedKFold

modle_random_state = 42
X, y = load_breast_cancer(return_X_y=True)
rf_init = RF(random_state=modle_random_state)
```

然后使用各种验证技术来训练和验证不同的随机森林模型：

```
# 使用留出法验证
X_train, X_test, y_train, y_test = train_test_split(X, y,
    test_size = 0.3, random_state=10)
rf_fit = rf_init.fit(X_train, y_train)

# 使用 k 折交叉验证(k=5)
kfold_cv = KFold(n_splits = 5, shuffle=True,
    random_state=10)
scores_kfold_cv = cross_val_score(rf_init, X, y,
    cv = kfold_cv, scoring = "roc_auc")

# 使用分层 k 折交叉验证(k=5)
stratified_kfold_cv = StratifiedKFold(n_splits = 5,
    shuffle=True, random_state=10)
scores_strat_kfold_cv = cross_val_score(rf_init, X, y,
    cv = stratified_kfold_cv, scoring = "roc_auc")
```

误差分析是你在寻求开发可靠的机器学习模型时可以受益的另一种技术，接下来就让我们仔细认识一下该技术。

4.6　误　差　分　析

你可以使用误差分析来查找具有错误预测输出的数据点之间的共同特征。例如，图像分类模型中错误分类的大多数图像可能具有较暗的背景，或者疾病诊断模型对于男性的性能可能低于女性。尽管手动调查预测不正确的数据点可能会让你得到很好的见解，但此过程可能会花费大量时间。因此，你也可以尝试以编程方式降低时间和精力成本。

在这里，我们练习一个简单的误差分析案例，对使用 5 折交叉验证进行训练和验证的随机森林模型计算每个类别中错误分类的数据点的数量。对于误差分析，仅使用验证子集的预测。

首先导入必要的 Python 库并加载 wine 数据集：

```
from sklearn.datasets import load_wine
from sklearn.ensemble import RandomForestClassifier as RF
from sklearn.model_selection import KFold
from collections import Counter

# 加载 wine 数据集并生成 k 折交叉验证子集
X, y = load_wine(return_X_y=True)
```

然后初始化一个随机森林模型和 5 折交叉验证对象：

```
kfold_cv = KFold(n_splits = 5, shuffle=True,
    random_state=10)
# 初始化随机森林模型
rf_init = RF(n_estimators=3, max_depth=5, random_state=42)
```

最后，对于 5 折交叉验证中的每一份数据，必须使用所有数据（不包括该份数据）训练随机森林模型，并根据该份数据验证模型：

```
misclass_ind_list = []
for fold_n, (train_idx, validation_idx) in enumerate(
    kfold_cv.split(X, y)):

    # 获取当前折的训练和验证子集
    X_train, y_train = X[train_idx], y[train_idx]
    X_validation, y_validation = X[validation_idx],
        y[validation_idx]

    rf_fit = rf_init.fit(X_train, y_train)

    # 写入结果
    match_list = rf_fit.predict(
        X_validation) != y_validation
    wrong_pred_subset = [i for i, x in enumerate(
        match_list) if x]
    misclass_ind_list.extend([validation_idx[
        iter] for iter in wrong_pred_subset])
```

此分析显示，类别 1 有 9 个错误分类的数据点，而类别 2 和类别 0 分别只有 3 个和 2 个错误分类的示例。这个简单的示例可以帮助你练习误差分析。使用误差分析不仅仅是识别每个类别的错误分类计数，你还可以通过比较错误分类的数据点和整个数据集之间的特征值来识别错误分类示例的特征值模式。

开发机器学习模型时还需要考虑其他重要因素，例如计算成本和时间。接下来，我们将简要探讨这个重要的话题。不过，其中细节不在本书讨论范围之内。

4.7　超越性能

为提高机器学习模型的性能而付出任何代价，这显然并不是将它作为工业级更大管道的一部分进行建模的目标。将模型的性能提高十分之一也许可以帮助你赢得机器学习竞赛或通过击败最先进的模型来发表论文，但并非所有改进都会产生值得部署到生产环境中的模型。这种努力的一个典型例子是模型堆叠，这在机器学习竞赛中很常见。模型堆叠是指使用多个模型的输出结果来训练次级模型，这可能会使推理成本增加若干个数量级。

以下示例显示了 Python 在 scikit-learn 的乳腺癌数据集上堆叠逻辑回归、k 最近邻、随机森林、支持向量机（support vector machine，SVM）和 XGBoost 分类模型的实现。次级逻辑回归模型将使用每个主模型的预测结果作为输入来得出堆叠模型的最终预测。

```python
from sklearn.datasets import load_breast_cancer
from sklearn.preprocessing import StandardScaler
from sklearn.pipeline import make_pipeline
from sklearn.ensemble import StackingClassifier
from sklearn.model_selection import train_test_split

from sklearn.linear_model import LogisticRegression as LR
from sklearn.neighbors import KNeighborsClassifier as KNN
from sklearn.svm import LinearSVC
from sklearn.ensemble import RandomForestClassifier as RF
from xgboost import XGBClassifier

X, y = load_breast_cancer(return_X_y=True)
X_train, X_test, y_train, y_test = train_test_split(X, y,
    stratify=y, random_state=123)

estimators = [
    ('lr', make_pipeline(StandardScaler(),
    LR(random_state=123))),
    ('knn', make_pipeline(StandardScaler(), KNN())),
    ('svr', make_pipeline(StandardScaler(),
    LinearSVC(random_state=123))),
    ('rf', RF(random_state=123)),
    ('xgb', XGBClassifier(random_state=123))
]

stacked_model = StackingClassifier(estimators=estimators,
    final_estimator=LR())

stacked_model.fit(X_train, y_train).score(X_test, y_test)

individual_models = [estimators[iter][1].fit(X_train,
    y_train).score(X_test, y_test) for iter in range(
```

```
0, len(estimators))]
```

在此示例中，堆叠模型的性能比最佳单个模型高不到 1%，而推理时间却可能会多出 20 倍以上，具体取决于你拥有的硬件和软件配置。

尽管对于一些模型来说推理时间可能不太重要（例如执行疾病诊断或科学发现任务的模型），但如果你的模型需要提供实时输出（例如向消费者推荐产品），则推理时间可能至关重要。因此，当你决定将模型投入生产环境或规划新的昂贵的计算实验或数据收集时，仍需要考虑其他因素，例如推理或预测时间。

尽管在模型构建和选择时需要考虑推理时间或其他因素，但这并不意味着你不能使用复杂的模型来生成实时输出。根据应用程序和预算，你可以使用更好的配置（例如，在基于云的系统上）来消除由于性能更高但模型速度更慢而出现的问题。

4.8　小　　结

本章阐释了监督学习和无监督学习模型的不同性能和误差指标。我们讨论了每个指标的局限性并解释了它们的正确方法。本章还介绍了偏差和方差分析以及用于评估模型的泛化能力的各种验证和交叉验证技术。我们讨论了误差分析，这是一种检测模型中导致模型过拟合的组件的方法。本章提供了这些主题的 Python 代码示例，以帮助你练习并能够在项目中快速使用它们。

在下一章中，我们将讨论提高机器学习模型泛化能力的技术，例如将合成数据添加到训练数据中、消除数据不一致以及正则化方法等。

4.9　思　考　题

（1）某个分类器旨在确定诊所的患者在第一轮测试后是否需要执行其余的诊断步骤。哪个分类指标更适合或更不适合这种应用场景？为什么？

（2）某个分类器旨在评估特定金额的不同投资选项的投资风险，并将用于向你的客户建议投资机会。哪个分类指标更适合或更不适合这种应用场景？为什么？

（3）如果在同一验证集上有两个二元分类模型计算出的 ROC-AUC 相同，是否意味着这两个模型的性能相同？

（4）如果在相同测试集上模型 A 的对数损失低于模型 B，是否意味着模型 A 的马修斯相关系数（MCC）必然高于模型 B？

（5）如果与模型 B 相比，模型 A 在相同数量的数据点上具有更高的 R^2，那么可以说模型 A 优于模型 B 吗？特征数量如何影响我们对两个模型的比较？

（6）如果模型 A 的性能高于模型 B，那么是否意味着模型 A 必然是最适合投入生产环境的模型？

4.10　参　考　文　献

❑　Rosenberg, Andrew, and Julia Hirschberg. V-measure: A conditional entropy-based external cluster evaluation measure. Proceedings of the 2007 joint conference on empirical methods in natural language processing and computational natural language learning (EMNLP-CoNLL). 2007.

❑　Vinh, Nguyen Xuan, Julien Epps, and James Bailey. Information theoretic measures for clusterings comparison: is a correction for chance necessary? Proceedings of the 26th annual international conference on machine learning. 2009.

❑　Andrew Ng, Stanford CS229: Machine Learning Course, Autumn 2018.

❑　Van der Maaten, Laurens, and Geoffrey Hinton. Visualizing data using t-SNE. Journal of machine learning research 9.11 (2008).

❑　McInnes, Leland, John Healy, and James Melville. Umap: Uniform manifold approximation and projection for dimension reduction. arXiv preprint arXiv:1802. 03426 (2018).

第 5 章　提高机器学习模型的性能

在第 4 章 "检测机器学习模型中的性能和效率问题" 中，介绍了正确验证和评估机器学习模型性能的不同技术，接下来要扩展你对这些技术的了解，以更好地提高模型的性能。

本章将讨论如何处理为机器学习建模选择的数据或算法，在此基础上介绍提高模型性能和泛化能力的技术。

本章包含以下主题：

❑ 提高模型性能的选项。
❑ 合成数据的生成。
❑ 改进预训练数据处理。
❑ 通过正则化方法提高模型的泛化能力。

在阅读完本章之后，你将熟悉提高模型性能和泛化能力的不同技术，并且知道如何在 Python 中实现这些技术。

5.1　技　术　要　求

学习本章需要满足以下要求，以帮助你更好地理解概念并能够在项目中使用它们，利用提供的代码进行练习。

❑ Python 库要求：

➢ sklearn >= 1.2.2。
➢ ray >= 2.3.1。
➢ tune_sklearn >= 0.4.5。
➢ bayesian_optimization >= 1.4.2。
➢ numpy >= 1.22.4。
➢ imblearn。
➢ matplotlib >= 3.7.1。

❑ 了解机器学习验证技术，例如 k 折交叉验证。

你可以在本书配套 GitHub 存储库中找到本章的代码文件，其网址如下：

https://github.com/PacktPublishing/Debugging-Machine-Learning-Models-with-Python/
tree/main/Chapter05

5.2　提高模型性能的选项

我们为提高模型性能所做的改变可能与使用的算法或为训练模型而提供的数据有关。常见的一些改变包括以下几个方面。

- ❑ 添加更多数据点可以减少模型的方差。例如，添加靠近分类模型决策边界的数据，可以增加对已识别边界的置信度并减少过拟合。
- ❑ 在消除异常值时，可以通过消除远处数据点的影响来减少偏差和方差。
- ❑ 添加更多特征可以帮助模型在训练阶段变得更好（即降低模型偏差），但可能会导致更高的方差。
- ❑ 鉴于可能存在导致过拟合的特征，删除它们可能有助于提高模型的泛化能力。

表 5.1 列出了一些常见的改变选项。

表 5.1　减少机器学习模型偏差和/或方差的一些选项

改　　　变	潜 在 效 果	描　　　述
添加更多训练数据点	减少方差	可以随机添加新的数据点，或者尝试添加具有特定特征值、输出值或标签的数据点
以较为宽松的标准去除异常值	减少偏差和方差	删除异常值可以减少训练集中的误差，也有助于训练泛化能力更好的模型（即方差较低的模型）
添加更多特征	减少偏差	可以添加向模型提供未知信息的特征。例如，添加一个社区的犯罪率特征来预测房价，可以改进该模型。如果现有特征尚未捕获该信息，则会影响性能
删除特征	减少方差	每个特征都可能对训练性能产生积极影响，但它们可能会添加无法泛化到新数据点的信息并导致更高的方差，因此，删除这样的特征可能有助于提高模型的泛化能力
运行更多迭代的优化过程	减少偏差	进行更多迭代优化可以减少训练误差，但也可能会导致过拟合
使用更复杂的模型	减少偏差	增加决策树的深度是增加模型复杂度的一个典型示例，这可能会导致模型偏差降低，但也会增加过拟合的可能性

正如我们在第 4 章"检测机器学习模型中的性能和效率问题"中讨论的那样，增加模型复杂度可能有助于减少偏差，但模型可以有许多超参数，这些超参数会影响模型的

复杂度或者导致模型偏差和泛化能力改善或降低。表 5.2 提供了在广泛使用的监督学习和
无监督学习方法的优化过程中可以使用的一些超参数。这些超参数应该可以帮助你提高
模型的性能，但不需要编写新的函数或类来进行超参数优化。

表 5.2　可用于超参数优化的监督学习和无监督学习方法中一些重要的超参数

方　　法	超　参　数
逻辑回归 sklearn.linear_model.LogisticRegression()	❑ penalty：在 l1、l2、elasticnet 和 None 之间选择正则化 ❑ class_weight：将权重与类别相关联 ❑ l1_ratio：Elastic-Net 混合参数
K-最近邻 sklearn.neighbors.KNeighborsClassifier()	❑ n_neighbors：邻居数量 ❑ weights：在 uniform 和 distance 之间选择，uniform 表示平等地使用邻居，distance 将根据邻居的距离为它们分配权重
支持向量机（support vector machine，SVM）分类器或回归器 sklearn.svm.SVC() sklearn.svm.SVR()	❑ C：l2 惩罚正则化的逆强度 ❑ kernel：带有预构建内核的 SVM 内核，包括 linear、poly、rbf、sigmoid 和 precomputed ❑ degree（多项式的阶数）：多项式核函数（poly）的阶数 ❑ class_weight（仅用于分类）：将权重与类别相关联
随机森林分类器或回归器 sklearn.ensemble.RandomForestClassifier() sklearn.ensemble.RandomForestRegressor()	❑ n_estimators：森林中树木的数量 ❑ max_depth：树的最大深度 ❑ class_weight：将权重与类别相关联 ❑ min_samples_split：叶子节点所需的最小样本数
XGBoost 分类器或回归器 xgboost.XGBClassifier() xgboost.XGBRegressor()	❑ booster（gbtree、gblinear 或 dart） ❑ 对于树 booster： ➤ eta：步长收缩，防止过拟合 ➤ max_depth：树的最大深度 ➤ min_child_weight：继续分区所需的数据点权重的最小总和 ➤ lambda：L2 正则化因子 ➤ alpha：L1 正则化因子
LightGBM 分类器或回归器 Lightgbm.LGBMClassifier() Lightgbm.LGBMRegressor()	❑ boosting_type（gbdt、dart 或 rf） ❑ num_leaves：最大树叶数 ❑ max_depth：最大树深度 ❑ n_estimators：提升树的数量 ❑ reg_alpha：权重的 L1 正则化项 ❑ reg_lambda：权重的 L2 正则化项

续表

方　　　法	超　参　数
K-均值聚类 sklearn.cluster.KMeans()	n_clusters：聚类的数量
凝聚聚类 sklearn.cluster.AgglomerativeClustering()	❑　n_clusters：聚类的数量 ❑　metric：预先构建的距离度量，包括 euclidean、l1、l2、manhattan、cosine 或 precomputed ❑　linkage：预建构建方法的联动标准，包括 ward、complete、average 和 single
DBSCAN 聚类 sklearn.cluster.DBSCAN()	❑　eps：数据点之间被视为邻居的最大允许距离 ❑　min_samples：一个数据点需要被视为核心点的最小邻居数
UMAP umap.UMAP()	❑　n_neighbors：约束学习数据结构的局部邻域的大小 ❑　min_dist：控制低维空间中分组的紧致性

表 5.3 中列出的 Python 库具有专用于不同超参数优化技术的模块，例如网格搜索、随机搜索、贝叶斯搜索和连续减半。

表 5.3　用于超参数优化的常见 Python 库

库	网　　　址
scikit-optimize	https://pypi.org/project/scikit-optimize/
Optuna	https://pypi.org/project/optuna/
GpyOpt	https://pypi.org/project/GPyOpt/
Hyperopt	https://hyperopt.github.io/hyperopt/
ray.tune	https://docs.ray.io/en/latest/tune/index.html

接下来，让我们详细讨论每个超参数优化方法。

5.2.1　网格搜索

网格搜索方法的目标是确定一系列要逐一测试的超参数指定集，以找到最佳组合。通过网格搜索找到最佳组合的成本很高。此外，考虑到每个问题都会有一组特定的超参数，针对所有问题使用一组预定的超参数组合进行网格搜索并不是一种有效的方法。

以下是使用 sklearn.model_selection.GridSearchCV()进行网格搜索超参数优化的示例，它针对的是随机森林分类器模型。80%的数据用于超参数优化，并使用分层 5 折交叉验证方法评估模型的性能。

```
# 确定数据拆分和模型初始化的随机状态
random_state = 42
# 载入数据并拆分为训练集和测试集
digits = datasets.load_digits()
x = digits.data
y = digits.target
x_train, x_test, y_train, y_test = train_test_split(
    x, y, random_state= random_state, test_size=0.2)
# 用于调优的超参数列表
parameter_grid = {"max_depth": [2, 5, 10, 15, 20],
    "min_samples_split": [2, 5, 7]}
# 使用分层 k 折（k=5）交叉验证方法进行验证
stratified_kfold_cv = StratifiedKFold(
    n_splits = 5, shuffle=True, random_state=random_state)
# 生成搜索网格
start_time = time.time()
sklearn_gridsearch = GridSearchCV(
    estimator = RFC(n_estimators = 10,
        random_state = random_state),
    param_grid = parameter_grid, cv = stratified_kfold_cv,
    n_jobs=-1)
# 拟合网格搜索交叉验证
sklearn_gridsearch.fit(x_train, y_train)
```

在上述代码中，使用了 10 个估计器（estimator），并在超参数优化过程中考虑了不同的 min_samples_split 和 max_depth 值。你可以根据在第 4 章"检测机器学习模型中的性能和效率问题"中学到的内容，使用评分参数（作为 sklearn.model_selection. GridSearchCV()的参数之一）指定不同的性能指标。

在本例中，max_depth 为 10 和 min_samples_split 为 7 的组合被确定为最佳超参数集，使用分层 5 折交叉验证方法可以获得 0.948 的准确率。

我们可以使用 sklearn_gridsearch.best_params_ 和 sklearn_gridsearch.best_score_ 提取最佳超参数和相应的分数。

5.2.2　随机搜索

随机搜索是网格搜索的替代方法。它将随机尝试超参数值的不同组合。结果表明，在计算资源相同且都比较充裕的情况下，与网格搜索相比，随机搜索可以实现更高性能的模型，因为它可以搜索更大的空间（详见 5.8 节"参考文献"：Bergstra et al.，2012）。

以下示例使用了 sklearn.model_selection.RandomizedSearchCV() 进行随机搜索超参数优化，模型和数据与上一示例相同。

```
# 生成随机搜索
start_time = time.time()
sklearn_randomsearch = RandomizedSearchCV(
    estimator = RFC(n_estimators = 10,
        random_state = random_state),
    param_distributions = parameter_grid,
    cv = stratified_kfold_cv, random_state = random_state,
    n_iter = 5, n_jobs=-1)
# 拟合随机搜索交叉验证
sklearn_randomsearch.fit(x_train, y_train)
```

只需 5 次迭代，这种随机搜索就可以在不到三分之一的运行时间下获得 0.942 的交叉验证准确率。当然，这可能取决于你的本地或云系统配置。

在本例中，max_depth 为 15 和 min_samples_split 为 7 的组合被确定为最佳超参数集。

比较网格搜索和随机搜索的结果可以得出结论，对于使用 scikit-learn 数字数据集并且使用 10 个估计器进行随机森林建模的特定情况，具有不同 max_depth 值的模型可能会产生相近的交叉验证准确率。

5.2.3　贝叶斯搜索

在贝叶斯搜索（Bayesian search）优化中，不是在不检查先前组合集的值的情况下随机选择超参数组合，而是根据先前测试的超参数集的历史在迭代中选择超参数集的每个组合。与网格搜索相比，此过程有助于降低计算成本，但它并不总是胜过随机搜索。

我们将使用自动调参工具 Ray Tune（ray.tune）来实现这种方法。你可以在其教程页面上阅读有关 Ray Tune 中可用的不同功能的更多信息，例如记录调优运行、如何停止和恢复、分析调优实验结果以及在云中部署调优等。其网址如下：

https://docs.ray.io/en/latest/tune/tutorials/overview.html

以下代码使用了 ray.tune 实现贝叶斯超参数优化。

```
start_time = time.time()
tune_bayessearch = TuneSearchCV(
    RFC(n_estimators = 10, random_state = random_state),
    parameter_grid,
    search_optimization="bayesian",
    cv = stratified_kfold_cv,
```

```
    n_trials=3, # 采样的超参数设置数
    early_stopping=True,
    max_iters=10,
    random_state = random_state)

tune_bayessearch.fit(x_train, y_train)
```

对于相同的随机森林模型，sklearn.TuneSearchCV()可实现 0.942 的交叉验证准确率。

5.2.4　连续减半

连续减半（successive halving）方法的基本思想是不要平等地将资源用于所有超参数，而是使用有限的资源来评估候选超参数集。例如，在一次迭代中仅使用训练数据的一部分或随机森林模型中有限数量的树，其中一些传递到下一次迭代。在后面的迭代中，会使用更多的资源，直到最后一次迭代，其中所有资源（例如所有训练数据）都用于评估剩余的超参数集。你可以使用 HalvingGridSearchCV()和 HalvingRandomSearchCV()作为 sklearn.model_selection 的一部分以尝试连续减半。有关这两个 Python 模块的更多信息，可访问：

https://scikit-learn.org/stable/modules/grid_search.html#id3

你还可以尝试其他超参数优化技术，例如 Hyperband（详见 5.8 节"参考文献"：Li et al.，2017）和 BOHB（详见 5.8 节"参考文献"：Falkner et al.，2018），但超参数优化的大多数进步背后的总体思想是最大限度地减少获得最佳超参数集所必需的计算资源。

在深度学习中也有用于超参数优化的技术和库，我们将在第 12 章"通过深度学习超越机器学习调试"和第 13 章"高级深度学习技术"中介绍这些技术和库。

虽然超参数优化可以帮助我们获得更好的模型，但在确定了机器学习方法和用于进行模型训练的数据之后，也可以使用其他方法来提高模型性能，例如生成用于模型训练的合成数据，这正是接下来我们将要讨论的主题。

5.3　合成数据的生成

我们可以获得的用于训练和评估机器学习模型的数据可能是有限的。例如，在分类模型用例中，我们的类可能仅具有数量有限的数据点，这可能导致模型对于相同类的未见数据点的性能较低。本节将介绍一些方法来帮助你提高模型在这些情况下的性能。

5.3.1　不平衡数据的过采样

对不平衡数据进行分类向来是一个难题，因为在训练期间和模型性能报告中，其数据中的多数类会占主导作用。例如，对于模型性能报告，我们在第 4 章"检测机器学习模型中的性能和效率问题"中就曾经讨论了不同的性能指标，以及在数据分类不平衡的情况下如何选择可靠的指标——在数据严重不平衡的情况下，模型的准确率指标即使高达 99%，也不能证明它是一个很好的模型。

在这里，我们想谈谈过采样（oversampling）的概念，以通过综合改进训练数据来提高模型的性能。

过采样是指使用数据集中的真实数据点来增加少数类中的数据点数量（例如，在癌症数据集中增加患癌病例的数量）。最简单的思考方法是复制少数类别中的一些数据点，这不是一个好方法，因为它们不会在训练过程中为真实数据提供补充信息。有一些专为过采样过程设计的技术，例如合成少数过采样技术（synthetic minority oversampling technique，SMOTE）及其针对表格数据的变体，接下来我们将详细介绍该技术。

💡 提示：欠采样

在对不平衡数据进行分类时，过采样的另一种替代方法是通过对多数类进行采样来减少不平衡。此过程降低了多数类与少数类数据点的比例。由于并非所有数据点都包含在一组采样中，因此可以通过对多数类数据点的不同子集进行采样来构建多个模型，并且可以通过模型之间的多数投票来组合这些模型的输出。这个过程称为欠采样（undersampling）。与欠采样相比，过采样通常会带来更高的性能改进。

5.3.2　SMOTE 技术原理

SMOTE 是一种古老但广泛使用的方法，可使用相邻数据点的分布对连续特征集的少数类进行过采样（详见 5.8 节"参考文献"：Chawla et al.，2022）。图 5.1 显示了使用 SMOTE、Borderline-SMOTE 和 ADASYN 生成合成数据的示意图。

使用 SMOTE 生成任何合成数据点的步骤可总结如下。

（1）从少数类别中选择一个随机数据点。

（2）确定该数据点的 K 最近邻。

（3）随机选择一个邻居。

（4）在特征空间中两个数据点之间随机选择的点处生成合成数据点。

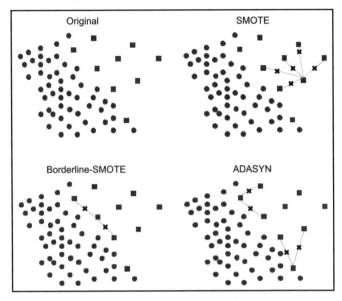

图 5.1　使用 SMOTE、Borderline-SMOTE 和 ADASYN 生成合成数据的示意图

原　　文	译　　文
Original	原始数据点

在图 5.1 显示的 SMOTE 及其两个变体：Borderline-SMOTE 和自适应合成（adaptive synthetic，ADASYN）中，SMOTE 和 Borderline-SMOTE 的步骤（2）至（4）与 ADASYN 是相似的，但是，Borderline-SMOTE 更关注划分类别的真实数据点，而 ADASYN 则更关注由多数类别主导的特征空间区域中少数类别的数据点。通过这种方式，Borderline-SMOTE 增加了决策边界识别的置信度，以避免过拟合，而 ADASYN 则提高了少数类预测在多数类主导的空间部分中的泛化能力。

5.3.3　编写绘图函数

我们可以使用 imblearn Python 库通过 SMOTE、Borderline-SMOTE 和 ADASYN 生成合成数据。但是，在开始使用这些功能之前，我们需要编写一个绘图函数以供后期使用，它将显示过采样过程之前和之后的数据。

```python
def plot_fun(x_plot: list, y_plot: list, title: str):
    """
    Plotting a binary classification dataset
    :param x_plot: list of x coordinates (i.e. dimension 1)
```

```
:param y_plot: list of y coordinates (i.e. dimension 2)
:param title: title of plot
"""
cmap, norm = mcolors.from_levels_and_colors([0, 1, 2],
    ['black', 'red'])
plt.scatter([x_plot[iter][0] for iter in range(
    0, len(x_plot))],
    [x_plot[iter][1] for iter in range(
        0, len(x_plot))],
    c=y_plot, cmap=cmap, norm=norm)
plt.xticks(fontsize = 12)
plt.yticks(fontsize = 12)
plt.xlabel('1st dimension', fontsize = 12)
plt.ylabel('2nd dimension', fontsize = 12)
plt.title(title)
plt.show()
```

5.3.4　生成合成数据集

现在我们可以生成一个具有两个类和两个特征（即二维数据）的合成数据集，并将其视为真实数据集。在其中一个类中包含 100 个数据点，可视为多数类；另一个类中仅包含 10 个数据点，可视为少数类。

```
np.random.seed(12)
minority_sample_size = 10
majority_sample_size = 100

# 生成第一组 x 坐标的随机集合
group_1_X1 = np.repeat(2,majority_sample_size)+\
np.random.normal(loc=0, scale=1,size=majority_sample_size)
group_1_X2 = np.repeat(2,majority_sample_size)+\
np.random.normal(loc=0, scale=1,size=majority_sample_size)

# 生成第二组 x 坐标的随机集合
group_2_X1 = np.repeat(4,minority_sample_size)+\
np.random.normal(loc=0, scale=1,size=minority_sample_size)
group_2_X2 = np.repeat(4,minority_sample_size)+\
np.random.normal(loc=0, scale=1,size=minority_sample_size)

X_all = [[group_1_X1[iter], group_1_X2[iter]] for\
        iter in range(0, len(group_1_X1))]+\
        [[group_2_X1[iter], group_2_X2[iter]]\
```

```
                  for iter in range(0, len(group_2_X1))]
y_all = [0]*majority_sample_size+[1]*minority_sample_size

# 绘制随机生成的数据
plot_fun(x_plot = X_all, y_plot = y_all,
    title = 'Original')
```

生成的数据点显示在如图 5.2 所示的散点图中，其中红色数据点代表少数类，黑色数据点则代表多数类。

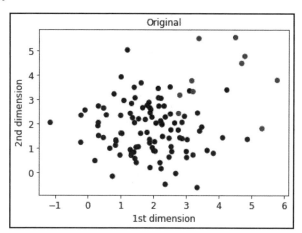

图 5.2　生成的具有两个特征（即维度）的示例数据集，用于练习 SMOTE 及其替代方案

接下来，我们将使用此合成数据而不是真实数据集来直观地展示不同的合成数据生成方法的工作原理。

5.3.5　使用 SMOTE 方法

现在可以通过 imblearn.over_sampling.SMOTE()使用 SMOTE 方法，仅为少数类生成合成数据点。示例如下：

```
k_neighbors = 5
# 初始化 smote
# 将 sampling_strategy 设置为 'auto' 等效于 'not majority'
# 即，强制重复采样除多数类之外的所有类
smote = SMOTE(sampling_strategy='auto',
                k_neighbors=k_neighbors)

# 拟合 smote 以过采样少数类
x_smote, y_smote = smote.fit_resample(X_all, y_all)
```

```
# 绘制过采样之后的数据
plot_fun(x_plot = x_smote, y_plot = y_smote,
    title = 'SMOTE')
```

如图 5.3 所示，新的过采样数据点将位于少数类的原始数据点（即红色数据点）之间的间隙内。当然，有许多新的数据点其实无助于识别可靠的决策边界，因为它们出现在右上角，远离黑色数据点和潜在的决策边界。

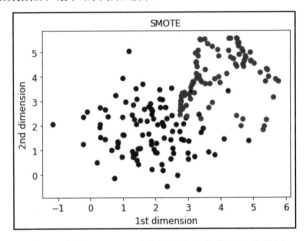

图 5.3　使用 SMOTE 后获得的数据集的可视化结果

5.3.6　使用 Borderline-SMOTE 方法

现在可以通过 imblearn.over_sampling.BorderlineSMOTE()使用 Borderline-SMOTE 方法进行合成数据生成。示例如下：

```
k_neighbors = 5
# 使用 5 个邻居确定某个少数类样本是否处于边界中
m_neighbors = 10
# 初始化 Borderline-SMOTE
# 将 sampling_strategy 设置为'auto'等效于'not majority'
# 即，强制重复采样除多数类之外的所有类
borderline_smote = BorderlineSMOTE(
    sampling_strategy='auto',
    k_neighbors=k_neighbors,
    m_neighbors=m_neighbors)

# 拟合 Borderline-SMOTE 以过采样少数类
x_bordersmote,y_bordersmote =borderline_smote.fit_resample(
```

```
    X_all, y_all)

# 绘制过采样之后的数据
plot_fun(x_plot = x_bordersmote, y_plot = y_bordersmote,
    title = 'Borderline-SMOTE')
```

绘图结果如图 5.4 所示。

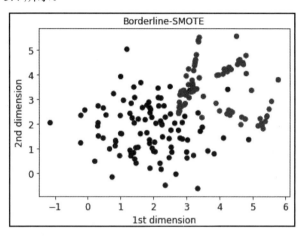

图 5.4　使用 Borderline-SMOTE 后获得的数据集的可视化结果

可以看到，新生成的红色数据点（代表少数类）更接近由黑色数据点表示的多数类，这有助于识别决策边界，提高模型的泛化能力。

5.3.7　使用 ADASYN 方法

现在可以通过 imblearn.over_sampling.ADASYN()使用 ADASYN，它会生成更多靠近黑色数据点的新合成数据，因为它专注于具有更多的多数类样本的区域。示例如下：

```
# 在过采样过程中对每个数据点使用 5 个邻居
n_neighbors = 5
# 初始化 ADASYN
# 将 sampling_strategy 设置为'auto'等效于'not majority'
# 即，强制重复采样除多数类之外的所有类
adasyn_smote = ADASYN(sampling_strategy = 'auto',n_neighbors
                      = n_neighbors)

# 拟合 ADASYN 以过采样少数类
x_adasyn_smote, y_adasyn_smote = adasyn_smote.fit_resample(
    X_all, y_all)
```

```
# 绘制过采样之后的数据
plot_fun(x_plot = x_adasyn_smote, y_plot = y_adasyn_smote,
    title = "ADASYN")
```

绘图结果如图 5.5 所示。

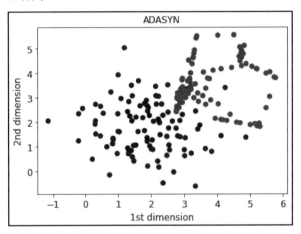

图 5.5　使用 ADASYN 后获得的数据集的可视化结果

5.3.8　其他基于 SMOTE 的方法

最近出现了一些新的基于 SMOTE 的用于合成数据生成的方法，例如基于密度的合成少数过采样技术（density-based synthetic minority over-sampling technique，DSMOTE）（详见 5.8 节"参考文献"：Xiaolong et al.，2019）和 k 均值 SMOTE（k-means SMOTE）（详见 5.8 节"参考文献"：Last et al.，2017）。这两种方法都试图捕获目标少数类或整个数据集中的数据点分组。

在 DSMOTE 中，使用基于密度的噪声应用空间聚类（density-based spatial clustering of applications with noise，DBSCAN）将少数类的数据点分为 3 组：核心样本、边界样本和噪声（即异常值）样本，然后仅将核心样本和边界样本用于过采样。事实证明，这种方法比 SMOTE 和 Borderline-SMOTE 效果更好。

k-means SMOTE 是 SMOTE 的另一个最新替代方案，它依赖于在过采样之前使用 k-means 聚类算法对整个数据集进行聚类。其工作原理如图 5.6 所示。

以下是 k-means SMOTE 方法中用于数据生成的步骤，你可以通过 kmeans-smote Python 库使用该方法。

（1）根据原始数据确定决策边界。

（2）使用 k 均值聚类将数据点聚类为 k 个聚类。

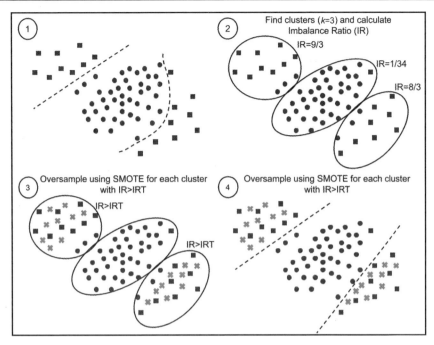

图 5.6 *k*-means SMOTE 的 4 个主要步骤的示意图

（详见 5.8 节"参考文献"：Last et al.，2017）

原　　文	译　　文
Find clusters (*k*=3) and calculate Imbalance Ratio (IR)	查找聚类（*k*=3）并计算不平衡比率（IR）
Oversample using SMOTE for each cluster with IR>IRT	使用 SMOTE 对 IR>IRT 的聚类进行过采样

（3）使用 SMOTE 方法对不平衡比率（imbalance ratio，IR）大于不平衡比率阈值（imbalance ratio threshold，IRT）的聚类进行过采样。

（4）重复决策边界识别过程（注意：IRT 可以由用户选择或像超参数一样进行优化）。

你可以练习使用 SMOTE 的不同变体，以找出最适合你的数据集的方法。一般来说，Borderline-SMOTE 和 *k*-means SMOTE 可能是很好的起点。

接下来，让我们看看在进入模型训练之前帮助提高数据质量的技术。

5.4　改进预训练数据处理

机器学习生命周期早期阶段（模型训练和评估之前）的数据处理决定了我们输入到

训练、验证和测试过程中的数据的质量，从而决定了我们能否成功实现高性能且可靠的模型。

5.4.1　异常检测和离群值去除

数据中的异常和离群值可能会降低生产中模型的性能和可靠性。训练数据、用于模型评估的数据以及生产环境中未见过的数据中存在的异常值可能会产生不同的影响。

❑ 模型训练中的异常值：监督学习模型的训练数据中存在异常值，可能会导致模型泛化能力降低。例如，可能会导致分类模型中不必要的复杂决策边界或回归模型中不必要的非线性拟合。

❑ 模型评估中的异常值：验证和测试数据中的异常值可能会降低模型性能。由于模型不一定是针对包含离群值的数据点设计的，因此它们会影响模型的性能，使之无法正确预测其标签或连续值，导致模型性能评估不可靠。这个问题可能会使模型选择过程变得不可靠。

❑ 生产环境中的异常值：生产环境中的未见数据点可能远离训练甚至测试数据的分布。有些模型可能旨在识别这些异常，例如欺诈检测用例就是如此，但如果这不是目标，那么我们应该将这些数据点标记为样本，即模型并不是为识别这些异常值而设计的。例如，如果我们设计一个模型，根据肿瘤的遗传信息向癌症患者提出用药建议，那么在该模型中，被视为异常样本的患者的置信度应该较低，因为错误的药物治疗可能会产生危及生命的严重后果。

表 5.4 总结了一些异常检测方法，可用于识别数据中的异常并在必要时删除异常值（详见 5.8 节"参考文献"：Emmott et al.，2013 and 2015）。

表5.4　广泛使用的异常检测技术

方　　　法	文章和网址
隔离森林（isolation forest，iForest）	Liu et al.，2008 https://ieeexplore.ieee.org/abstract/document/4781136
轻量级在线异常检测器（lightweight on-line detector of anomalies，Loda）	Penvy，2016 https://link.springer.com/article/10.1007/s10994-015-5521-0
局部离群因子（local outlier factor，LOF）	Breunig et al.，2000 https://dl.acm.org/doi/abs/10.1145/342009.335388
基于角度的异常值检测（angle-based outlier detection，ABOD）	Kriegel et al.，2008 https://dl.acm.org/doi/abs/10.1145/1401890.1401946
鲁棒核密度估计（robust kernel density estimation，RKDE）	Kim and Scott，2008 https://ieeexplore.ieee.org/document/4518376

方　　法	文章和网址
用于新颖性检测的支持向量方法（support vector method for novelty detection）	Schölkopf et al.，1999 https://proceedings.neurips.cc/paper/1999/hash/8725fb777f25 776ffa9076e44fcfd776-Abstract.html

异常检测的有效方法之一是 iForest（详见 5.8 节"参考文献"：Emmott et al.，2013 and 2015；Liu et al.，2008），它也是 scikit-learn 中可用的功能之一。

为了尝试一下该功能，可以先生成一个合成训练数据集。示例如下：

```python
n_samples, n_outliers = 100, 20
rng = np.random.RandomState(12)

# 生成 2 个合成数据聚类
# 数据点采样自单变量正态（高斯）分布
# 分布的均值为 0，方差为 1
cluster_1 = 0.2 * rng.randn(n_samples, 2) + np.array(
    [1, 1])
cluster_2 = 0.3 * rng.randn(n_samples, 2) + np.array(
    [5, 5])

# 生成合成异常值
outliers = rng.uniform(low=2, high=4, size=(n_outliers, 2))

X = np.concatenate([cluster_1, cluster_2, outliers])
y = np.concatenate(
    [np.ones((2 * n_samples), dtype=int),
        -np.ones((n_outliers), dtype=int)])
```

然后使用 scikit-learn 中的 IsolationForest()：

```python
# 初始化 iForest
clf = IsolationForest(n_estimators = 10, random_state=10)
# 使用训练数据拟合 iForest
clf.fit(X)
# 绘制结果
scatter = plt.scatter(X[:, 0], X[:, 1])
handles, labels = scatter.legend_elements()
disp = DecisionBoundaryDisplay.from_estimator(
    clf,
    X,
    plot_method = "contour",
```

```
    response_method="predict",
    alpha=1
)
disp.ax_.scatter(X[:, 0], X[:, 1], s = 10)
disp.ax_.set_title("Binary decision boundary of iForest (
    n_estimators = 10)")
plt.xlabel('Dimension 1', fontsize = 12)
plt.ylabel('Dimension 2', fontsize = 12)
plt.show()
```

上述代码在初始化 IsolationForest() 时使用 n_estimator = 10 语句定义了 10 个决策树，这是 iForest 的超参数之一，可以尝试优化它来获得更好的结果。n_estimator = 10 和 n_estimator = 100 的结果边界如图 5.7 所示。

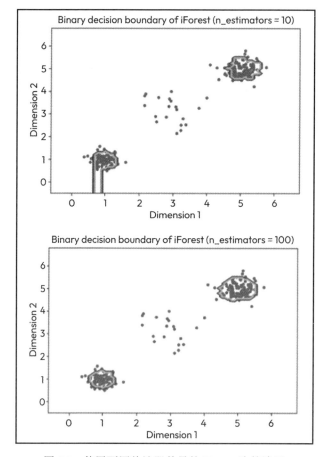

图 5.7　使用不同估计器数量的 iForest 决策边界

如果你接受异常检测方法（例如 iForest）的结果而不做进一步的调查，那么你可能会决定仅使用已显示的边界内的数据。但是，与任何其他机器方法一样，这些技术也可能存在问题。尽管 iForest 不是监督学习方法，但识别异常的边界可能导致过拟合，在后续评估过程中性能较差或对于生产环境中的未见数据泛化能力不强。此外，超参数的选择可能会导致错误地将大部分数据点视为异常值。

5.4.2　善加利用低质量或相关性较低的数据

在进行监督机器学习时，我们通常希望能够获得大量高质量的数据。但是，在可以访问的数据点上，特征或输出值的确定性并不相同。例如，在模型执行分类任务的情况下，标签可能并不都具有相同的有效性级别。换句话说，我们对不同数据点标签的置信度可能不同。一些常用的数据点标记过程是通过平均实验测量值（例如，在生物或化学背景下）或通过使用多个专家（或非专家）的标注来完成的。

我们还可能遇到一个问题，例如预测乳腺癌患者对特定药物的反应，我们可以获得患者对其他癌症类型的相同或类似药物的反应数据，部分数据与乳腺癌患者对药物反应这一目标的相关性较低。

我们当然希望能有高质量的数据或高度可信的注释和标签，但现实是，我们可能会获得很多质量较低或与我们所设想的目标相关性较低的数据点。在这种情况下，我们可以使用一些方法来充分利用这些低质量或相关性较低的数据点，尽管这些方法并不总是有效。常见方法介绍如下。

❑ 在优化期间分配权重：你可以在训练机器学习模型时为每个数据点分配权重。例如，在 scikit-learn 中，可以先使用以下语句初始化随机森林模型：

```
rf_model = RandomForestClassifier(random_state = 42)
```

然后在拟合步骤中指定每个数据点的权重：

```
rf_model.fit(X_train, y_train, sample_weight = weights_array)
```

其中，weights_array 是训练集中每个数据点的权重数组。这些权重可以是你对每个数据点的置信度评分，该分数的来源就是它们与目标的相关性或其质量。例如，如果使用 10 个不同的专业标注师（expert annotator）为一系列数据点分配标签，则可以取其中的小数部分来表示就类标签达成一致的情况（作为每个数据点的权重）。举例来说，如果某一个数据点的类别为 1，但 10 个标注师中只有 7 个同意该类别，则其权重为 0.7；另一个数据点的类别也为 1，但 10 个标注师都同意该类别，则该数据点的权重为 1。

❑ 集成学习（ensemble learning）：如果考虑每个数据点的质量或置信度分数的分布，那么可以使用该分布的每个部分的数据点构建不同的模型，然后组合模型的预测，例如使用它们的加权平均值（见图 5.8）。分配给每个模型的权重可以是一个数字，代表用于其训练的数据点的质量。

❑ 迁移学习（transfer learning）：在迁移学习中，我们可以在参考任务（reference task）上训练模型，它通常具有更多的数据点，然后在较小的任务上对其进行微调，以获得特定任务的预测（详见 5.8 节"参考文献"：Weiss et al., 2016；Madani Tonekaboni et al., 2020）。该方法可用于具有不同置信度的数据（详见 5.8 节"参考文献"：Madani Tonekaboni et al., 2020）。你可以在具有不同标签置信度的大型数据集上训练模型（见图 5.8），排除置信度非常低的数据，然后在数据集的置信度非常高的部分数据上对其进行微调。

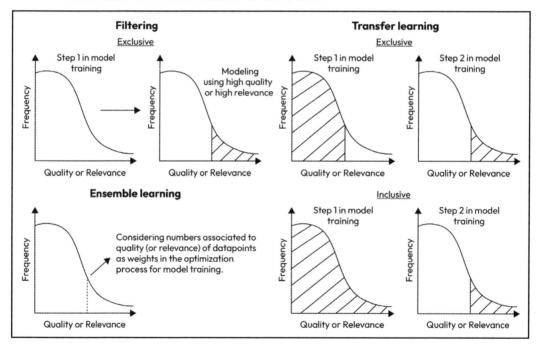

图 5.8 在训练机器学习模型时使用低质量或与目标问题相关性较低的数据点的技术

原　　　文	译　　　文
Filtering	过滤
Exclusive	排除
Step 1 in model training	模型训练中的步骤 1

续表

原　　文	译　　文
Frequency	频率
Quality or Relevance	质量或相关性
Modeling using high quality or high relevance	使用高质量数据或高相关性数据建模
Ensemble learning	集成学习
Considering numbers associated to quality (or relevance) of datapoints as weights in the optimization process for model training	考虑将数据点的质量（或相关性）关联到数字，将它们作为模型训练时优化过程中的权重
Transfer learning	迁移学习
Step 2 in model training	模型训练中的步骤 2
Inclusive	包含

这些方法可以帮助你减少生成更多高质量数据的需求。当然，如果可能，拥有更多高质量和高度相关的数据是再好不过的。

接下来，我们将介绍提高机器学习模型性能的最后一种方法，即使用正则化作为一种控制过拟合的技术，以生成具有更高泛化能力的模型。

5.5　通过正则化方法提高模型的泛化能力

在第 4 章"检测机器学习模型中的性能和效率问题"中已经介绍过，高模型复杂度可能会导致过拟合。控制模型复杂度并减少影响模型泛化能力的特征作用的方法之一是正则化（regularization）。

5.5.1　正则化方法的原理

在正则化过程中，我们将考虑在训练过程中优化损失函数中的正则化或惩罚项。对于线性建模的简单用例来说，可以在优化过程中按以下方式将正则化添加到损失函数中。

$$L = \sum_{i=1}^{n} \left[y_i - \left(\sum_{j=1}^{p} w_{ij} x_j + b \right) \right]^2 + \Omega(W)$$

其中的第一项是损失，$\Omega(W)$ 是正则化项，作为模型权重或参数 W 的函数。

当然，正则化可以与不同的机器学习方法一起使用，例如 SVM 或 LightGBM。表 5.5 显示了 3 种常见的正则化项，包括 L1 正则化（L1 regularization）、L2 正则化（L2 regularization）以及它们的组合。

表 5.5 机器学习建模常用的正则化方法

方　　　法	正　则　化　项	参　　　　数
L2 正则化	$\Omega(W) = \lambda \sum_{j=1}^{p} w_j^2$	λ：决定正则化强度的正则化参数
L1 正则化	$\Omega(W) = \lambda \sum_{j=1}^{p} \left\| w_p \right\|$	λ：决定正则化强度的正则化参数
L2 和 L1	$\Omega(W) = \lambda \left(\dfrac{1-\alpha}{2} \sum_{j=1}^{p} w_j^2 + \alpha \sum_{j=1}^{p} \left\| w_j \right\| \right)$	λ：决定正则化强度的正则化参数 α：确定正则化过程中 L1 与 L2 效果的混合参数

可以将正则化优化的过程视为尽可能接近最优参数集 $\hat{\beta}$，同时保持参数绑定到约束区域的过程，如图 5.9 所示。

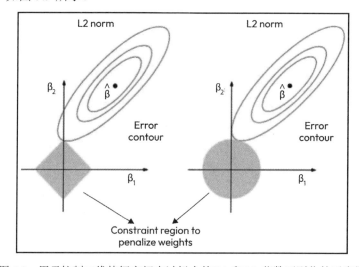

图 5.9 用于控制二维特征空间中过拟合的 L1 和 L2 范数正则化的示意图

原　　　文	译　　　文
L2 norm	L2 范数
Error contour	误差等值线
Constraint region to penalize weights	惩罚权重的约束区域

L1 正则化的参数约束区域中的角点会导致某些参数的消除，或使其相关权重为零。但是，L2 正则化的参数约束区域的凸性只会导致通过减小参数的权重来降低参数的效果。这种差异通常会导致 L1 正则化对异常值具有更高的可靠性。

使用 L1 正则化和 L2 正则化的线性分类模型分别称为套索回归（lasso regression）和岭回归（ridge regression）（详见 5.8 节"参考文献"：Tibshirani，1996）。Elastic-Net是后来提出的，结合使用了 L1 正则化项和 L2 正则化项（详见 5.8 节"参考文献"：Zou et al.，2005）。

在这里，我们想要练习使用这 3 种方法，但也可以将正则化超参数与其他方法一起使用，例如 SVM 或 XGBoost 分类器（见表 5.2）。

5.5.2　编写绘图函数

我们首先导入必要的库并设计一个绘图函数来直观地显示正则化参数值的效果。我们仍然从 scikit-learn 加载数字数据集以用于模型训练和评估。

```
random_state = 42
# 加载数据并拆分为训练集和测试集
digits = datasets.load_digits()
x = digits.data
y = digits.target

# 使用分层 k 折（k=5）交叉验证
stratified_kfold_cv = StratifiedKFold(n_splits = 5,
    shuffle=True, random_state=random_state)

# 编写函数以绘制不同超参数值交叉验证的分数
def reg_search_plot(search_fit, parameter: str):
    """
    :param search_fit: hyperparameter search object after model
fitting
    :param parameter: hyperparameter name
    """
    parameters = [search_fit.cv_results_[
        'params'][iter][parameter] for iter in range(
            0,len(search_fit.cv_results_['params']))]
    mean_test_score = search_fit.cv_results_[
        'mean_test_score']
    plt.scatter(parameters, mean_test_score)
    plt.xticks(fontsize = 12)
    plt.yticks(fontsize = 12)
    plt.xlabel(parameter, fontsize = 12)
    plt.ylabel('accuracy', fontsize = 12)
    plt.show()
```

5.5.3　评估 Lasso 模型

可以使用 GridSearchCV() 函数来评估以下模型中不同正则化参数值的效果。在 scikit-learn 中，正则化参数通常称为 alpha 而不是 λ，混合参数称为 l1_ratio 而不是 α。在这里，我们将首先评估不同 alpha 值对 Lasso 模型的影响，使用 L1 正则化，并使用数字数据集进行训练和评估。

```python
# 定义超参数网格
parameter_grid = {"alpha": [0, 0.1, 0.2, 0.3, 0.4, 0.5]}

# 生成网格搜索
lasso_search = GridSearchCV(Lasso(
    random_state = random_state),
    parameter_grid,cv = stratified_kfold_cv,n_jobs=-1)

# 拟合网格搜索交叉验证
lasso_search.fit(x, y)

reg_search_plot(search_fit = lasso_search,
    parameter = 'alpha')
```

最佳 alpha 值被确定为 0.1，如图 5.10 所示，这会在所考虑的值中产生最高的准确率。这意味着在 alpha 值为 0.1 后增加正则化的效果会增加模型偏差，导致模型在训练中性能较低。

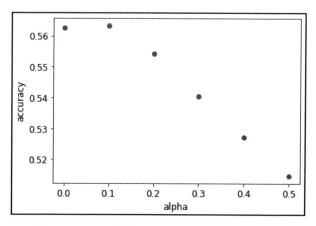

图 5.10　Lasso 模型的准确率与正则化参数 alpha

5.5.4　评估岭模型

如果使用 L2 正则化来评估岭模型中不同 alpha 值的影响，则可以看到，随着正则化强度的增加，性能也会提高，如图 5.11 所示。

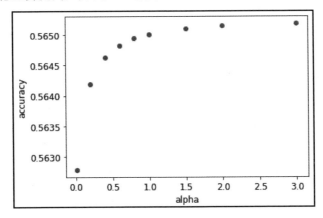

图 5.11　岭模型的准确率与正则化参数 alpha

5.5.5　评估 Elastic-Net

上述两种方法的替代方法是 Elastic-Net，它结合了 L1 和 L2 正则化的效果。这种情况下，alpha 对模型性能的影响趋势与 Lasso 更加相似；但是，与仅依赖 L1 正则化的 Lasso 相比，其准确率值的范围更小，如图 5.12 所示。

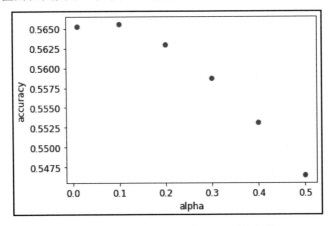

图 5.12　Elastic-Net 模型的准确率与正则化参数 alpha

5.5.6 评估 SVM 分类模型

如果你的数据集不是很小，则更复杂的模型可以帮助你实现更高的性能。只有在极少数情况下，你才会将线性模型视为最终模型。为了评估正则化对更复杂模型的影响，我们选择了 SVM 分类器，并检查了 sklearn.svm.SVC() 中不同 C 值作为正则化参数的效果。

```python
# 定义超参数网格
parameter_grid = {"C": [0.01, 0.2, 0.4, 0.6, 0.8, 1]}

# 生成网格搜索
svc_search = GridSearchCV(SVC(kernel = 'poly',
    random_state = random_state),parameter_grid,
    cv = stratified_kfold_cv,n_jobs=-1)

# 拟合网格搜索交叉验证
svc_search.fit(x, y)

reg_search_plot(search_fit = svc_search, parameter = 'C')
```

如图 5.13 所示，与准确率低于 0.6 的线性模型相比，SVM 分类模型的准确率范围更大，在 0.92 到 0.99 之间，更高的正则化可以控制过拟合并实现更好的性能。

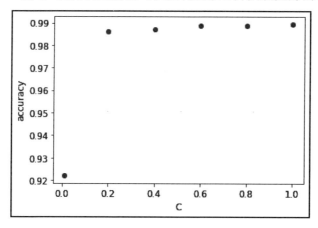

图 5.13　SVM 分类模型的准确率与正则化参数 C

在第 12 章"通过深度学习超越机器学习调试"中，还将继续探讨深度神经网络模型中的正则化技术。

5.6　小　　结

本章详细介绍了提高模型性能并减少模型偏差和方差的技术。你可以了解除深度学习之外广泛使用的机器学习方法的不同超参数，并认识可帮助你识别最佳超参数集的 Python 库。

本章讨论了如何通过正则化技术来帮助你训练泛化性能更好的机器学习模型，还介绍了如何通过合成数据生成和异常值检测等方法来提高输入到训练过程中的数据的质量。

在下一章中，将介绍机器学习建模中的可解释性和可理解性，以及如何使用相关技术和 Python 工具来识别改进模型的机会。

5.7　思　考　题

（1）添加更多特征和训练数据点是否会减少模型方差？

（2）你能否提供用于组合类标签中具有不同置信度的数据的方法示例？

（3）过采样如何提高监督机器学习模型的泛化能力？

（4）DSMOTE 和 Borderline-SMOTE 有什么区别？

（5）进行超参数优化时是否需要检查模型的每个超参数的每个单值的效果？

（6）L1 正则化能否消除某些特征对监督模型预测的贡献？

（7）如果使用相同的训练数据进行训练，套索回归（lasso regression）和岭回归（ridge regression）模型能否在相同的测试数据上产生相同的性能？

5.8　参　考　文　献

❑ Bergstra, James, and Yoshua Bengio. "Random search for hyper-parameter optimization." Journal of machine learning research 13.2 (2012).

❑ Bergstra, James, et al. "Algorithms for hyper-parameter optimization." Advances in neural information processing systems 24 (2011).

❑ Nguyen, Vu. "Bayesian optimization for accelerating hyper-parameter tuning." 2019 IEEE second international conference on artificial intelligence and knowledge engineering (AIKE). IEEE (2019).

❑ Li, Lisha, et al. "Hyperband: A novel bandit-based approach to hyperparameter optimization." Journal of Machine Learning Research 18.1 (2017): pp. 6765-6816.

❑ Falkner, Stefan, Aaron Klein, and Frank Hutter. "BOHB: Robust and efficient hyperparameter optimization at scale." International Conference on Machine Learning. PMLR (2018).

❑ Ng, Andrew, Stanford CS229: Machine Learning Course, Autumn 2018.

❑ Wong, Sebastien C., et al. "Understanding data augmentation for classification: when to warp?." 2016 international conference on digital image computing: techniques and applications (DICTA). IEEE (2016).

❑ Mikołajczyk, Agnieszka, and Michał Grochowski. "Data augmentation for improving deep learning in image classification problem." 2018 international interdisciplinary PhD workshop (IIPhDW). IEEE (2018).

❑ Shorten, Connor, and Taghi M. Khoshgoftaar. "A survey on image data augmentation for deep learning." Journal of big data 6.1 (2019): pp. 1-48.

❑ Taylor, Luke, and Geoff Nitschke. "Improving deep learning with generic data augmentation." 2018 IEEE Symposium Series on Computational Intelligence (SSCI). IEEE (2018).

❑ Shorten, Connor, Taghi M. Khoshgoftaar, and Borko Furht. "Text data augmentation for deep learning." Journal of big Data 8.1 (2021): pp. 1-34.

❑ Perez, Luis, and Jason Wang. "The effectiveness of data augmentation in image classification using deep learning." arXiv preprint arXiv:1712.04621 (2017).

❑ Ashrapov, Insaf. "Tabular GANs for uneven distribution." arXiv preprint arXiv:2010.00638 (2020).

❑ Xu, Lei, et al. "Modeling tabular data using conditional gan." Advances in Neural Information Processing Systems 32 (2019).

❑ Chawla, Nitesh V., et al. "SMOTE: synthetic minority over-sampling technique." Journal of artificial intelligence research 16 (2002): pp. 321-357.

❑ Han, H., Wang, WY., Mao, BH. (2005). "Borderline-SMOTE: A New Over-Sampling Method in Imbalanced Data Sets Learning." In: Huang, DS., Zhang, XP., Huang, GB. (eds) Advances in Intelligent Computing. ICIC 2005. Lecture Notes in Computer Science, vol. 3644. Springer, Berlin, Heidelberg.

❑ He, Haibo, Yang Bai, E. A. Garcia, and Shutao Li, "ADASYN: Adaptive synthetic sampling approach for imbalanced learning." 2008 IEEE International Joint Conference on Neural Networks (IEEE World Congress on Computational Intelligence) (2008): pp. 1322-1328, doi: 10.1109/IJCNN.2008.4633969.

❑ X. Xiaolong, C. Wen, and S. Yanfei. "Over-sampling algorithm for imbalanced data classification," in Journal of Systems Engineering and Electronics, vol. 30, no. 6, pp. 1182-1191, Dec. 2019, doi: 10.21629/JSEE.2019.06.12.

❑ Last, Felix, Georgios Douzas, and Fernando Bacao. "Oversampling for imbalanced learning based on k-means and smote." arXiv preprint arXiv:1711.00837 (2017).

❑ Emmott, Andrew F., et al. "Systematic construction of anomaly detection benchmarks from real data." Proceedings of the ACM SIGKDD workshop on outlier detection and description. 2013.

❑ Emmott, Andrew, et al. "A meta-analysis of the anomaly detection problem." arXiv preprint arXiv:1503.01158 (2015).

❑ Liu, Fei Tony, Kai Ming Ting, and Zhi-Hua Zhou. "Isolation forest." 2008 eighth IEEE international conference on data mining. IEEE (2008).

❑ Pevný, Tomáš. "Loda: Lightweight on-line detector of anomalies." Machine Learning 102 (2016): pp. 275-304.

❑ Breunig, Markus M., et al. "LOF: identifying density-based local outliers." Proceedings of the 2000 ACM SIGMOD international conference on Management of data (2000).

❑ Kriegel, Hans-Peter, Matthias Schubert, and Arthur Zimek. "Angle-based outlier detection in high-dimensional data." Proceedings of the 14th ACM SIGKDD international conference on Knowledge discovery and data mining (2008).

❑ Joo Seuk Kim and C. Scott. "Robust kernel density estimation." 2008 IEEE International Conference on Acoustics, Speech and Signal Processing, Las Vegas, NV, USA (2008): pp. 3381-3384, doi: 10.1109/ICASSP.2008.4518376.

❑ Schölkopf, Bernhard, et al. "Support vector method for novelty detection." Advances in neural information processing systems 12 (1999).

❑ Weiss, Karl, Taghi M. Khoshgoftaar, and DingDing Wang. "A survey of transfer learning." Journal of Big data 3.1 (2016): pp. 1-40.

❑ Tonekaboni, Seyed Ali Madani, et al. "Learning across label confidence distributions using Filtered Transfer Learning." 2020 19th IEEE International Conference on

Machine Learning and Applications (ICMLA). IEEE (2020).

❑ Tibshirani, Robert. "Regression shrinkage and selection via the lasso." Journal of the Royal Statistical Society: Series B (Methodological) 58.1 (1996): pp. 267-288.

❑ Hastie, Trevor, et al. The elements of statistical learning: data mining, inference, and prediction. vol. 2. New York: Springer, 2009.

❑ Zou, Hui, and Trevor Hastie. "Regularization and variable selection via the elastic net." Journal of the Royal Statistical Society: Series B (Statistical Methodology) 67.2 (2005): pp. 301-320.

第 6 章　机器学习建模中的可解释性和可理解性

我们使用或开发的大多数机器学习模型都很复杂，需要使用可解释性技术来识别提高模型性能、减少偏差和提高可靠性的机会。

本章包含以下主题：

❑ 可理解性机器学习与黑盒机器学习。
❑ 机器学习中的可解释性方法。
❑ 局部可解释性技术。
❑ 全局可解释性技术。
❑ 在 Python 中实践机器学习的可解释性。
❑ 仅有可解释性还不够。

本章将帮助你理解可解释性在机器学习建模中的重要性，并让你在 Python 中练习使用一些可解释性技术。

6.1　技 术 要 求

学习本章需要满足以下要求，以帮助你更好地理解概念并能够在项目中使用它们，利用提供的代码进行练习。

Python 库要求：

❑ sklearn >= 1.2.2。
❑ numpy >= 1.22.4。
❑ matplotlib >= 3.7.1。

你可以在本书配套 GitHub 存储库中找到本章的代码文件，其网址如下：

https://github.com/PacktPublishing/Debugging-Machine-Learning-Models-with-Python/tree/main/Chapter06

6.2　可理解性机器学习与黑盒机器学习

机器学习/深度学习领域的一大趋势是可解释的 AI（explainable AI，XAI），它指的是使我们能够更好地理解黑盒模型预测结果的各种技术。虽然当前的 XAI 方法不会将黑盒模型转变为完全可解释的模型（或白盒），但它们无疑会帮助我们更好地理解为什么模型会针对给定的一组特征返回某些预测结果。

在介绍特定的 XAI 技术之前，有必要澄清一下可理解性（interpretability）和可解释性（explainability）之间的区别。interpretability 可以被认为是 explainability 的更强版本，它为模型的预测提供了基于因果关系的理解；而 explainability 用于解释黑盒模型所做的预测，至于为什么做出这些预测则是不可理解的。

拥有可解释的人工智能模型的一些好处如下。

❑　建立对模型的信任——如果模型的推理（通过其解释）符合常识或人类专家的信念，则它可以增强人们对模型预测结果的信任。

❑　促进业务利益相关者采用模型或项目。

❑　通过为模型的决策过程提供推理，提供对人类决策有用的见解。

❑　使调试更容易。

❑　可以指导未来数据收集或特征工程的方向。

特别需要指出的是，XAI 技术可以用来解释模型的预测过程中发生了什么，但它们无法基于因果关系证明和理解为什么做出了某个预测。

对于诸如线性回归之类的可理解且简单的模型，我们可以轻松评估改进它们的可能性，发现它们的问题（例如需要检测和消除的偏差），并建立使用此类模型的信任。但是，为了获得更高的性能，我们通常不会停留在这些简单的模型上，而是依赖于复杂的或所谓的黑盒模型。本节将介绍一些可理解的模型，然后介绍一些可用于解释黑盒模型的技术。

6.2.1　可理解的机器学习模型

线性模型（例如线性回归和逻辑回归、浅层决策树和朴素贝叶斯分类器）是简单且可理解的方法的示例（见图 6.1）。我们可以轻松提取特征在这些模型的输出（预测结果）中的贡献，并找到提高其性能的机会，例如添加或删除特征或对特征进行归一化处理等。

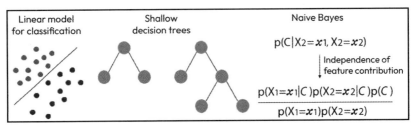

图 6.1　可理解的分类方法示例

原　　文	译　　文
Linear model for classification	用于分类的线性模型
Shallow decision trees	浅层决策树
Naive Bayes	朴素贝叶斯
Independence of feature contribution	特征贡献的独立性

我们还可以轻松识别模型中是否存在偏差。例如，针对特定种族或性别群体的偏见。当然，这些模型总体比较简单，而使用包含数千或数百万个样本的大型数据集将使我们能够训练高性能且较为复杂的模型。

复杂的模型，例如具有许多深度决策树或深度神经网络的随机森林模型，可以帮助我们实现更高的性能，尽管它们的工作方式几乎与黑盒系统一样。为了理解这些模型并解释它们如何得出预测结果，并建立对其实用性的信任，我们需要使用机器学习可解释性技术。

6.2.2　复杂模型的可解释性

可解释性技术就像复杂机器学习模型和用户之间的桥梁。它们应该提供忠实于模型工作原理的可解释性。另外，它们应该提供对用户有用且易于理解的解释。这些解释可用于识别提高模型性能的机会，降低模型对小特征值变化的敏感性，提高模型训练中的数据效率，尝试帮助模型进行正确推理并避免虚假的相关性，帮助实现公平性（详见 6.10节"参考文献"：Weber et al.，2022）。

图 6.2 显示了使用可解释性技术对机器学习模型的影响。

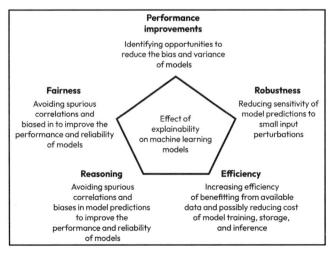

图 6.2　使用可解释性技术对机器学习模型的影响

原　文	译　文
Effect of explainability on machine learning models	可解释性对机器学习模型的影响
Performance improvements	性能改进
Identifying opportunities to reduce the bias and variance of models	识别降低模型的偏差和方差的机会
Fairness	公平性
Avoiding spurious correlations and biased in to improve the performance and reliability of models	避免虚假相关性和偏差，以提高模型的性能和可靠性
Reasoning	推理
Avoiding spurious correlations and biases in model predictions to improve the performance and reliability of models	避免模型预测中的虚假相关性和偏差，以提高模型的性能和可靠性
Efficiency	效率
Increasing efficiency of benefitting from available data and possibly reducing cost of model training, storage, and inference	提高从可用数据中获益的效率，并可能降低模型训练、存储和推理的成本
Robustness	可靠性
Reducing sensitivity of model predictions to small input perturbations	降低模型预测对小输入扰动的敏感性

现在你已经更好地理解了可解释性在机器学习建模中的重要性，接下来，我们将详细介绍可解释性技术。

6.3　机器学习中的可解释性方法

在使用或开发机器学习建模的可解释性技术时，需要牢记以下注意事项（详见 6.10节 "参考文献"：Ribeiro et al.，2016）。

- ❑ 可理解性：解释必须能够被用户理解。机器学习解释的主要目标之一是使复杂的模型易于被用户理解，并在可能的情况下提供可操作的信息。
- ❑ 局部保真度（local fidelity），也称为局部忠实度（local faithfulness）：捕获模型的复杂性，使其完全忠实并满足全局忠实度（global faithfulness）标准并不是所有技术都能实现的。但是，解释至少应该局部忠实于模型。换句话说，解释需要正确解释模型在所研究的数据点附近的行为方式。
- ❑ 与模型无关：尽管有一些技术是为特定的机器学习方法（例如随机森林）设计

的，但它们应该与使用不同超参数或针对不同数据集构建的模型无关。可解释性技术需要将模型视为黑匣子，并为模型提供全局或局部的解释。

可解释性技术可以分为局部可解释性（local explainability）方法和全局可解释性（global explainability）方法。局部可解释性方法旨在满足上述 3 项标准，而全局可解释性方法则试图超越局部可解释性并为模型提供全局解释。

6.4 局部可解释性技术

局部可解释性有助于我们理解特征空间中靠近数据点的模型的行为。尽管这些模型满足局部保真度标准，但被认为局部重要的特征对于全局来说可能并不是重要的，反之亦然（详见 6.10 节"参考文献"：Ribeiro et al.，2016）。这意味着我们无法轻松地从全局解释中推断出局部解释，反之亦然。

我们将讨论以下 5 种局部可解释性技术。

❑ 特征重要性。

❑ 反事实解释。

❑ 基于样本的可解释性。

❑ 基于规则的可解释性。

❑ 显著图。

现在让我们来仔细看看这些技术。

6.4.1 特征重要性

局部可解释性的主要方法之一是局部解释每个特征在预测邻域中目标数据点的结果时的贡献。此类方法广泛使用的示例包括：

❑ 夏普利加性解释（Shapley additive explanations，SHAP）（详见 6.10 节"参考文献"：Lundberg et al.，2017）

❑ 局部可解释的模型无关解释（local interpretable model-agnostic explanations，LIME）（详见 6.10 节"参考文献"：Ribeiro et al.，2016）

让我们简单讨论一下这两种方法背后的理论。

1. 使用 SHAP 的局部解释

SHAP 是一个 Python 框架，由 Scott Lundberg 和 Su-In Lee 提出（详见 6.10 节"参考文献"：Lundberg and Lee，2017）。该框架的思想基于 Shapley 值的使用，而 Shapley

值是一个以美国博弈论学家、诺贝尔奖获得者 Lloyd Shapley 命名的已知概念（详见 6.10
节"参考文献"：Winter，2022）。

SHAP 可以确定每个特征对模型预测的贡献。由于所有特征协同确定分类模型的决策
边界并最终影响模型预测结果，因此 SHAP 尝试首先识别每个特征的边际贡献，然后提
供 Shapley 值作为每个特征与整个特征集配合的对模型预测结果的贡献的估计。从理论上
来说，这些边际贡献可以通过在不同组合中单独删除一些特征来计算，即计算每个特征
集删除的效果，然后对贡献进行归一化。

当然，我们无法对所有可能的特征组合重复此过程，因为即使仅有 40 个特征的模型，
其可能的组合数量也呈指数级增长至数十亿。因此，SHAP 过程将使用有限次数来得出
Shapley 值的近似值。

此外，由于在大多数机器学习模型中删除特征是不可能的，因此特征值会被替换为
一些备选值，这些备选值要么来自随机分布，要么来自每个特征的有意义的背景集和可
能值。我们不想深入了解此过程的理论细节，但下文将会练习使用此方法。

2. 使用 LIME 的局部解释

LIME 是局部可解释性 SHAP 的替代方案，通过使用可解释模型局部逼近模型，以与
模型无关的方式解释任何分类器或回归器的预测结果（详见 6.10 节"参考文献"：Ribeiro
et al.，2016）。

图 6.3 为 LIME 中局部可解释建模的示意图。

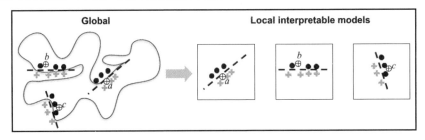

图 6.3　LIME 中局部可解释建模的示意图

原　　文	译　　文	原　　文	译　　文
Global	全局	Local interpretable models	局部可理解模型

Ribeiro 等人 2016 年的原始论文中也提到了该技术的一些优点，包括以下几个方面。

❑　理论和提供的解释直观且易于理解。

❑　提供稀疏解释以提高可理解性。

❑　适用于不同类型的结构化和非结构化数据，例如文本和图像。

6.4.2　反事实解释

反事实解释（counterfactual explanation，CE）示例或解释可以帮助我们确定实例中需要更改哪些内容才能改变分类模型的结果。这些反事实可以帮助确定许多应用（例如金融、零售、营销、招聘和医疗保健）中的可行路径。其中一个例子是向银行客户建议如何更改贷款申请的拒绝结果（详见 6.10 节"参考文献"：Guidotti，2022）。

反事实还可以帮助识别模型中的偏差，从而帮助我们提高模型性能或消除模型中的公平问题。在生成和使用反事实解释时，需要牢记以下注意事项（详见 6.10 节"参考文献"：Guidotti，2022）。

❑ 有效性：当且仅当其分类结果与原始样本不同时，反事实示例才是有效的。
❑ 相似性：反事实示例应尽可能与原始数据点相似。
❑ 多样性：虽然反事实示例应该与它们所源自的原始样本相似，但它们之间需要具有多样性以提供不同的选项（即不同的可能的特征变化）。
❑ 可操作性：并非所有特征值更改都是可操作的。反事实方法所提出的反事实的可操作性是在实践中从中受益的一个重要因素。
❑ 合理性：反事实示例的特征值应该是合理的。反事实的合理性增加了人们对从中得出解释的信任。

我们还必须注意，反事实解释器在生成反事实时需要足够高效和快速，并且在为类似数据点生成反事实时保持稳定可靠（详见 6.10 节"参考文献"：Guidotti，2022）。

6.4.3　基于样本的可解释性

另一种实现可解释性的方法是依靠真实或合成数据点的特征值和结果来实现局部模型的可解释性。在此类可解释性技术中，我们的目标是找出哪些样本被错误分类以及哪些特征集导致错误分类的可能性增加，以帮助我们解释模型。

我们还可以评估哪些训练数据点导致决策边界发生变化，以便可以预测测试或生产环境中数据点的输出。有一些统计方法，例如影响函数（influence function，详见 6.10 节"参考文献"：Koh and Liang，2017），它是一种经典的评估样本对模型参数影响的方法，可以用来识别样本对模型决策过程的贡献。

6.4.4　基于规则的可解释性

基于规则的方法，例如锚点解释（anchor explanation），旨在找到导致获得相同输出的高概率的特征值条件（详见 6.10 节"参考文献"：Ribeiro et al.，2018）。

例如，假设要预测数据集中个人的薪水是小于或等于 5 万元还是大于 5 万元，在这种情况下，"受教育年限 <= 高中导致薪水 <= 5 万元"可以被认为是基于规则的解释中的一条规则。这些解释需要是局部忠实的。

6.4.5　显著图

显著图（saliency map）用于解释哪些特征对数据点的预测结果有哪些贡献。这些方法通常用于基于图像数据训练的机器学习或深度学习模型（详见 6.10 节"参考文献"：Simonyan et al.，2013）。

例如，我们可以使用显著图来确定分类模型在识别狗熊和泰迪熊的图像时，究竟是依靠森林背景还是依靠熊身体的组成部分来做出判断。

6.5　全局可解释性技术

尽管对机器学习模型做出可靠的全局解释比较困难，但它可以增加我们对模型的信任（详见 6.10 节"参考文献"：Ribeiro et al.，2016）。

在开发和部署机器学习模型时，性能并不是建立信任的唯一方面。局部解释虽然对调查个体样本和提供可操作的信息非常有帮助，但对于建立信任来说可能还不够。本节将讨论超越局部解释的以下 3 种方法。

❑　　收集局部解释。
❑　　知识蒸馏。
❑　　反事实总结。

现在让我们来仔细看看这些技术。

6.5.1　收集局部解释

子模块选择 LIME（submodular pick LIME，SP-LIME）是一种全局解释技术，它使用 LIME 的局部解释来得出模型行为的全局视角（详见 6.10 节"参考文献"：Riberio et al.，2016）。由于使用所有数据点的局部解释可能不可行，因此 SP-LIME 选择了一组能够代表模型全局行为的具有代表性的多样化样本。

6.5.2　知识蒸馏

知识蒸馏（knowledge distillation）的基本思想是近似复杂模型的行为，最初是针对神经网络模型提出的，使用决策树等更简单的可理解模型（详见 6.10 节"参考文献"：Hinton et al.，2015；Frosst and Hinton，2017）。

换句话说，知识蒸馏的目标是构建更简单的模型，例如决策树，它可以近似复杂模型对于给定样本集的预测结果。

6.5.3　反事实总结

我们可以使用为具有正确和错误预测结果的多个数据点生成的反事实总结（summary of counterfactual）来确定特征在输出预测中的贡献，以及预测结果对特征扰动的敏感性。

本章后面的练习将使用反事实，你会看到并非所有反事实都是可接受的，需要根据特征及其值背后的含义来选择。

6.6　在 Python 中实践机器学习的可解释性

你可以使用多个 Python 库来提取机器学习模型的局部和全局解释（见表 6.1）。本节将要练习一些专注于局部模型可解释性的方法。

表 6.1　提供了机器学习模型可解释性功能的 Python 库或存储库

库	用于导入和安装的库名称	网　　址
SHAP	Shap	https://pypi.org/project/shap/
LIME	Lime	https://pypi.org/project/lime/
Shapash	shapash	https://pypi.org/project/shapash/
ELI5	eli5	https://pypi.org/project/eli5/
Explainer dashboard	explainer dashboard	https://pypi.org/project/explainerdashboard/
Dalex	dalex	https://pypi.org/project/dalex/
OmniXAI	omnixai	https://pypi.org/project/omnixai/
CARLA	carla	https://carla-counterfactual-and-recourse-library.readthedocs.io/en/latest/

续表

库	用于导入和安装的库名称	网　　址
Diverse Counterfactual Explanations (DiCE)	dice-ml	https://pypi.org/project/diceml/
Machine Learning Library Extensions	mlxtend	https://pypi.org/project/mlxtend/
Anchor	anchor	https://github.com/marcotcr/anchor

首先我们将练习使用 SHAP，这是一种广泛应用的机器学习可解释性技术。

6.6.1　使用 SHAP 进行解释

我们将首先考虑使用 SHAP 执行局部解释，然后执行全局解释。

1. 局部解释

我们将练习使用 SHAP 从机器学习模型中提取特征重要性。本示例将使用加利福尼亚大学尔湾分校（University of California Irvine，UCI）成人数据集来预测 20 世纪 90 年代人们的收入是否超过 5 万元，这也可作为 SHAP 库的一部分。

有关该数据集的特征定义和其他信息，可访问：

https://archive.ics.uci.edu/ml/datasets/adult

在使用任何可解释性方法之前，我们需要先使用该数据集构建一个监督机器学习模型。本示例将使用 XGBoost 作为表格数据的高性能机器学习方法，然后进行 SHAP 练习。

```
# 加载 UCI 成人收入数据集
# 分类任务将预测 20 世纪 90 年代人们的收入是否超过 5 万元
X,y = shap.datasets.adult()

# 将数据拆分为训练集和测试集
X_train, X_test, y_train, y_test = train_test_split(
    X, y, test_size = 0.3, random_state=10)

# 初始化 XGBoost 模型
xgb_model = xgboost.XGBClassifier(random_state=42)

# 用训练数据拟合 XGBoost 模型
xgb_model.fit(X_train, y_train)
```

```
# 为测试集生成预测结果
y_pred = xgb_model.predict(X_test)

# 识别测试集中错误分类的数据点
misclassified_index = np.where(y_test != y_pred)[0]

# 计算预测结果的ROC-AUC
print("ROC-AUC of predictions: {}".format(
    roc_auc_score(y_test, xgb_model.predict_proba(
        X_test)[:, 1])))

print("First 5 misclassified test set datapoints:
    {}".format(misclassified_index[0:5]))
```

SHAP 库中提供了多种近似特征重要性的方法，例如：

❑　shap.LinearExplainer()。

❑　shap.KernelExplainer()。

❑　shap.TreeExplainer()。

❑　shap.DeepExplainer()。

在使用基于树的随机森林和 XGBoost 等方法的情况下，可以选择 shap.TreeExplainer()。

现在让我们使用经过训练的模型构建一个解释器对象，然后提取 Shapley 值。

```
# 生成树解释器
explainer = shap.TreeExplainer(xgb_model)

# 从解释器对象提取 SHAP 值
shap_values = explainer.shap_values(X_test)
```

SHAP 库中有多个绘图函数，可以使用 Shapley 值为我们提供特征重要性的可视化结果。例如，可以使用 shap.dependence_plot() 来识别 Education-Num（受教育年限）特征的 Shapley 值。

```
# 如果为 interaction_index 选择了 "auto" 值
# 则使用最强烈的着色效果
shap.dependence_plot("Education-Num", shap_values, X_test)
```

图 6.4 清楚地表明，较大的 Education-Num（受教育年限）值会导致较大的 Shapley 值或对预测的正向结果（即>5 万元薪水）的贡献更大。

你也可以使用其他特征，例如 Age（年龄）重复此过程，这会产生与 Education-Num（受教育年限）特征类似的解释。对 Education-Num（受教育年限）和 Age（年龄）特征使用 shap.dependence_plot() 的唯一区别是 interaction_index，对于 Age（年龄）可指定为 None。

```
# 生成 "Age" 特征的依赖图
shap.dependence_plot("Age", shap_values, X_test,
    interaction_index=None)
```

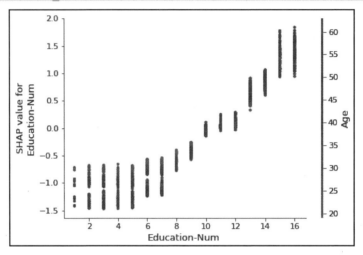

图 6.4　成人收入数据集测试集中的 Education-Num（受教育年限）特征的 SHAP 值

其结果如图 6.5 所示。

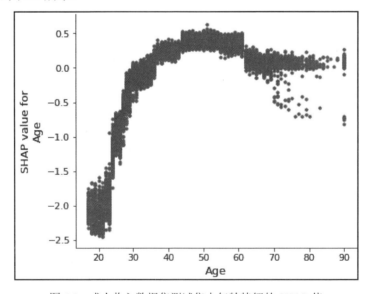

图 6.5　成人收入数据集测试集中年龄特征的 SHAP 值

　　如果需要在数据集的特定子集上提取模型的解释，则可以使用相同的函数，但这种情况下使用的是我们想要研究的数据子集而不是整个数据集。

　　也可以使用训练集和测试集来识别用于模型训练的数据以及我们想要用来评估模型性能的未见数据中的解释。为了演示这一点，可使用以下代码研究 Age（年龄）特征对于被错误分类的测试集子集的重要性。

```
# 生成 "Age" 特征的依赖图
shap.dependence_plot("Age",
    shap_values[misclassified_index],
    X_test.iloc[misclassified_index,:],
    interaction_index=None)
```

　　其输出结果如图 6.6 所示。可以看到，错误分类的数据点的 SHAP 值和整个数据集的 SHAP 值（见图 6.5）具有相似的趋势。

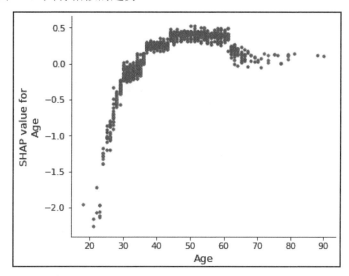

图 6.6　成人收入数据集测试集中错误分类数据点的年龄特征的 SHAP 值

　　除了提取一系列数据点的 Shapley 值，我们还需要研究特征如何影响数据点的正确或错误预测。在这里，我们选择了以下两个样本。

　　❑　sample 12，实际标签为 False 或 0（即低收入），预测标签为 True 或 1（即高收入）。

　　❑　sample 24，实际标签为 True 或 1（即高收入），预测标签为 False 或 0（即低收入）。

　　现在可以使用 shap.plots._waterfall.waterfall_legacy()并提取输入特征的期望值，具体代码示例如下。

```
# 提取期望值
expected_value = explainer.expected_value

# 为观察值 12 生成瀑布图
shap.plots._waterfall.waterfall_legacy(expected_value,
    shap_values[12], features=X_test.iloc[12,:],
    feature_names=X.columns, max_display=15, show=True)

# 为观察值 24 生成瀑布图
shap.plots._waterfall.waterfall_legacy(expected_value,
    shap_values[24],features=X_test.iloc[24,:],
    feature_names=X.columns,max_display=15, show=True)
```

在 SHAP 的这种绘图中，对于每个特征 X，$f(X)$是给定 X 的预测值，$E[f(X)]$是目标变量的期望值（即所有预测结果的平均值，mean(model.predict(X))）。图 6.7 显示了单个特征对预测结果的影响程度。

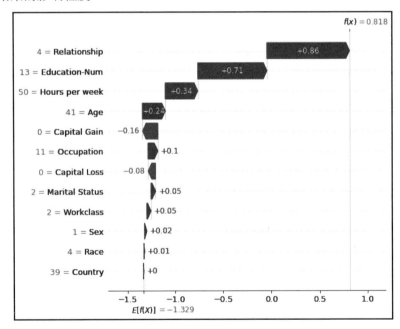

图 6.7　成人收入数据集中样本 12 的 SHAP 瀑布图

图 6.7 是 sample 12 的瀑布图，它清楚地表明，Relationship（关系）和 Education-Num（受教育年限）是对薪水影响最大的特征，而 Race（种族）和 Country（国家或地区）则是对该样本结果影响最小的特征。

Relationship（关系）和 Education-Num（受教育年限）也是对 sample 24 影响最大的特征（见图 6.8）。但是，sample 12 中的第三大贡献来自 Hours per week（每周工作的小时数），而该特征对 sample 24 的预测结果影响很小。这是我们可以进行的分析类型，它可用于比较一些不正确的预测结果并确定潜在可行的模型性能改进建议。或者，你也可以提取一些有关提高此数据集中个人未来收入的可行建议。

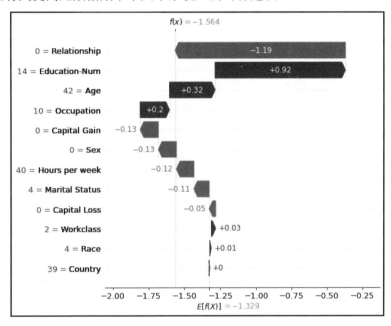

图 6.8　成人收入数据集中样本 24 的 SHAP 瀑布图

尽管 SHAP 提供了一些易于理解的见解，但我们也需要确保模型中的特征依赖性在解释 Shapley 值时不会出现自相矛盾的情况。因此，接下来让我们看看全局解释方法。

2．全局解释

尽管 shap.dependence_plot()似乎提供了全局解释，因为它显示了某个特征对所有数据点或数据点子集的影响，但我们仍需要跨模型特征和数据点的解释来建立对模型的信任。

shap.summary_plot()是这种全局解释的一个示例，它总结了指定数据点集中特征的 Shapley 值。这些类型的总结图和结果对于识别最有效的特征和理解模型中是否存在偏差（例如种族或性别偏见）非常重要。

通过如图 6.9 所示的总结图可以清晰地看到，Sex（性别）和 Race（种族）并不是影响最大的特征（当然，它们的影响也不一定可以忽略不计，仍需要进一步研究）。我们将在下一章讨论模型偏差和公平性。

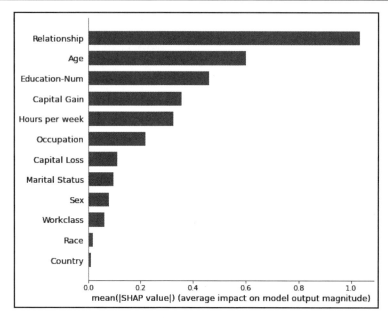

图 6.9 成人收入数据集的 SHAP 总结图

以下是生成图 6.9 的代码：

```
# 创建 SHAP 蜂群图（即 SHAP 总结图）
shap.summary_plot(shap_values, X_test,plot_type="bar")
```

6.6.2 使用 LIME 进行解释

在学习了如何使用 SHAP 进行解释后，现在让我们将注意力转向 LIME。
首先从局部解释开始。

1. 局部解释

LIME 是另一种获得对单个数据点的易于理解的局部解释的方法。我们可以使用 lime Python 库构建一个解释器（explainer）对象，然后使用它来识别感兴趣样本的局部解释。

在这里，我们将再次使用为 SHAP 训练过的 XGBoost 模型，并为 sample 12 和 sample 24 生成解释，以表明它们的结果被错误预测。

默认情况下，LIME 使用岭回归（ridge regression）作为生成局部解释的可理解模型。也可以在 lime.lime_tabular.LimeTabularExplainer()类中更改此方法，具体做法是：将其中的 feature_selection 更改为 none(用于无须任何特征选择的线性建模)，或更改为 lasso_path，这将使用 scikit-learn 中的 lasso_path()，作为另一种形式的正则化监督线性建模。

注意：

用于为加利福尼亚大学尔湾分校（UCI）成人数据集拟合 XGBoost 模型的 fit 代码行（在之前的代码片段中已经给出）现在需要更改。要使该模型可用于 lime 库，需修改为：

```
xgb_model.fit(np.array(X_train), y_train)
```

使用 lime 库进行局部解释的代码如下：

```
# 创建 explainer
explainer = lime.lime_tabular.LimeTabularExplainer(
    np.array(X_train), feature_names=X_train.columns,
    # X_train.to_numpy()
    class_names=['Lower income','Higher income'],
    verbose=True)

# 通过 LIME 可视化 explainer
print('actual label of sample 12: {}'.format(y_test[12]))
print('prediction for sample 12: {}'.format(y_pred[12]))
exp = explainer.explain_instance(
    data_row = X_test.iloc[12],
    predict_fn = xgb_model.predict_proba)
exp.show_in_notebook(show_table=True)
```

图 6.10 中 sample 12 的中间绘图结果可以解释为各个特征在预测结果为 Higher income（较高收入）或 Lower income（较低收入）时的局部贡献。与 SHAP 类似，Education-Num（受教育年限）和 Relationship（关系）特征对样本被错误预测为 Higher income（较高收入）的贡献最大。

另外，Capital Gain（资本收益）和 Capital Loss（资本损失）特征对于推动样本预测结果为 Lower income（较低收入）的贡献最大。但我们还必须注意特征值，因为此样本的 Capital Gain（资本收益）和 Capital Loss（资本损失）均为零。

同样，我们也可以研究一下 sample 24 的 LIME 结果，如图 6.11 所示。

可以看到，Capital Gain（资本收益）、Education-Num（受教育年限）和 Hours per week（每周工作时间）特征对样本被错误预测的贡献最大。但是，Capital Gain（资本收益）不会影响该特定数据点，因为其值为零。

2. 全局解释

子模块选择 LIME（submodular pick LIME，SP-LIME）是一种全局解释方法，在该方法中，选定样本的子集将作为候选，然后我们可以通过 LIME 使用这些候选的解释，这样它们就可以代表模型的全局解释。

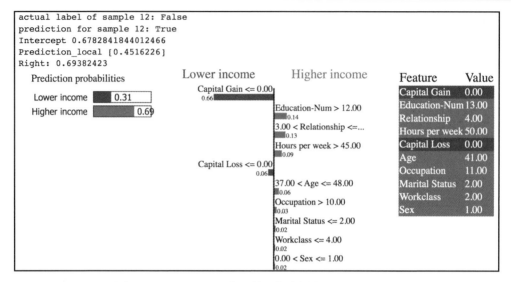

图 6.10　LIME 对成人收入数据集中样本 12 的局部解释

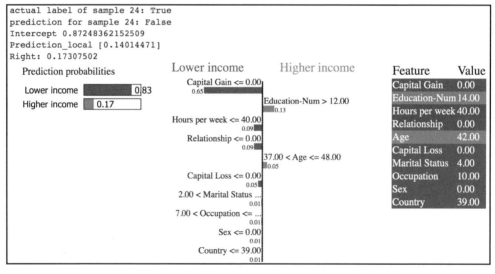

图 6.11　LIME 对成人收入数据集中样本 24 的局部解释

我们将使用 lime.submodular_pick.SubmodularPick() 来挑选这些样本。以下是此类的参数，有助于解释全局回归或分类模型。

❑　predict_fn（预测函数）：对于 ScikitClassifiers 来说，它将是 classifier.predict_proba()，而对于 ScikitRegressors 来说，它将是 regressor.predict()。

❑　sample_size：如果选择了 method == 'sample'，那么这是解释的数据点数量。

❑　num_exps_desired：返回的解释对象的数量。

❑　num_features：解释中存在的最大特征数。

具体示例代码如下：

```
sp_obj = submodular_pick.SubmodularPick(explainer,
    np.array(X_train), xgb_model.predict_proba,
    method='sample', sample_size=3, num_features=8,
    num_exps_desired=5)

# 显示被选来用于解释的实例的解释
# 使用 Jupyter Notebook 或 Colab Notebook
[exp.show_in_notebook() for exp in sp_obj.explanations]
```

图 6.12 显示了 SP-LIME 选取的 3 个数据点。

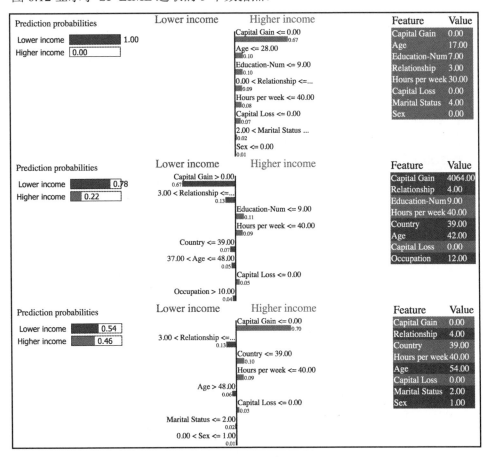

图 6.12　SP-LIME 选择的用于实现全局可解释性的数据点

当然，除了可视化选取的实例，你也可以对每个解释对象使用 as_map()参数而不是 show_in_notebook()，这些对象均作为 sp_obj.explanations 中解释对象的一部分，然后汇总更多数据点的信息，而不是仅调查少数样本。

对于此类分析，你也可以使用一小部分数据点。例如，对于具有数万个或更多数据点的非常庞大的数据集来说，可以仅使用 1%或更低比例的数据点。

6.6.3　使用多样化反事实解释（DiCE）的反事实生成

反事实分析描述的是为改变模型预测结果所需的最小的输入特征变化。这相当于我们提出了很多假设性的"如果"问题。如果我们增加这个特征或减少那个特征呢？

例如，根据一个黑盒模型，某个人的贷款申请被驳回了，但如果他的收入增加了呢？如果他有良好的信用记录呢？如果他有新的担保人呢？这些变化会导致模型预测结果的改变吗？多样化反事实解释（diverse counterfactual explanation，DiCE）为同一个人生成了一组多样化的特征干扰选项，在支持用户特定要求的情况下，对输入的多样性和原始输入进行了优化，可以为反事实分析提供更容易理解的解释。

我们可以使用 dice_ml Python 库（详见 6.10 节"参考文献"：Mothilal et al.，2020）生成反事实，并了解模型如何从一种预测结果切换到另一种预测结果。

首先，我们必须训练一个模型，然后在安装并导入 dice_ml 库后，使用 dice_ml.Dice() Python 类创建一个解释对象，如下所示：

```
### 本示例来自 https://github.com/interpretml/DiCE ###
dataset = helpers.load_adult_income_dataset()
target = dataset["income"] # 结果变量
train_dataset, test_dataset, _, _ = train_test_split(
    dataset,target,test_size=0.2,random_state=0,
    stratify=target)

# 训练机器学习模型的数据集
d = dice_ml.Data(dataframe=train_dataset,
    continuous_features=['age','hours_per_week'],
    outcome_name='income')

# 预训练机器学习模型
m = dice_ml.Model(
    model_path=dice_ml.utils.helpers.get_adult_income_modelpath(),
    backend='TF2', func="ohe-min-max")

# DiCE 解释实例
exp = dice_ml.Dice(d,m)
```

　　然后，我们可以使用已生成的解释对象来生成一个或多个样本的反事实。在本示例中，将为 sample 1 生成 10 个反事实：

```
query_instance = test_dataset.drop(columns="income")[0:1]
dice_exp = exp.generate_counterfactuals(query_instance,
    total_CFs=10, desired_class="opposite",
    random_seed = 42)

# 可视化反事实解释
dice_exp.visualize_as_dataframe()
```

　　图 6.13 显示了目标样本的特征值和 10 个相应的反事实。

	age	workclass	education	marital_status	occupation	race	gender	hours_per_week	income
0	29	Private	HS-grad	Married	Blue-Collar	White	Female	38	0

Diverse Counterfactual set (new outcome: 1.0)

	age	workclass	education	marital_status	occupation	race	gender	hours_per_week	income
0	80.0	Private	HS-grad	Married	Service	White	Female	38	1
1	29.0	Private	HS-grad	Married	Blue-Collar	White	Female	97.0	1
2	29	Private	HS-grad	Married	Service	White	Female	92.0	1
3	29	Private	HS-grad	Married	Blue-Collar	White	Female	93.0	1
4	29	Private	Assoc	Married	Blue-Collar	White	Female	59.0	1
5	49.0	Private	HS-grad	Married	Blue-Collar	White	Female	72.0	1
6	29	Private	Assoc	Married	Service	White	Female	38	1
7	29	Private	HS-grad	Married	Blue-Collar	Other	Female	97.0	1
8	90.0	Private	Doctorate	Married	Blue-Collar	White	Female	38	1
9	58.0	Private	HS-grad	Married	Blue-Collar	White	Female	76.0	1

图 6.13　选定的数据点和从成人收入数据集中生成的反事实

　　尽管所有反事实都满足切换目标样本（即 sample 1）预测结果的目标，但根据每个特征的定义和含义，并非所有反事实都是可行的。

　　例如，如果我们想建议一个 29 岁的人将自己的预测结果从低薪变为高薪，那么建议他在 80 岁时会获得高薪并不是一个有效且可操作的建议。此外，建议将每周工作小时数从 38 个小时更改为大于 90 小时也是不可行的。

　　你需要在拒绝反事实时考虑到这些因素，以便可以识别提高模型性能的机会并向用户提供可行的建议。此外，你还可以在不同的技术之间切换，为你的模型和应用程序生成更有意义的反事实。

你可以使用一些最新的 Python 库来实现模型的可解释性，例如 Dalex（详见 6.10 节"参考文献"：Baniecki et al.，2021）和 OmniXA（详见 6.10 节"参考文献"：Yang et al.，2022）。

我们还将讨论如何使用这些方法和 Python 库来减少偏差，并帮助我们在开发新模型或修改已经训练的机器学习模型时实现公平性。

6.7　仅有可解释性还不够

可解释性有助于用户对我们的机器学习模型建立信任。正如你在本章中了解到的，你可以使用可解释性技术来了解模型如何为数据集中的一个或多个实例生成输出。这些解释有助于从性能和公平的角度改进我们的模型。但是，我们不能通过简单盲目地使用这些技术并在 Python 中生成一些结果来实现这样的改进。

例如，正如我们在 6.6.3 节"使用多样化反事实解释（DiCE）的反事实生成"中所讨论的，某些生成的反事实可能不合理且没有意义，我们不能依赖它们。或者，当使用 SHAP或 LIME 为一个或多个数据点生成局部解释时，需要注意特征的含义、每个特征的值范围及其背后的含义，以及我们所调查的每个数据点的特征。

使用可解释性进行决策的一个方面是区分模型的问题，以及我们正在调查的训练、测试或生产环境中的特定数据点的问题。某些数据点可能是异常值，导致模型的可靠性降低，但并不一定会使模型的整体可靠性降低。

在下一章中，我们将讨论偏差检测和公平性的实现，你将意识到，偏差检测并不仅仅是识别我们的模型是否依赖年龄、种族或肤色等特征。

总而言之，这些考虑因素告诉我们，运行一些 Python 类来使用模型的可解释性不足以获得信任并生成有意义的解释。我们还有更多的工作要做。

6.8　小　　结

本章详细阐释了可解释的机器学习模型，以及可解释性技术如何帮助你提高模型的性能和可靠性。你了解了不同的局部和全局可解释性技术，例如 SHAP 和 LIME，并在Python 中实践了它们。你还有机会使用本章提供的 Python 代码进行练习，以了解如何在项目中使用机器学习可解释性技术。

在下一章中，你将了解检测和减少模型偏差的方法，以及如何使用 Python 中的可用功能来满足开发机器学习模型时必要的公平标准。

6.9　思　考　题

（1）可解释性如何帮助你提高模型的性能？

（2）局部可解释性和全局可解释性有什么区别？

（3）由于线性模型的可理解性，是否使用线性模型更好？

（4）可解释性分析是否使机器学习模型更可靠？

（5）你能解释一下 SHAP 和 LIME 在机器学习可解释性方面的区别吗？

（6）在开发机器学习模型时，如何从反事实分析中受益？

（7）假设银行使用机器学习模型进行贷款审批。所有建议的反事实是否都有助于建议一个人如何增加获得批准的机会？

6.10　参　考　文　献

❑ Weber, Leander, et al. Beyond explaining: Opportunities and challenges of XAI-based model improvement. Information Fusion (2022).

❑ Linardatos, Pantelis, Vasilis Papastefanopoulos, and Sotiris Kotsiantis. Explainable AI: A review of machine learning interpretability methods. Entropy 23.1 (2020): 18.

❑ Gilpin, Leilani H., et al. Explaining explanations: An overview of interpretability of machine learning. 2018 IEEE 5th International Conference on data science and advanced analytics (DSAA). IEEE, 2018.

❑ Carvalho, Diogo V., Eduardo M. Pereira, and Jaime S. Cardoso. Machine learning interpretability: A survey on methods and metrics. Electronics 8.8 (2019): 832.

❑ Winter, Eyal. The Shapley value. Handbook of game theory with economic applications 3 (2002): 2025-2054.

❑ A Guide to Explainable AI Using Python:

https://www.thepythoncode.com/article/explainable-ai-model-python

❑ Burkart, Nadia, and Marco F. Huber. A survey on the explainability of supervised machine learning. Journal of Artificial Intelligence Research 70 (2021): 245-317.

❑ Guidotti, Riccardo. Counterfactual explanations and how to find them: literature review and benchmarking. Data Mining and Knowledge Discovery (2022): 1-55.

❏ Ribeiro, Marco Tulio, Sameer Singh, and Carlos Guestrin. Anchors: High-precision model-agnostic explanations. Proceedings of the AAAI conference on artificial intelligence. Vol. 32. No. 1. 2018.

❏ Hinton, Geoffrey, Oriol Vinyals, and Jeff Dean. Distilling the knowledge in a neural network. arXiv preprint arXiv:1503.02531 (2015).

❏ Simonyan, Karen, Andrea Vedaldi, and Andrew Zisserman. Deep inside convolutional networks: Visualising image classification models and saliency maps. arXiv preprint arXiv:1312.6034 (2013).

❏ Frosst, Nicholas, and Geoffrey Hinton. Distilling a neural network into a soft decision tree. arXiv preprint arXiv:1711.09784 (2017).

❏ Lundberg, Scott M., and Su-In Lee. A unified approach to interpreting model predictions. Advances in neural information processing systems 30 (2017).

❏ Ribeiro, Marco Tulio, Sameer Singh, and Carlos Guestrin. "Why should I trust you?" Explaining the predictions of any classifier. Proceedings of the 22nd ACM SIGKDD international conference on knowledge discovery and data mining. 2016.

❏ Baniecki, Hubert, et al. Dalex: responsible machine learning with interactive explainability and fairness in Python. The Journal of Machine Learning Research 22.1 (2021): 9759-9765.

❏ Yang, Wenzhuo, et al. OmniXAI: A Library for Explainable AI. arXiv preprint arXiv:2206.01612 (2022).

❏ Hima Lakkaraju, Julius Adebayo, Sameer Singh, AAAI 2021 Tutorial on Explaining Machine Learning Predictions.

❏ Mothilal, Ramaravind K., Amit Sharma, and Chenhao Tan. Explaining machine learning classifiers through diverse counterfactual explanations. Proceedings of the 2020 conference on fairness, accountability, and transparency. 2020.

第 7 章　减少偏差并实现公平性

正如我们在第 3 章"为实现负责任的人工智能而进行调试"中讨论的那样，在不同行业中使用机器学习时，公平性是一个重要主题。本章将介绍一些在机器学习设置中广泛使用的公平性概念和定义，以及如何使用公平性和可解释性 Python 库，这些库旨在帮助你评估和提高模型的公平性。

本章包含许多图形和代码示例，可帮助你更好地理解这些概念并从中受益。请注意，虽然仅仅一个章节的内容还不足以让你成为公平性主题方面的专家，但本章将为你提供必要的知识和工具，以便你在项目中开始实践该主题。你还可以通过专用于机器学习公平性的更高级资源来了解有关此主题的更多信息。

本章包含以下主题：

❑　机器学习建模中的公平性。

❑　偏差的来源。

❑　使用可解释性技术。

❑　Python 中的公平性评估和改进。

在阅读完本章之后，你将了解一些可用于评估模型的公平性并减少模型中偏差的技术细节和 Python 工具。你还将用到在第 6 章"机器学习建模中的可解释性和可理解性"中掌握的机器学习可解释性技术。

7.1　技　术　要　求

学习本章需要满足以下要求，以帮助你更好地理解概念并能够在项目中使用它们，利用提供的代码进行练习。

❑　Python 库要求：

➢　sklearn >= 1.2.2。

➢　numpy >= 1.22.4。

➢　pytest >= 7.2.2。

➢　shap >= 0.41.0。

➢　aif360 >= 0.5.0。

➢　fairlearn >= 0.8.0。

❑　掌握上一章讨论的机器学习可解释性概念的基础知识。

你可以在本书配套 GitHub 存储库中找到本章的代码文件，其网址如下：

https://github.com/PacktPublishing/Debugging-Machine-Learning-Models-with-Python/tree/main/Chapter07

7.2　机器学习建模中的公平性

为了评估机器学习建模中的公平性，我们需要考虑一些具体因素，然后使用适当的指标来量化模型中的公平性。表 7.1 提供了一些评估或实现机器学习建模中公平性的注意事项、定义和方法，列出了机器学习和人工智能公平性的一些重要主题和考虑因素。在这里我们将人口平等（demographic parity）、概率均等（equality of odd）以及机会平等（equality of opportunity）的数学定义作为不同的群体公平定义。群体公平定义确保具有共同属性和特征的群体而不是个人的公平。

表 7.1　机器学习和人工智能公平性的一些重要主题和考虑因素

公平性主题	描　　述
人口平等	确保预测不依赖于给定的敏感属性，例如种族、性别或人种
概率均等	确保预测对给定敏感属性（例如给定真实输出的种族、性别或人种）的独立性
机会平等	确保为个人或群体提供平等的机会
个人公平性	确保对个人而不是具有共同属性的群体的公平
一致性	不仅在相似的数据点或用户之间，而且在不同时间之间提供决策的一致性
透过无意识实现的公平性	如果在决策中对敏感属性是无意识的，即可实现公平性
通过透明度实现公平性	通过透明度提高公平性，通过可解释性建立对模型的信任

7.2.1　人口平等

人口平等是一种群体公平定义，可确保模型的预测不依赖于给定的敏感属性，例如种族或性别。从数学上来说，我们可以将其定义为对于给定属性的不同群体预测一个类（例如 C_i）的概率相等，如下所示：

$$P(C = C_i \mid G = g_1) = P(C = C_i \mid G = g_2)$$

为了更好地理解人口平等的含义，我们可以考虑以下例子，这些例子均满足人口平等的公平性要求。

❑ 替代制裁的惩教罪犯管理分析（correctional offender management profiling for alternative sanctions，COMPAS）中每个种族群体的保释被拒绝百分比相同。在第 1 章"超越代码调试"中介绍过 COMPAS。

❑ 男性和女性贷款申请的接受率相同。

❑ 贫困家庭成员和富裕家庭成员住院的可能性相同。在第 3 章"为实现负责任的人工智能而进行调试"中介绍过这个问题。

差异影响比（disparate impact ratio，DIR）是一种基于人口平等来量化平等性的偏离情况的指标：

$$\text{DIR} = \frac{P(C=1|G=g_1)}{P(C=1|G=g_2)}$$

DIR 值的范围是[0, ∞)，其中，值为 1 表示满足人口平等，而偏向更高或更低的值则表示偏离基于此定义的公平性。考虑到我们在上述公式的分子中使用的群体，大于和小于 1 的 DIR 值分别称为负偏差（negative bias）和正偏差（positive bias）。

尽管人口平等对于公平很重要，但它也有其局限性。例如，就数据本身的 DIR 而言（即不同群体之间的类流行率差异），完美的模型将无法满足人口平等标准。此外，它并不反映每个群体的预测质量。

7.2.2　概率均等

一些定义有助于我们改进公平性评估。概率均等就是这样的定义之一。当给定的预测独立于给定敏感属性和实际输出的群体时，即满足概率均等：

$$P(\hat{y}|y,G=g_1) = P(\hat{y}|y,G=g_2) = P(\hat{y}|y)$$

7.2.3　机会平等

机会平等的定义与概率均等非常相似，概率均等评估有关给定实际输出的群体的预测的独立性，而机会平等关注的是真实值的特定标签。一般来说，正类被认为是目标类，代表为个人提供的机会，例如入学或获得高薪。以下是机会平等的公式：

$$P(\hat{y}|y=1,G=g_1) = P(\hat{y}|y=1,G=g_2) = P(\hat{y}|y=1)$$

根据这些公平性的概念，每个公式都会给你不同的结果。你需要考虑不同概念之间的差异，以便不会仅根据一种定义来概括公平性。

7.2.4　敏感变量的代理

评估机器学习模型公平性的挑战之一是性别和种族等敏感属性的代理的存在。这些代理可能是生成模型输出的主要贡献者之一，并可能导致模型对特定群体产生偏见。但是，我们不能简单地删除它们，因为这可能会对性能产生重大影响。

表 7.2 提供了针对不同敏感属性的代理的一些示例（详见 7.8 节"参考文献"：Caton and Haas，2020）。

表 7.2　公平性背景下一些重要敏感变量的代理的示例

敏 感 变 量	代 理 示 例
性别	受教育水平、工资和收入（在某些国家/地区）、职业、重罪指控历史、用户生成内容中的关键字（例如，简历或社交媒体中）、是否是大学教员等
种族	重罪指控的历史、用户生成内容中的关键字（例如，简历或社交媒体中）、邮政编码
残障人士	行走速度、眼球运动、身体姿势
婚姻状况	受教育水平、工资和收入（在某些国家/地区）以及房屋面积和卧室数量
年龄	用户生成内容中的关键字（例如，在简历或社交媒体中）

现在你已经了解了公平的重要性以及本主题下的一些重要定义，接下来，让我们探索一些可能不利于你在模型中实现公平性目标的偏差来源。

7.3　偏差的来源

机器学习生命周期中有不同的偏差来源。例如：

❑　在已经收集的数据中可能存在偏差。

❑　在数据二次采样、清洗和过滤中可能会产生偏差。

❑　在模型训练和选择过程中可能引入偏差。

接下来，我们将讨论此类来源的示例，以帮助你更好地了解如何在机器学习项目的整个生命周期中避免或检测到此类偏差。

7.3.1　数据生成和收集中引入的偏差

默认情况下，即使在建模开始之前，我们输入模型的数据也可能存在偏差。

此类偏差的第一个来源是数据集大小问题。数据集其实可以被视为更大总体的一个样本。例如，对 100 名学生进行调查获得的数据集或包含银行 200 名客户的贷款申请信息的数据集。这些数据集规模较小，可能会增加出现偏差的可能性。

让我们通过简单的随机数据生成来模拟这一点。

现在可以编写一个函数，使用 np.random.randint() 生成两个随机二进制值向量，然后计算两组 0 和 1 之间的 DIR。

```
np.random.seed(42)
def disparate_impact_randomsample(sample_size,
    sampling_num = 100): disparate_impact = []
    for sam_iter in range(0, sampling_num):
        # 生成 0 和 1 的随机数组
        # 将它们视为具有不同优先级的两个组（例如，男性与女性）
        group_category = np.random.randint(2,
            size=sample_size)
    # 生成 0 和 1 的随机数组
    # 将它们作为输出标签（例如，是否批准贷款申请）
    output_labels = np.random.randint(2, size=sample_size)
    group0_label1 = [iter for iter in range(0, len(
        group_category)) if group_category[iter] == 0
        and output_labels[iter] == 1]
    group1_label1 = [iter for iter in range(0, len(
        group_category)) if group_category[iter] == 1 and
        output_labels[iter] == 1]
    # 计算差异影响比
    disparate_impact.append(len
        (group1_label1)/len(group0_label1))
    return disparate_impact
```

现在让我们使用这个函数来计算 1000 个不同大小的不同群体的 DIR，这些群体分别包括 50、100、1000、10000 和 1000000 个数据点。

```
sample_size_list = [50, 100, 1000, 10000, 1000000]
disparate_impact_list = []
for sample_size_iter in sample_size_list:
    disparate_impact_list.append(
        disparate_impact_randomsample(
            sample_size = sample_size_iter,
            sampling_num = 1000))
```

如图 7.1 所示的箱线图显示了不同样本大小的 DIR 分布。你可以看到，较小的样本量具有较宽的分布，涵盖了非常低或非常高的 DIR 值，与理想情况 1 相差甚远。

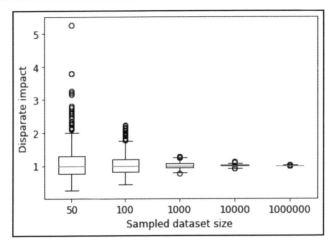

图 7.1　不同采样规模的 DIR 分布

我们还可以计算不同大小的样本组未通过 DIR 特定阈值（例如 >=0.8 且 <=1.2）的百分比。如图 7.2 所示，数据集的规模越大，在给定敏感属性的情况下，数据集出现正偏差或负偏差的可能性就越小。

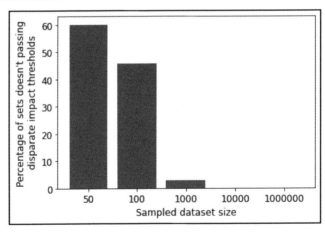

图 7.2　未通过 DIR 阈值的样本组百分比

数据集中现有的偏差可能不仅仅是小样本造成的。

例如，假设你要训练一个模型来预测一个人是否最终会进入 STEM 领域——STEM 是科学（science）、技术（technology）、工程（engineering）和数学（math）的缩写，那么你必须考虑到的一种现实情况是，1970—2019 年，在诸如工程和数学之类的领域的相应数据中，男性相对女性的比例确实是不平衡的（见图 7.3）。

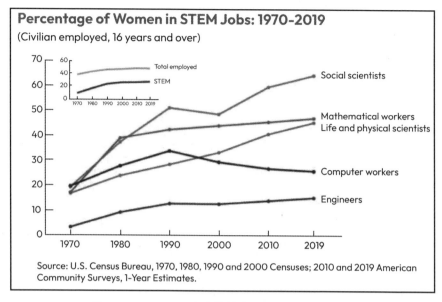

图 7.3 1970—2019 年女性从事 STEM 工作的百分比

多年来，女性工程师的比例不到 20%，一方面是因为她们对此领域的兴趣较低，另一方面是招聘过程中存在偏见或社会刻板印象，导致该领域工人的数据存在偏差。如果在数据处理和建模任务中没有公平地纠正这一问题，则可能会导致预测男性进入 STEM 的机会高于女性，尽管有些女性也很有这方面的天赋、知识和经验。

数据中还存在另一类内在偏差，在开发机器学习模型时需要考虑这一点。例如，男性也有不到 1% 的乳腺癌病例发生。有关详细信息，可访问：

www.breastcancer.org

男性和女性之间的患病率差异并不是由数据生成或收集中的任何偏差或社会中存在的偏见造成的。这是男性和女性乳腺癌患病率的自然差异。但如果你负责开发机器学习模型来诊断乳腺癌，那么男性出现假阴性（即诊断未患乳腺癌）的可能性很高。反过来说，如果你的模型没有考虑到女性患病率高于男性，那么它在男性乳腺癌诊断方面就不是一个公平的模型。总之，这是一个清晰认识这种偏差的高级示例。此外，构建用于癌症诊断的机器学习工具还有许多其他考虑因素。

7.3.2 模型训练和测试中的偏差

如果数据集对于不同性别、不同种族或其他不同敏感属性的任何类型的偏差存在高度不平衡的样本，则由于相应的机器学习算法需要使用这些特征来预测数据点的结果，模型也可能会存在偏差。

例如，我们的模型可能高度依赖敏感属性或其代理（见表 7.2）。这是模型选择时的一个重要考虑因素。在模型选择过程中，我们需要在训练好的模型中选择一个具有不同方法或方法相同但超参数不同的模型，以推动进一步的测试。

如果我们仅根据性能做出决策，那么可能会选择一个不公平的模型。如果我们有敏感属性，并且这些模型将直接或间接影响不同群体的个体，那么在模型选择过程中就需要同时考虑公平性和性能。

7.3.3　生产环境中的偏差

由于训练、测试和生产之间数据分布的差异，生产环境中可能会出现偏差和不公平。例如，女性和男性在生产阶段可能存在一些差异，而这些差异在训练和测试数据中并不存在。这种情况可能会导致在生产环境中出现偏差，而这些偏差在生命周期的先前阶段可能无法检测到。在第 11 章"避免数据漂移和概念漂移"中将更详细地讨论此类差异。

接下来我们要做的就是练习如何通过使用一些技术和 Python 库，检测和消除模型偏差。首先将练习使用第 6 章"机器学习建模中的可解释性和可理解性"中介绍的可解释性技术。

7.4　使用可解释性技术

我们可以使用可解释性技术来识别模型中的潜在偏差，然后计划改进它们以实现公平性。本节将使用 SHAP 来实践这个概念，并在第 6 章"机器学习建模中的可解释性和可理解性"中使用过的加利福尼亚大学尔湾分校的成人收入数据集中找到男性和女性群体之间的公平性问题。

7.4.1　查看整体数据集的 SHAP 汇总图

我们将使用上一章中对成人收入数据进行训练的 XGBoost 模型构建的相同 SHAP 解释器对象，在如图 7.4 所示的条形图中，可以看到整个数据集对性别的依赖性较低（但却不可忽略），即使在错误预测的数据点中也是如此。

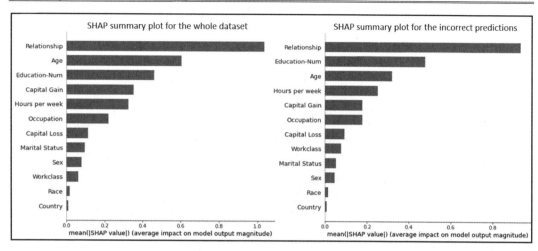

图 7.4　成人收入数据集的 SHAP 汇总图和错误预测的数据点的 SHAP 汇总图

7.4.2　找到要分析偏差的特征

现在可以提取每个性别组中错误分类的数据点的比例，如下所示：

```
X_WithPred.groupby(['Sex', 'Correct Prediction']).size().unstack(fill_
value=0)
```

这将产生如图 7.5 所示的结果。

Correct Prediction	False	True
Sex		
0	689	10082
1	3644	18146

图 7.5　正确和错误预测中男性和女性的数量

可以看到，女性和男性组的错误分类百分比分别为 6.83% 和 20.08%。测试集中仅男性和女性组的模型预测的 ROC-AUC 分别为 0.90 和 0.94。

7.4.3　进行特征之间的相关性分析

可以考虑将识别特征之间的相关性作为识别代理的方法和消除模型中偏差的潜在方法。以下代码和热图（heatmap）显示了该数据集的特征之间的相关性。

```
corr_features = X.corr()
corr_features.style.background_gradient(cmap='coolwarm')
```

其输出如图 7.6 所示。

	Age	Workclass	Education-Num	Marital Status	Occupation	Relationship	Race	Sex	Capital Gain	Capital Loss	per week	Country
Age	1.000000	0.003787	0.036527	-0.266288	-0.020947	0.092767	0.028718	0.088832	0.077674	0.057775	0.068756	-0.001151
Workclass	0.003787	1.000000	0.052085	-0.064731	0.254892	0.038873	0.049742	0.095981	0.033835	0.012216	0.138962	-0.007690
Education-Num	0.036527	0.052085	1.000000	-0.069304	0.109697	0.019554	0.031838	0.012280	0.122630	0.079923	0.148123	0.050840
Marital Status	-0.266288	-0.064731	-0.069304	1.000000	-0.009654	-0.223729	-0.068013	-0.129314	-0.043393	-0.034187	-0.190519	-0.023819
Occupation	-0.020947	0.254892	0.109697	-0.009654	1.000000	0.020417	0.006763	0.080296	0.025505	0.017987	0.080383	-0.012543
Relationship	0.092767	0.038873	0.019554	-0.223729	0.020417	1.000000	0.063248	0.326166	0.058407	0.053343	0.065066	0.004677
Race	0.028718	0.049742	0.031838	-0.068013	0.006763	0.063248	1.000000	0.087204	0.011145	0.018899	0.041910	0.137852
Sex	0.088832	0.095981	0.012280	-0.129314	0.080296	0.326166	0.087204	1.000000	0.048480	0.045567	0.229309	-0.008119
Capital Gain	0.077674	0.033835	0.122630	-0.043393	0.025505	0.058407	0.011145	0.048480	1.000000	-0.031615	0.078409	-0.001982
Capital Loss	0.057775	0.012216	0.079923	-0.034187	0.017987	0.053343	0.018899	0.045567	-0.031615	1.000000	0.054256	0.000419
Hours per week	0.068756	0.138962	0.148123	-0.190519	0.080383	0.065066	0.041910	0.229309	0.078409	0.054256	1.000000	-0.002671
Country	-0.001151	-0.007690	0.050840	-0.023819	-0.012543	0.004677	0.137852	-0.008119	-0.001982	0.000419	-0.002671	1.000000

图 7.6　成人收入数据集特征之间的相关性 DataFrame

当然，使用这种相关性分析作为解决代理识别问题的方法，或者用于过滤特征以提高性能，也存在缺点。以下是其中两个缺点。

❑ 需要考虑每对特征的适当相关性度量。例如，皮尔逊相关性（Pearson correlation）不能用于所有特征对，因为每对特征对的数据分布必须满足该方法的假设。两个变量都需要遵循正态分布，并且数据不应有任何异常值，这是正确使用皮尔逊相关性的两个假设。这意味着要正确使用特征相关性分析方法，需要使用适当的相关性度量来比较特征。非参数统计测量（例如斯皮尔曼秩相关系数）可能更合适，因为它在不同变量对中通常不使用假设（详见 4.2.2 节"回归"）。

❑ 并非所有数值都具有相同的含义。有些特征是分类特征，只是通过不同的方法转化为数值特征。性别就是这样的特征之一。值 0 和 1 可用于代表女性和男性群体，但它们没有任何可以在年龄或工资等数字特征中找到的数字含义。

SHAP 等可解释性技术会揭示敏感属性的依赖性及其对数据点结果的贡献程度。但是，默认情况下，它们不提供改进模型公平性的方法。在这个例子中，我们可以尝试将数据分为男性和女性组进行训练和测试。

7.4.4　对特征进行可解释性分析

以下代码展示了针对女性组的可解释性分析方法。同样，可以对男性组重复此操作，方法是将训练和测试的输入和输出数据拆分开，将 Sex（性别）特征设置为 1。

为男性和女性组分别构建的模型获得的 ROC-AUC 分别为 0.90 和 0.93，这与没有分组的情况下的性能几乎相同。

```python
X_train = X_train.reset_index(drop=True)
X_test = X_test.reset_index(drop=True)

# 仅为女性分类训练模型
# 此数据集中 Sex（性别）分类值为 0
X_train_only0 = X_train[X_train['Sex'] == 0]
X_test_only0 = X_test[X_test['Sex'] == 0]
X_only0 = X[X['Sex'] == 0]
y_train_only0 = [y_train[iter] for iter in X_train.index[
    X_train['Sex'] == 0].tolist()]
y_test_only0 = [y_test[iter] for iter in X_test.index[
    X_test['Sex'] == 0].tolist()]

# 初始化 XGBoost 模型
xgb_model = xgboost.XGBClassifier(random_state=42)

# 使用训练数据拟合 XGBoost 模型
xgb_model.fit(X_train_only0, y_train_only0)

# 计算预测结果的 ROC-AUC
print("ROC-AUC of predictions:
    {}".format(roc_auc_score(y_test_only0,
        xgb_model.predict_proba(X_test_only0)[:, 1])))
# 生成树解释器
explainer_xgb = shap.TreeExplainer(xgb_model)

# 从解释器对象提取 SHAP 值
shap_values_xgb = explainer_xgb.shap_values(X_only0)

# 创建 SHAP 蜂群图（即 SHAP 总结图）
shap.summary_plot(shap_values_xgb, X_only0,
    plot_type="bar")
```

我们并没有从模型中删除 Sex（性别）特征，此特征无法提高模型的性能，因为每个模型的数据点上此特征的值之间没有差异。如图 7.7 所示的条形图中的 Shapley 值为零也表明了这一点。

这种根据敏感属性划分群体的方法虽然有时被视为一种可以采取的做法，但并不是处理公平问题的理想方法。这可能不是一种有效的方法，因为该模型可能高度依赖其他敏感特征。此外，我们无法根据数据集中所有敏感属性的所有组合将数据拆分为小块。有一些公平性工具不仅可以帮助你评估公平性和检测偏差，还可以帮助你选择更好地满足公平概念的模型。

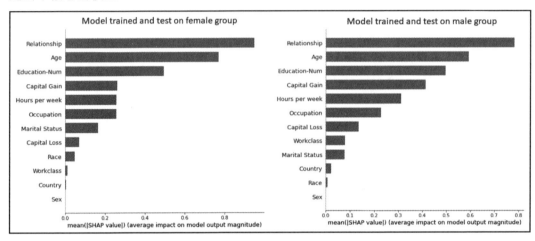

图 7.7　分别在女性和男性分组上训练和测试的模型的 SHAP 总结图

除了用于可解释性的库，还有专门为机器学习建模的公平性检测和改进而设计的 Python 库，这也是接下来我们将要讨论的主题。

7.5　Python 中的公平性评估和改进

到目前为止，在评估模型的公平性方面，还没有广泛使用的 Python 库。这意味着该领域还处于前沿探索阶段。

7.5.1　提供了机器学习公平性相关功能的 Python 库

表 7.3 列出了目前可用的一些库，可以使用这些库根据你想要或已用于建模的数据集中的不同敏感属性来确定模型是否满足公平性定义。

表 7.3　具有机器学习公平性相关功能的 Python 库或存储库

库	用于导入和安装的库名称	网　　址
IBM AI Fairness 360	aif360	https://pypi.org/project/aif360/
Fairlearn	fairlearn	https://pypi.org/project/fairlearn/
Black Box Auditing	BlackBoxAuditing	https://pypi.org/project/BlackBoxAuditing/

续表

库	用于导入和安装的库名称	网　　址
Aequitas	aequitas	https://pypi.org/project/aequitas/
Responsible AI Toolbox	responsibleai	https://pypi.org/project/responsibleai/
Responsibly	responsibly	https://pypi.org/project/responsibly/
Amazon Sagemaker Clarify	smclarify	https://pypi.org/project/smclarify/
Fairness-aware machine learning	fairness	https://pypi.org/project/fairness/
Bias correction	biascorrection	https://pypi.org/project/biascorrection/

7.5.2　计算敏感特征的差异影响比

首先，加载成人收入数据集，导入所需的库后，准备训练集和测试集，示例如下：

```
# 加载 UCI 成人收入数据集
# 创建分类任务，预测 20 世纪 90 年代人们的收入是否超过 5 万元
X,y = shap.datasets.adult()

# 将数据拆分为训练集和测试集
X_train, X_test, y_train, y_test = train_test_split(
    X, y, test_size = 0.3, random_state=10)

# 使用 Sex（性别）作为索引创建 y 值的 DataFrame
y_train = pd.DataFrame({'label': y_train},
    index = X_train['Sex'])
y_test = pd.DataFrame({'label': y_test},
    index = X_test['Sex'])
```

现在可以训练和测试 XGBoost 模型：

```
xgb_model = xgboost.XGBClassifier(random_state=42)

# 使用训练集拟合 XGBoost 模型
xgb_model.fit(X_train, y_train)

# 计算预测结果的 ROC-AUC
print("ROC-AUC of predictions:
    {}".format(roc_auc_score(y_test,
        xgb_model.predict_proba(X_test)[:, 1])))

# 生成测试集的预测结果
y_pred_train = xgb_model.predict(X_train)
y_pred_test = xgb_model.predict(X_test)
```

在这里，我们可以使用 aif360 根据 Sex（性别）特征计算训练和测试数据中真实结果和预测结果的 DIR：

```
# 计算差异影响比（DIR）
di_train_orig = disparate_impact_ratio(y_train,
    prot_attr='Sex', priv_group=1, pos_label=True)
di_test_orig = disparate_impact_ratio(y_test,
    prot_attr='Sex', priv_group=1, pos_label=True)
di_train = disparate_impact_ratio(y_train, y_pred_train,
    prot_attr='Sex', priv_group=1, pos_label=True)
di_test = disparate_impact_ratio(y_test, y_pred_test,
    prot_attr='Sex', priv_group=1, pos_label=True)
```

如图 7.8 所示，该预测使训练集和测试集的 DIR 变得更差。

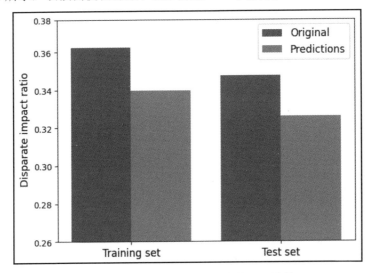

图 7.8　原始数据和预测输出中的 DIR 比较

7.5.3　使用拒绝选项分类

我们可以使用拒绝选项分类（reject option classification）作为 aif360 中的可用类别来改进模型以实现公平性。拒绝选项分类是一种后处理技术，它在不确定性最高的决策边界周围的置信区中为非特权群体提供有利的结果，为特权群体提供不利的结果（详见 7.8 节"参考文献"：Kamira et al.，2012）。有关拒绝选项分类的更多解释，可访问：

https://aif360.readthedocs.io/

首先，导入在 Python 中执行此操作所需的所有必要的库和功能：

```
# 导入拒绝选项分类功能
# 它是一种后处理技术
# 将在不确定性最高的决策边界周围的置信区中为非特权群体提供有利的结果
# 为特权群体提供不利的结果
from aif360.sklearn.postprocessing import RejectOptionClassifierCV

# 导入 PostProcessingMeta，这是一个元估计器
# 它将用后处理步骤封装给定的估计器

# 从 aif360 库获取成人数据集
X, y, sample_weight = fetch_adult()
X.index = pd.MultiIndex.from_arrays(X.index.codes,
    names=X.index.names)
y.index = pd.MultiIndex.from_arrays(y.index.codes,
    names=y.index.names)
y = pd.Series(y.factorize(sort=True)[0], index=y.index)
X = pd.get_dummies(X)
```

然后，可以使用 RejectOptionClassifierCV()在 aif360 中提供的成人数据集上训练和验证随机森林分类器。这里从 XGBoost 切换到随机森林只是为了练习不同的模型。

值得一提的是，本示例需要将 PostProcessingMeta()对象与初始随机森林模型和 RejectOptionClassifierCV()相匹配。Sex（性别）被认为是该过程中的敏感特征。

```
metric = 'disparate_impact'
ppm = PostProcessingMeta(RF(n_estimators = 10,
    random_state = 42),
    RejectOptionClassifierCV('sex', scoring=metric,
        step=0.02, n_jobs=-1))
ppm.fit(X, y)
```

最后，我们可以绘制网格搜索中不同尝试的平衡准确率和 DIR，以显示最佳选择的参数。最佳选择的参数在图 7.9 中显示为散点图中的星号点。青色的点显示了平衡准确率和 DIR 之间权衡的帕累托前沿（Pareto front）。

正如你所看到的，在这种情况下，模型的性能和公平性之间存在着妥协折中。在本示例中，性能下降不到 4% 就会导致 DIR 从低于 0.4 提高到 0.8。

正如你在此示例中看到的，我们可以使用 aif360 来评估公平性并提高模型的公平性，而且性能损失很小。

你可以类似地使用 Python 中的其他库。我们所介绍的每个库都有其针对机器学习建

模的公平性评估和改进这两个目标的功能。

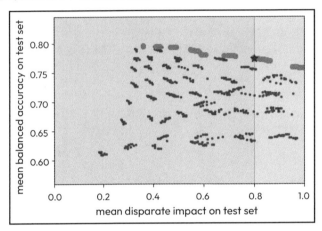

图 7.9　网格搜索中的平衡准确率与 DIR

　　本章所讨论的内容只是机器学习公平性主题的冰山一角。你可以尝试不同的库和技术，并在实践中了解它们。

<h2 style="text-align:center">7.6　小　　结</h2>

　　本章阐释了更多有关机器学习时代公平性的概念，以及评估模型公平性的指标、定义和挑战。我们讨论了性别和种族等敏感属性的代理示例，还介绍了可能的偏差来源，例如数据收集或模型训练过程中产生的偏差。

　　本章还介绍和演示了如何使用 Python 库实现模型的可解释性和公平性，以评估模型的公平性或改进其公平性，避免预测结果中的偏见，这些偏见不仅有违道德，而且可能会给组织带来法律和财务后果。

　　在下一章中，我们将了解测试驱动的开发以及单元测试和差异测试等概念，还将讨论机器学习实验跟踪，以及它如何帮助我们避免模型在训练、测试和选择过程中出现问题。

<h2 style="text-align:center">7.7　思　考　题</h2>

　　（1）公平性是否仅取决于可观察到的特征？

　　（2）性别的代理特征有哪些示例？

（3）如果一种模型就人口平等而言是公平的，那么它在其他公平概念（例如概率均等）方面是否也是公平的？

（4）人口平等和概率均等作为两个公平指标有何区别？

（5）如果你的模型中有"性别"这一特征，并且你的模型对此特征的依赖性较低，那么这是否意味着你的模型在不同性别群体中是公平的？

（6）如何使用可解释性技术来评估模型的公平性？

7.8　参考文献

❑ Barocas, Solon, Moritz Hardt, and Arvind Narayanan. Fairness in machine learning. Nips tutorial 1 (2017): 2017.

❑ Mehrabi, Ninareh, et al. A survey on bias and fairness in machine learning. ACM Computing Surveys (CSUR) 54.6 (2021): 1-35.

❑ Caton, Simon, and Christian Haas. Fairness in machine learning: A survey. arXiv preprint arXiv:2010.04053 (2020).

❑ Pessach, Dana, and Erez Shmueli. A review on fairness in machine learning. ACM Computing Surveys (CSUR) 55.3 (2022): 1-44.

❑ Lechner, Tosca, et al. Impossibility results for fair representations. arXiv preprint arXiv:2107.03483 (2021).

❑ McCalman, Lachlan, et al. Assessing AI fairness in finance. Computer 55.1 (2022): 94-97.

❑ F. Kamiran, A. Karim, and X. Zhang, Decision Theory for Discrimination-Aware Classification. IEEE International Conference on Data Mining, 2012.

第 3 篇

低错误的机器学习开发与部署

本篇将提供一些基本实践指导，以确保机器学习模型的稳健性和可靠性，尤其是在生产环境中。首先，我们将从采用测试驱动的开发开始，说明其在模型开发过程中降低风险的关键作用。其次，我们将深入研究测试技术和模型监控的重要性，以确保模型在部署时保持可靠。再次，我们将解释通过代码、数据和模型版本控制实现机器学习可再现性的技术和挑战。最后，我们还将探讨如何解决数据漂移和概念漂移的问题，以便在生产环境中拥有可靠的模型。

本篇包含以下章节：

- ❏ 第 8 章，使用测试驱动开发以控制风险
- ❏ 第 9 章，生产测试和调试
- ❏ 第 10 章，版本控制和可再现的机器学习建模
- ❏ 第 11 章，避免数据漂移和概念漂移

第 8 章 使用测试驱动开发以控制风险

创建模型和基于模型构建的技术存在一些风险，例如选择了不可靠的模型。问题是，我们能否避免它们并更好地管理与机器学习建模相关的风险？

本章将讨论单元测试等编程策略，它不仅可以帮助我们开发和选择更好的模型，还可以帮助我们降低与建模相关的风险。

本章将讨论以下主题：

❑ 机器学习建模的测试驱动开发。

❑ 机器学习差异测试。

❑ 跟踪机器学习实验。

在阅读完本章之后，你将了解如何使用单元测试和差异测试来降低不可靠建模与软件开发的风险，以及如何在进行机器学习实验跟踪的基础上构建可靠模型。

8.1 技 术 要 求

学习本章需要满足以下要求，以帮助你更好地理解概念并能够在项目中使用它们，利用提供的代码进行练习。

❑ Python 库要求：

➤ pytest >= 7.2.2。

➤ ipytest >= 0.13.0。

➤ mlflow >= 2.1.1。

➤ aif360 >= 0.5.0。

➤ shap >= 0.41.0。

➤ sklearn >= 1.2.2。

➤ numpy >= 1.22.4。

➤ pandas >= 1.4.4。

❑ 你需要具备有关模型偏差和偏差度量的定义方面的基本知识，例如上一章介绍过的差异影响比（disparate impact ratio，DIR）。

你可以在本书配套 GitHub 存储库中找到本章的代码文件，其网址如下：

https://github.com/PacktPublishing/Debugging-Machine-Learning-Models-with-Python/ tree/main/Chapter08

8.2　机器学习建模的测试驱动开发

开发不可靠的模型并将其投入生产环境具有很大的风险，降低这种风险的方法之一是采用测试驱动开发（test-driven development）。

测试驱动开发的目标是设计单元测试（即旨在检验软件的各个组件的测试），以降低相同或不同生命周期内代码修订的风险。为了更好地理解这个概念，我们需要了解什么是单元测试以及如何在 Python 中设计和使用它们。

8.2.1　单元测试

单元测试（unit test）旨在测试我们设计的代码和软件中的最小组件或单元。在机器学习建模中，可能有许多模块负责机器学习生命周期的不同步骤，例如数据管理和整理或模型评估。单元测试有助于避免错误，并设计恰当的代码，而无须担心我们是否犯下无法及早检测到的错误。尽早检测代码中的问题可以降低成本，并帮助我们避免错误堆积，从而使调试过程变得更容易。

Pytest 是一个 Python 测试框架，可以帮助在机器学习编程中设计不同的测试，包括单元测试。接下来就让我们具体看看其功能和操作。

8.2.2　Pytest 的基本操作步骤

Pytest 是一个简单易用的 Python 库，可通过执行以下步骤来设计单元测试。

（1）确定要为其设计单元测试的组件。

（2）定义一个用于测试该组件的小操作。例如，如果该模块是数据处理的一部分，则可以使用非常小的实验数据集（真实的或合成的）来设计测试。

（3）为相应的组件设计一个以 test_ 为名称前缀的函数。

（4）对要为其设计单元测试的代码的所有组件重复步骤（1）到（3）。最好覆盖尽可能多的组件。

在此之后即可使用设计的测试来测试代码中的更改。

8.2.3　确定要为其设计单元测试的组件

按照上面介绍的 Pytest 的基本操作步骤，在使用 Pytest 进行单元测试设计练习之前，需确定要为其设计单元测试的组件。本示例将编写一个函数。假设该函数计算 DIR 并使用 DIR 的输入阈值进行偏差检测，返回 unbiased data（无偏差数据）或 biased data（有偏差数据）的检测结果。具体示例如下：

```python
import pandas as pd
from aif360.sklearn.metrics import disparate_impact_ratio

def dir_grouping(data_df: pd.DataFrame,
    sensitive_attr: str, priviledge_group,
    dir_threshold = {'high': 1.2, 'low': 0.8}):
        """
        Categorizing data as fair or unfair according to DIR

        :param data_df: Dataframe of dataset
        :param sensitive_attr: Sensitive attribute under investigation
        :priviledge_group: The category in the sensitive attribute
that needs to be considered as priviledged
        :param dir_threshold:
        """
    dir = disparate_impact_ratio(data_df,
        prot_attr=sensitive_attr,
        priv_group=priviledge_group, pos_label=True)
    if dir < dir_threshold['high'] and dir > dir_threshold[
        'low']:
        assessment = "unbiased data"
    else:
        assessment = "biased data"

    return assessment
```

现在我们已经定义了此函数的示例用法以用于单元测试设计，可以选择数据集的前 100 行并计算 DIR。

```python
# 计算 shap 库中成人收入数据子集的 DIR
import shap
X,y = shap.datasets.adult()
X = X.set_index('Sex')
X_subset = X.iloc[0:100,]
```

根据计算出的 DIR，该数据子集在 Sex（性别）特征方面存在偏差。

8.2.4 定义单元测试函数

为了设计单元测试，我们需要导入 pytest 库。但如果你正在使用 Jupyter Notebook 或 Colab Notebook 进行原型设计，则可以使用 ipytest 来测试你的代码。

```
import pytest
# 如果你正在使用 Jupyter Notebook 或 Colab Notebook
# 则可以使用 ipytest
import ipytest
ipytest.autoconfig()
```

如果我们在 Jupyter Notebook 或 Colab Notebook 中使用 pytest 并且想要使用 ipytest 运行测试，则必须添加 %%ipytest-qq。然后，我们可以定义单元测试函数 test_dir_grouping()，具体如下所示：

```
%%ipytest -qq

def test_dir_grouping():
    bias_assessment = dir_grouping(data_df = X_subset,
        sensitive_attr = 'Sex',priviledge_group = 1,
        dir_threshold = {'high':1.2, 'low': 0.8})

    assert bias_assessment == "biased data"
```

对于数据集的前 100 行，assert 命令将检查 dir_grouping() 函数的结果是否为 biased data（有偏差数据），正如我们之前的分析所认为的那样。如果结果不同，则测试失败。

8.2.5 运行 Pytest

当你准备好软件组件的所有单元测试时，即可在命令行界面（command-line interface，CLI）中针对特定模块、目录或所有测试运行 Pytest。有关详细信息，可访问：

https://docs.pytest.org/en/7.1.x/how-to/usage.html

例如，如果你在名为 test_script.py 的 Python 脚本中编写了 test_dir_grouping（如前面的代码所示），则只能按如下方式测试该脚本：

```
pytest test_script.py
```

或者，你也可以在特定目录中运行 Pytest。如果你的代码库包含许多不同的模块，则可以根据主函数和类的分组来组织测试，然后测试每个目录，如下所示：

```
# "testdir" 应该是一个包含测试脚本的目录
pytest testdir/
```

相反，如果你只是运行 Pytest，那么它将执行当前目录及其子目录下的所有名为 test_*.py 或*_test.py 的文件中的所有测试：

```
pytest
```

你还可以使用 Python 解释器以通过 Pytest 执行测试：

```
python -m pytest
```

如果你使用的是 Jupyter Notebook 或 Colab Notebook 并使用过 ipytest，则可以按以下方式运行 Pytest：

```
ipytest.run()
```

现在，假设我们以上述方式之一执行设计的 test_dir_grouping()函数。当测试通过时，将看到类似图 8.1 所示的消息，它告诉我们测试已 100%通过。这是因为我们只进行了一项测试并且该测试通过了。

```
.                                                    [100%]
1 passed in 0.02s
<ExitCode.OK: 0>
```

图 8.1　当设计的测试通过时 Pytest 的输出

如果我们错误地将 dir_grouping()函数中的 assessment = "biased data"更改为 assessment = "unbiased data"，则会得到如图 8.2 所示的结果，这告诉我们测试 100%失败了。这是因为本示例只进行了一项测试，并且该测试失败了。

```
F                                                                    [100%]
============================================ FAILURES ============================================
_____ test_dir_grouping _____

    def test_dir_grouping():

        bias_assessment = dir_grouping(data_df = X_subset,
                                       sensitive_attr = 'Sex',
                                       priviledge_group = 1,
                                       dir_threshold = {'high': 1.2, 'low': 0.8})

>       assert bias_assessment == "biased data"
E       AssertionError: assert 'unbiased data' == 'biased data'
E         - biased data
E         + unbiased data
E         ? ++

<ipython-input-6-5ca48f4fae8d>:8: AssertionError
============================ short test summary info ============================
FAILED t_9e92c882a9524464809ba00d9adb50e5.py::test_dir_grouping - AssertionError: assert 'unbiased data' == 'biased data'
1 failed in 0.04s
<ExitCode.TESTS_FAILED: 1>
```

图 8.2　运行 Pytest 后的失败消息

Pytest 中的失败消息包含一些我们可以用来调试代码的补充信息。在本示例中，它告诉我们，在 test_dir_grouping()中，它试图用 biased data（有偏差数据）来断言 test_dir_grouping()的输出，即 unbiased data（无偏差数据）。

8.2.6　Pytest 固定装置

在进行数据分析和机器学习建模编程时，我们需要使用不同变量或数据对象中的数据、来自本地计算机或云中的文件、来自数据库查询的结果或来自测试中的 URL 的数据。固定装置（fixture）可以在这些过程中帮助我们消除在测试中重复相同代码的需要。

将固定装置函数附加到测试，将会运行它并在每个测试运行之前将数据返回到测试。在这里，我们使用了 Pytest 文档页面上提供的固定装置示例，有关详细信息，可访问：

https://docs.pytest.org/en/7.1.x/how-to/fixtures.html

首先，定义两个非常简单的类，称为 Fruit 和 FruitSalad：

```
# 使用 Pytest 固定装置的示例
# https://docs.pytest.org/en/7.1.x/how-to/fixtures.html
class Fruit:
    def __init__(self, name):
        self.name = name
        self.cubed = False

    def cube(self):
        self.cubed = True


class FruitSalad:
    def __init__(self, *fruit_bowl):
        self.fruit = fruit_bowl
        self._cube_fruit()

    def _cube_fruit(self):
        for fruit in self.fruit:
            fruit.cube()
```

使用 Pytest 时，它会查看测试函数签名中的参数，并查找与这些参数同名的固定装置。然后，Pytest 会运行这些固定装置，捕获它们返回的内容，并将这些对象作为参数传递给测试函数。

可以通过使用@pytest.fixture 修饰来告知 Pytest，该函数是一个固定装置。

在下面的示例中，当运行测试时，test_fruit_salad 请求 fruit_bowl，Pytest 执行 fruit_bowl

并将返回的对象传递给 test_fruit_salad。

```
# Arrange
@pytest.fixture
def fruit_bowl():
    return [Fruit("apple"), Fruit("banana")]

def test_fruit_salad(fruit_bowl):
    # Act
    fruit_salad = FruitSalad(*fruit_bowl)

    # Assert
    assert all(fruit.cubed for fruit in fruit_salad.fruit)
```

以下是可以帮助我们设计测试的固定装置的一些功能。

❑　固定装置可以请求其他固定装置。这有助于设计更小的固定装置，甚至它也可以用作其他固定装置的一部分来进行更复杂的测试。

❑　固定装置可以在不同的测试中重复使用。它们的工作方式类似于函数，用于不同的测试并具有自己的返回结果。

❑　测试或固定装置一次可以请求多个固定装置。

❑　每次测试可以多次请求固定装置。

在测试驱动开发中，我们的目标是编写可用于生产环境的代码，但在此之前这些代码需要通过设计的单元测试。通过设计的单元测试对代码中的模块和组件进行更高覆盖率的测试，可以帮助我们安心地修改与机器学习生命周期的任何组件相关的代码。

除了单元测试，其他技术（例如差异测试）也可以帮助我们进行可靠的编程和机器学习模型开发，这也是接下来我们将要讨论的主题。

8.3　机器学习差异测试

差异测试（differential testing）的基本思想是，尝试在同一输入上检查一个软件的两个版本（被视为基础版本和测试版本），然后比较输出。这个过程将帮助我们识别输出是否相同并识别意外差异（详见 8.7 节"参考文献"：Gulzar et al.，2019）。

图 8.3 显示了差异测试的简化流程，它实际上是测试相同数据在同一过程的两种实现上的输出的过程。

在差异测试中，基本版本已经被验证并被视为批准版本，而测试版本需要与基本版本进行比较以产生正确的输出。在差异测试中，还可以评估观察到的基础版本和测试版本输出之间的差异是预期的还是可以解释的。

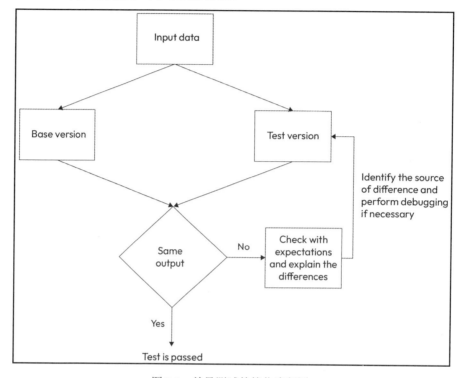

图 8.3　差异测试的简化流程图

原　　　文	译　　　文
Input data	输入数据
Base version	基础版本
Test version	测试版本
Same output	相同输出
Yes	是
Test is passed	测试已通过
No	否
Check with expectations and explain the differences	检查期望值并解释差异
Identify the source of difference and perform debugging if necessary	找到差异的来源并在必要时执行调试

在机器学习建模中，当在相同数据上比较相同算法的两种不同实现时，还可以从差异测试中受益。例如，可以用它来比较使用 scikit-learn 和 Spark MLlib 作为两个不同的机

器学习建模库构建的模型。如果需要使用 scikit-learn 重新创建模型并将其添加到我们的管道中，而原始模型是在 Spark MLlib 中构建的，则可以使用差异测试来评估输出并确保没有差异或差异是预期中的（详见 8.7 节"参考文献"：Herbold and Tunkel，2023）。

表 8.1 提供了一些算法示例以及 scikit-learn 和 Spark MLlib 中可用的类。这些方法已被更广泛地用于比较不同深度学习框架（例如 TensorFlow 和 PyTorch）之间的模型。

表 8.1　scikit-learn 和 Spark MLlib 中的一些重叠算法及其类名称

方法	scikit-learn	Spark MLlib
逻辑回归	LogisticRegression	LogisticRegression
朴素贝叶斯	GaussianNB，MultinomialNB	NaiveBayes
决策树	DecisionTree Classifier	DecisionTreeClassifier
随机森林	RandomForest Classifier	RandomForestClassifier
支持向量机	LinearSVC	LinearSVC
多层感知器	MLPClassifier	MultilayerPerceptron Classifier
梯度提升	GradientBoosting Classifier	GBTClassifier

在机器学习项目开发过程中，除了单元测试和差异测试，还可以采用另一种有效技术，那就是实验跟踪。

8.4　跟踪机器学习实验

跟踪机器学习实验将帮助我们降低无效结论和选择不可靠模型的风险。机器学习中的实验跟踪（experiment tracking）是指保存有关实验的信息，例如已使用的数据、测试性能和用于性能评估的指标，以及用于建模的算法和超参数等。

8.4.1　选择机器学习实验跟踪工具的重要注意事项

以下是选择机器学习实验跟踪工具的一些重要注意事项。

❑　能否将该工具与持续集成/持续开发（continuous integration/continuous development，CI/CD）管道和机器学习建模框架集成在一起？

❑　能否重现实验？

❑　能否轻松地搜索实验以找到最佳模型或者具有不良或意外行为的模型？

❑　该工具会导致任何安全或隐私问题吗？

❑　该工具是否可以帮助你更好地在机器学习项目中进行协作？

❑   该工具是否允许你跟踪硬件（例如内存）消耗情况？

8.4.2   常用的机器学习实验跟踪工具

表 8.2 提供了一些常用的机器学习实验跟踪工具及其网址。

表 8.2   机器学习实验跟踪工具示例

工　具	网　址
MLflow Tracking	https://mlflow.org/docs/latest/tracking.html
DVC	https://dvc.org/doc/use-cases/experiment-tracking
Weights & Biases	https://wandb.ai/site/experiment-tracking
Comet ML	https://www.comet.com/site/products/ml-experiment-tracking/
ClearML	https://clear.ml/clearml-experiment/
Polyaxon	https://polyaxon.com/product/#tracking
TensorBoard	https://www.tensorflow.org/tensorboard
Neptune AI	https://neptune.ai/product/experiment-tracking
SageMaker	https://aws.amazon.com/sagemaker/experiments/

8.4.3   使用 MLflow Tracking

本小节将在 Python 中练习使用 MLflow Tracking。

（1）导入所需的库：

```
import pandas as pd
import numpy as np
from sklearn.metrics import mean_squared_error, roc_auc_score
from sklearn.model_selection import train_test_split
from sklearn.ensemble import RandomForestClassifier as RF
from sklearn.datasets import load_breast_cancer
import mlflow
import mlflow.sklearn
np.random.seed(42)
```

（2）定义一个函数来评估要测试的模型的结果：

```
def eval_metrics(actual, pred, pred_proba):
    rmse = np.sqrt(mean_squared_error(actual, pred))
    roc_auc = roc_auc_score(actual, pred_proba)
    return rmse, roc_auc
```

（3）从 scikit-learn 加载乳腺癌数据集进行建模：

```
X, y = load_breast_cancer(return_X_y=True)
# 按(0.7, 0.3)的比例将数据拆分为训练集和测试集
X_train, X_test, y_train, y_test = train_test_split(X, y,
    test_size = 0.3, random_state=42)
```

（4）使用 mlflow 定义一个实验：

```
experiment_name = "mlflow-randomforest-cancer"
existing_exp = mlflow.get_experiment_by_name(
    experiment_name)
if not existing_exp:
    experiment_id = mlflow.create_experiment(
        experiment_name, artifact_location="...")
else:
    experiment_id = dict(existing_exp)['experiment_id']
mlflow.set_experiment(experiment_name)
```

（5）现在我们可以检查 3 个不同数量的决策树或 3 个不同数量的估计器，以便在加载的乳腺癌数据集上构建、训练和测试 3 个不同的随机森林模型。这 3 个运行的所有信息都将存储在指定的实验中，但它们是不同的运行。正如你在以下代码示例中看到的，我们将在 mlflow 中使用不同的功能。

❑　mlflow.start_run：作为实验的一部分开始运行。

❑　mlflow.log_param：将估计器的数量记录为模型的超参数。

❑　mlflow.log_metric：记录模型在定义的测试集上的性能指标。

❑　mlflow.sklearn.log_model：记录模型。

具体代码示例如下：

```
for idx, n_estimators in enumerate([5, 10, 20]):
    rf = RF(n_estimators = n_estimators, random_state = 42)
    rf.fit(X_train, y_train)

    pred_probs = rf.predict_proba(X_test)
    pred_labels = rf.predict(X_test)
    # 在测试集上计算随机森林模型预测结果的 rmse 和 roc-auc
    rmse, roc_auc = eval_metrics(actual = y_test,
        pred = pred_labels,pred_proba = [
            iter[1]for iter in pred_probs])

    # 启动mlflow
    RUN_NAME = f"run_{idx}"
```

```
with mlflow.start_run(experiment_id=experiment_id,
    run_name=RUN_NAME) as run:
        # 检索运行 id
        RUN_ID = run.info.run_id
    # 跟踪参数
    mlflow.log_param("n_estimators", n_estimators)
    # 跟踪性能指标
    mlflow.log_metric("rmse", rmse)
    # 跟踪性能指标
    mlflow.log_metric("roc_auc", roc_auc)
    # 跟踪模型
    mlflow.sklearn.log_model(rf, "model")
```

（6）可以检索已存储的实验，如下所示：

```
from mlflow.tracking import MlflowClient
esperiment_name = "mlflow-randomforest-cancer"
client = MlflowClient()
# 检索实验信息
experiment_id = client.get_experiment_by_name(
    esperiment_name).experiment_id
```

（7）获得该实验中不同运行的信息：

```
# 检索运行信息 (parameter: 'n_estimators', metric: 'roc_auc')
experiment_info = mlflow.search_runs([experiment_id])

# 提取指定实验的运行 id
runs_id = experiment_info.run_id.values

# 提取不同运行的参数
runs_param = [client.get_run(run_id).data.params[
    "n_estimators"] for run_id in runs_id]

# 提取不同运行的 roc-auc
runs_metric = [client.get_run(run_id).data.metrics[
    "roc_auc"] for run_id in runs_id]
```

（8）还可以根据用于模型测试的指标（本例中为 ROC-AUC）来识别最佳运行：

```
df = mlflow.search_runs([experiment_id],
    order_by=["metrics.roc_auc"])
best_run_id = df.loc[0,'run_id']
best_model_path = client.download_artifacts(best_run_id,
    "model")
```

```
best_model = mlflow.sklearn.load_model(best_model_path)
print("Best model: {}".format(best_model))
```

这会产生以下输出：

```
Best mode: RandomForestClassifier(n_estimators=5,
    random_state=42)
```

（9）如果需要，可以完全删除运行或实验的运行，具体如下所示。但你需要确保希望删除此类信息。

```
# 删除运行（请确认你确实要删除这些运行）
for run_id in runs_id:
    client.delete_run(run_id)

# 删除实验（请确认你确实要删除这些实验）
client.delete_experiment(experiment_id)
```

本节介绍了机器学习设置中的实验跟踪。在接下来的两章中，你将详细了解可用于机器学习项目的更多风险控制技术。

8.5　小　　结

本章详细阐释了测试驱动开发，介绍了如何使用单元测试来控制机器学习开发项目中的风险。你可以了解如何使用 Pytest 库在 Python 中进行单元测试。

本章还简要介绍了差异测试的概念，它可以帮助你比较不同版本的机器学习模块和软件。我们还讨论了模型实验跟踪，它是一个重要的工具，不仅可以为你的模型实验和选择提供方便，还可以帮助你控制机器学习项目的风险。我们练习了在 Python 中使用 MLflow，MLflow 是目前广泛使用的机器学习实验跟踪工具之一。现在你应该知道如何通过测试驱动开发和实验跟踪来开发可靠的模型和编程模块。

在下一章中，你将了解测试模型、评估其质量以及监控其在生产环境中的性能的策略。我们将介绍模型监控、集成测试以及模型管道和基础设施测试的实用方法。

8.6　思　考　题

（1）Pytest 如何帮助你在机器学习项目中开发代码模块？

（2）Pytest 固定装置如何帮助你使用 Pytest？

（3）什么是差异测试？何时需要使用它？

（4）什么是 MLflow？它如何帮助你完成机器学习建模项目？

8.7　参　考　文　献

❑　Herbold, Steffen, and Steffen Tunkel. Differential testing for machine learning: an analysis for classification algorithms beyond deep learning. Empirical Software Engineering 28.2 (2023): 34.

❑　Lichman, M. (2013). UCI Machine Learning Repository [https://archive.ics.uci.edu/ml]. Irvine, CA: University of California, School of Information and Computer Science.

❑　Gulzar, Muhammad Ali, Yongkang Zhu, and Xiaofeng Han. Perception and practices of differential testing. 2019 IEEE/ACM 41st International Conference on Software Engineering: Software Engineering in Practice (ICSE-SEIP). IEEE, 2019.

第 9 章　生产测试和调试

你可能会对训练和测试机器学习模型感到兴奋，而没有考虑过模型在生产环境中的意外行为以及模型如何适应更大的应用场景。大多数学术课程不会详细介绍测试模型、评估其质量以及监控其部署前和生产中性能的策略细节。本章将阐释一些生产测试和调试模型的重要概念和技术。

本章包含以下主题：

❑　基础设施测试。

❑　机器学习管道的集成测试。

❑　监控和验证实时性能。

❑　模型断言。

在阅读完本章之后，你将理解基础设施和集成测试以及模型监控和断言的重要性。你还将学习如何使用相关的 Python 库，以便在项目中受益。

9.1　技　术　要　求

学习本章需要满足以下要求，以帮助你更好地理解概念并能够在项目中使用它们，利用提供的代码进行练习。

❑　Python 库要求：

➢　sklearn >= 1.2.2。

➢　numpy >= 1.22.4。

➢　pytest >= 7.2.2。

❑　你必须具备机器学习生命周期的基本知识。

你可以在本书配套 GitHub 存储库中找到本章的代码文件，其网址如下：

https://github.com/PacktPublishing/Debugging-Machine-Learning-Models-with-Python/tree/main/Chapter09

9.2　基础设施测试

基础设施测试（infrastructure testing）是指验证和确认部署、管理和扩展机器学习模型所涉及的各种组件和系统的过程，包括测试构成支持机器学习工作流程的基础设施的软件、硬件和其他资源。

机器学习中的基础设施测试可帮助你确保有效地训练、部署和维护模型。它将为你在生产环境中提供可靠的模型。定期进行基础设施测试可以帮助你及早发现和修复问题，并降低部署和生产阶段发生故障的风险。

以下是机器学习中基础设施测试的一些重要方面。

❑　数据管道测试：这可以确保负责数据收集、选择和整理的数据管道正确有效地工作。这有助于保证训练、测试和部署机器学习模型的数据质量与一致性。

❑　模型训练和评估：这验证了模型训练过程的功能，例如超参数调整和模型评估。此过程消除了训练和评估中的意外问题，以实现可靠且负责任的模型。

❑　模型部署和服务：这测试了在生产环境中部署经过训练的模型的过程，确保服务基础设施（例如 API 端点）正常工作并且可以处理预期的请求负载。

❑　监控和可观察性：这将测试监控和日志记录系统，提供对机器学习基础设施的性能和行为的洞察。

❑　集成测试：验证机器学习基础设施的所有组件（例如数据管道、模型训练系统和部署平台）是否能够无缝地协同工作且不会发生冲突。

❑　可扩展性测试：评估基础设施根据不断变化的需求（例如增加的数据量、更高的用户流量或更复杂的模型）扩展或缩小的能力。

❑　安全性和合规性测试：确保机器学习基础设施满足必要的安全要求、数据保护法规和隐私标准。

在理解了基础设施测试的重要性之后，接下来让我们深入了解一下可以帮助进行模型部署和基础设施管理的相关工具。

9.2.1　基础设施即代码工具

基础设施即代码（infrastructure as code，IaC）和配置管理工具（例如 Chef、Puppet 和 Ansible）可用于自动化软件和硬件基础设施的部署、配置和管理。这些工具可以帮助我们确保不同环境下的一致性和可靠性。

你可以仔细了解一下 Chef、Puppet 和 Ansible 的工作原理，看看它们如何能够在项目中为你提供帮助。

❑ Chef：这是一个开源配置管理工具，依赖于客户端-服务器模型，其中 Chef 服务器将存储所需的配置，而 Chef 客户端则可将其应用于节点。

  https://www.chef.io/products/chef-infrastruct-management

❑ Puppet：这是另一个开源配置管理工具，可以在客户端-服务器模型中工作或作为独立应用程序运行。Puppet 通过定期从 Puppet 主服务器拉取节点来强制执行所需的配置。

  https://www.puppet.com/

❑ Ansible：这是一种开源且易于使用的配置管理、编排和自动化工具，可以将配置传播并应用到节点。

  https://www.ansible.com/

这些工具主要侧重于基础设施管理和自动化，但它们也具有模块或插件来执行基础设施的基本测试和验证。

9.2.2 基础设施测试工具

Test Kitchen、ServerSpec 和 InSpec 是基础设施测试工具，我们可以使用它们来验证基础设施的所需配置和行为。

❑ Test Kitchen：这是一个集成测试框架，主要与 Chef 一起使用，但也可以与其他 IaC 工具（例如 Ansible 和 Puppet）配合使用。它允许用户在不同的平台和配置上测试基础设施代码。Test Kitchen 可以在各种平台上创建临时实例（使用 Docker 或云提供商等驱动程序），聚合基础设施代码，并对配置的实例运行测试。你可以将 Test Kitchen 与不同的测试框架（例如 ServerSpec 或 InSpec）一起使用来定义测试。

  https://github.com/test-kitchen/test-kitchen

❑ ServerSpec：这是基础设施的行为驱动开发（behavior-driven development，BDD）测试框架。它允许用户用人类可读的语言编写测试。ServerSpec 通过在目标系统上执行命令并根据预期结果检查输出来测试基础架构的所需状态。你可以将 ServerSpec 与 Test Kitchen 或其他 IaC 工具结合使用，以确保基础设施配置正确。

https://serverspec.org/

❑ InSpec：由 Chef 开发，是一个开源基础设施测试框架。它以人类可读的语言定义测试和合规性规则。你可以独立运行 InSpec 测试，也可以与 Test Kitchen、Chef 或其他 IaC 平台等工具结合运行。

https://github.com/inspec/inspec

这些工具可确保 IaC 和配置管理设置在部署前按预期工作，从而在不同环境中实现一致性和可靠性。

9.2.3　使用 Pytest 进行基础设施测试

Pytest 也可用于进行基础设施测试（在第 8 章 "使用测试驱动开发以控制风险" 中介绍了使用它进行单元测试）。假设我们在名为 test_infrastruct.py 的 Python 文件中编写了以 test_ 前缀开头的测试函数，则可以使用 paramiko、requests 或 socket 等 Python 库与基础设施进行交互（例如，进行 API 调用、连接到服务器等）。

例如，可以测试 Web 服务器是否以状态代码 200 进行响应：

```
import requests
def test_web_server_response():
    url = "http://your-web-server-url.com"
    response = requests.get(url)
    assert response.status_code == 200,
        f"Expected status code 200,
        but got {response.status_code}"
```

然后，可以运行第 8 章 "使用测试驱动开发以控制风险" 中解释的测试。

除了基础设施测试，其他技术（例如集成测试）也可以帮助你准备模型以实现成功部署。接下来，就让我们认识一下集成测试。

9.3　机器学习管道的集成测试

训练机器学习模型时，通常需要评估它与其所属的更大系统的其他组件的交互效果。集成测试（integration testing）可以帮助我们验证模型在整个应用或基础设施中是否正常工作并满足所需的性能标准。

9.3.1　集成测试的主要内容

机器学习项目中依赖的集成测试的一些重要组成部分如下。

- ❑　测试数据管道：我们需要评估模型训练之前的数据预处理组成部分（例如数据整理）在训练和部署阶段是否一致。
- ❑　测试 API：如果机器学习模型通过 API 公开，则需要测试 API 端点以确保它正确处理请求和响应。
- ❑　测试模型部署：可以使用集成测试来评估模型的部署过程，无论是将其部署为独立服务、部署到容器中，还是将其嵌入应用程序中。这个过程将确保部署环境提供必要的资源，例如 CPU、内存和存储，并且模型可以在需要时更新。
- ❑　测试与其他组件的交互：我们需要验证机器学习模型是否与数据库、用户界面或第三方服务无缝协作。因此，这可能包括测试模型的预测结果如何在应用程序中存储、显示或使用。
- ❑　测试端到端功能：可以使用模拟真实场景和用户交互的端到端测试来验证模型的预测在整个应用程序的上下文中是否准确、可靠且有用。

9.3.2　集成测试的流行工具

开发人员可以从集成测试中受益，以确保模型在实际应用中的顺利部署和可靠运行。你可以使用多种工具和库为 Python 中的机器学习模型创建强大的集成测试。表 9.1 显示了一些流行的集成测试工具。

表 9.1　流行的集成测试工具

工　　具	简　要　描　述	网　　址
Pytest	广泛用于 Python 单元测试和集成测试的框架	https://docs.pytest.org/en/7.2.x/
Postman	一个 API 测试工具，用于测试机器学习模型和 RESTful API 之间的交互	https://www.postman.com/
Requests	一个通过发送 HTTP 请求来测试 API 和服务的 Python 库	https://requests.readthedocs.io/en/latest/
Locust	一个负载测试工具，允许你模拟用户行为并测试各种负载条件下机器学习模型的性能和可扩展性	https://locust.io
Selenium	浏览器自动化工具，可用于测试利用机器学习模型的 Web 应用程序的端到端功能	https://www.selenium.dev/

9.3.3　使用 Pytest 进行集成测试

本小节将使用 Pytest 对一个简单的 Python 应用程序进行集成测试，该应用程序具有两个组件：数据库和服务，两者都从数据库中检索数据。

假设我们有 database.py 和 service.py 两个脚本文件，其内容如下：

```
database.py

class Database:
    def __init__(self):
        self.data = {"users": [{"id": 1,
            "name": "John Doe"},
            {"id": 2, "name": "Jane Doe"}]}

    def get_user(self, user_id):
        for user in self.data["users"]:
            if user["id"] == user_id:
                return user
        return None
```

```
service.py

from database import Database

class UserService:
    def __init__(self, db):
        self.db = db

    def get_user_name(self, user_id):
        user = self.db.get_user(user_id)
        if user:
            return user["name"]
        return None
```

现在我们将使用 Pytest 编写集成测试，以确保 UserService 组件与 Database 组件正常工作。首先，需要在名为 test_integration.py 的测试脚本文件中编写测试，如下所示：

```
import pytest
from database import Database
from service import UserService
```

```
@pytest.fixture
def db():
    return Database()

@pytest.fixture
def user_service(db):
    return UserService(db)

def test_get_user_name(user_service):
    assert user_service.get_user_name(1) == "John Doe"
    assert user_service.get_user_name(2) == "Jane Doe"
    assert user_service.get_user_name(3) is None
```

定义的 test_get_user_name 函数可通过检查 get_user_name 方法是否为不同的用户 ID
返回正确的用户名来测试 UserService 和 Database 组件之间的交互。

要运行测试，可在终端中执行以下命令：

```
pytest test_integration.py
```

9.3.4　使用 requests 和 Pytest 进行集成测试

还可以结合 requests 和 Pytest Python 库来对机器学习 API 执行集成测试。我们可以
使用 requests 库发送 HTTP 请求，并使用 pytest 库编写测试用例。

假设有一个使用以下端点的机器学习 API：

```
POST http://mldebugging.com/api/v1/predict
```

该 API 接受包含输入数据的 JSON 负载：

```
{
    "rooms": 3,
    "square_footage": 1500,
    "location": "suburban"
}
```

这将返回包含预测价格的 JSON 响应：

```
{
    "predicted_price": 700000
}
```

现在需要创建一个名为 test_integration.py 的测试脚本文件：

```
import requests
import pytest
```

```
API_URL = "http://mldebugging.com/api/v1/predict"

def test_predict_house_price():
    payload = {
        "rooms": 3,
        "square_footage": 1500,
        "location": "suburban"
    }

    response = requests.post(API_URL, json=payload)
    assert response.status_code == 200
    assert response.headers["Content-Type"] == "application/json"

    json_data = response.json()
    assert "predicted_price" in json_data
    assert isinstance(json_data["predicted_price"],
        (int, float))
```

要运行测试，可在终端中执行以下命令：

```
pytest test_integration.py
```

在此示例中，我们定义了一个名为 test_predict_house_price 的测试函数，该函数将
POST 请求（即用于将数据提交到服务器以创建或更新资源的 HTTP 方法）发送到 API，
并将输入数据作为 JSON 负载。然后，测试函数检查 API 响应的状态代码、内容类型和
预测的房屋价格值。如果你想使用现有的真实 API 来尝试此操作，则只要将上述示例 URL
替换为实际 API 端点即可。

除了本章介绍的测试策略，你还可以从模型监控和断言中受益，以便在生产环境中
成功部署可靠的模型。

9.4　监控和验证实时性能

在模型部署期间，可以使用监控和日志记录机制来跟踪模型的性能并检测潜在问题；
对于已成功部署的模型，可以定期进行评估，以确保它仍然满足性能标准或自定义的其
他标准（例如公平性要求）。

9.4.1　通过监控了解部署前模型和生产环境中模型之间的差异

我们可以善加利用来自模型监控的信息，根据需要更新或重新训练模型。以下是本

主题中关于部署前的模型和生产环境中模型之间差异的 3 个重要概念。

❑ 数据方差（data variance）：模型训练和测试中使用的数据经过数据整理以及所有清洗和重新格式化的步骤。但是，提供给已部署模型的数据（即从用户到模型的数据）可能不会经过相同的数据处理，因此，这可能会导致生产环境中模型的预测结果发生变化。

❑ 数据漂移（data drift）：如果生产环境中的特征或自变量（independent variable）的特点和含义与建模阶段不同，则可能会发生数据漂移。想象一下，你使用了第三方工具来生成人们的健康或财务状况的评分。该工具背后的算法可能会随着时间的推移而改变，当你的模型在生产环境中使用它时，其范围和含义将不一样。如果你没有相应地更新模型，那么你的模型将无法按预期工作，因为用于训练的数据和部署后的用户数据之间的特征值的含义有所不同。

❑ 概念漂移（concept drift）：概念漂移是指输出变量定义的任何变化。例如，由于概念漂移，训练数据和生产环境数据之间的实际决策边界可能会有所不同，这意味着训练中所做的努力可能会导致决策边界远离生产环境中的现实情况。

9.4.2　可用于监控模型的 Python 工具

除了第 8 章 "使用测试驱动开发以控制风险" 中介绍的 MLflow，还有其他 Python 工具也可用于监控机器学习模型的性能、I/O 数据和基础设施，以帮助你维护生产环境中的模型质量和可靠性。

表 9.2 列出了用于机器学习模型监控和漂移检测的流行工具。

表 9.2　用于机器学习模型监控和漂移检测的流行工具

工　　具	简　要　描　述	网　　址
Alibi Detect	一个专注于异常值、对抗性和偏差检测的开源 Python 库	https://github.com/SeldonIO/alibi-detect
Evidently	用于分析和监控机器学习模型的开源 Python 库，提供各种模型评估技术，例如数据漂移检测和模型性能监控	https://github.com/evidentlyai/evidently
ELK Stack	Elasticsearch, Logstash and Kibana（ELK）是一个流行的堆栈，用于收集、处理和可视化各种来源（包括机器学习模型）的日志和指标	https://www.elastic.co/elk-stack
WhyLabs	为机器学习模型提供可观察性和监控的平台	https://whylabs.ai/

9.4.3　数据漂移评估方法

我们还可以利用一些统计和可视化技术来检测和解决数据漂移和概念漂移的问题。以下是此类数据漂移评估方法的一些示例。

❑　统计检验（statistical test）：可以使用假设检验，例如 Kolmogorov-Smirnov 检验、卡方检验（chi-squared test）或 Mann-Whitney U 检验，来确定输入数据的分布是否随时间发生显著变化。

❑　分布指标：可以使用分布指标，例如均值（mean）、标准差（standard deviation）、分位数（quantiles）和其他汇总统计数据，来比较训练数据和生产环境中的新数据。这些指标的显著差异可能表示出现数据漂移。

❑　可视化：可以对训练数据和生产环境中的新数据的输入特征使用直方图、箱线图或散点图等可视化技术来帮助识别数据分布的变化。

❑　特征重要性：可以监控特征重要性值的变化。如果新数据中的特征重要性与训练数据中的特征重要性显著不同，则可能表示出现数据漂移。

❑　距离度量：可以使用距离度量（例如 Kullback-Leibler 散度或 Jensen-Shannon 散度）来测量训练数据和新数据分布之间的差异。

除了监控，模型断言也是可以帮助你构建和部署可靠机器学习模型的技术之一，这正是接下来我们将要讨论的主题。

9.5　模　型　断　言

在机器学习建模中可以使用传统的编程断言来确保模型的行为符合预期。模型断言可以帮助我们及早发现问题，例如输入数据漂移或其他可能影响模型性能的意外行为。

9.5.1　模型断言的用途

我们可以将模型断言（assertion）视为一组规则，在模型的训练、验证甚至部署期间进行检查，以确保模型的预测结果满足预定义的条件。

模型断言可以在很多方面帮助我们，例如检测模型或输入数据的问题，使我们能够在它们影响模型性能之前解决问题。它们还可以帮助保持模型的性能。

以下是模型断言的两个示例。

❑　输入数据断言：可以检查输入特征是否在预期范围内或具有正确的数据类型。

例如，如果模型根据房间数量预测房价，则可以断言房间数量始终为正整数。

❑　输出数据断言：可以检查模型的预测结果是否满足某些条件或约束。例如，在二元分类问题中，可以断言预测概率介于 0 和 1 之间。

9.5.2　在 Python 中使用模型断言

现在让我们看一下 Python 中模型断言的简单示例。本示例将使用 scikit-learn 中的简单线性回归模型，使用实验数据集根据房间数量预测房价。

首先创建一个实验数据集并训练线性回归模型。

```python
import numpy as np
from sklearn.linear_model import LinearRegression

# 创建实验数据集，包含房间数和相应的房屋价格
X = np.array([1, 2, 3, 4, 5]).reshape(-1, 1)
y = np.array([100000, 150000, 200000, 250000, 300000])

# 训练线性回归模型
model = LinearRegression()
model.fit(X, y)
```

现在可以定义模型断言，以便它们执行以下操作。

（1）检查输入（房间数）是否为正整数。

（2）检查预测的房价是否在预期范围内。

执行这些操作的代码如下：

```python
def assert_input(input_data):
    assert isinstance(input_data, int),
        "Input data must be an integer"
    assert input_data > 0, "Number of rooms must be positive"

def assert_output(predicted_price, min_price, max_price):
    assert min_price <= predicted_price <= max_price,
        f"Predicted price should be between {min_price} and
        {max_price}"
```

现在可以使用定义的模型断言函数，如下所示：

```python
# 使用示例输入和输出数据测试断言
input_data = 3
assert_input(input_data)
```

```
predicted_price = model.predict([[input_data]])[0]
assert_output(predicted_price, 50000, 350000)
```

assert_input 函数将检查输入数据（即房间数）是否为整数且为正数。

assert_output 函数将检查预测的房价是否在指定范围内（例如，本例中为 50000 到 350000 之间）。

上述代码没有给出任何 AssertionError 断言，因为它满足模型断言函数中定义的条件。假设现在输入数据使用字符串而不是整数 3，如下所示：

```
input_data = '3'
assert_input(input_data)
```

可以看到以下 AssertionError：

```
AssertionError: Input data must be an integer
```

假设定义了 assert_output 的输出范围（在 50000 到 150000 之间），并使用模型预测包含 3 间卧室的房屋的价格，如下所示：

```
input_data = 3
predicted_price = model.predict([[input_data]])[0]
assert_output(predicted_price, 50000, 150000)
```

我们将得到以下 AssertionError：

```
AssertionError: Predicted price should be between 50000 and 150000
```

总之，模型断言是与模型监控并存的另一种技术，有助于确保模型的可靠性。

9.6　小　　结

本章阐释了测试驱动开发的重要概念，包括基础设施测试和集成测试，介绍了用于实现这两种类型的测试的可用工具和库。我们还通过示例学习了如何使用 Pytest 库进行基础设施测试和集成测试。

本章还简要介绍了模型监控和模型断言，这是用于在生产之前和在生产环境中评估模型行为的另外两个重要主题。这些技术和工具可帮助你设计策略，以便在生产环境中获得成功的部署和可靠的模型。

在下一章中，将介绍可再现性，这是正确的机器学习建模中的一个重要概念，还讨论了如何使用数据和模型版本控制来实现可再现性。

9.7　思　考　题

（1）你能解释一下数据漂移和概念漂移之间的区别吗？

（2）模型断言如何帮助你开发可靠的机器学习模型？

（3）集成测试的组件有哪些示例？

（4）如何使用 Chef、Puppet 和 Ansible？

9.8　参　考　文　献

Kang, Daniel, et al. Model assertions for monitoring and improving ML models. Proceedings of Machine Learning and Systems 2 (2020): 481-496.

第 10 章 版本控制和可再现的机器学习建模

可再现性（reproducibility）是帮助机器学习开发人员回到机器学习生命周期的不同阶段并识别模型改进机会的重要特征。访问通过机器学习生命周期生成的不同版本的数据和模型，可以帮助我们提高项目的可再现性。

本章将阐释机器学习建模中可再现性的含义和重要性。你将了解用于将数据版本控制合并到机器学习管道中的工具，以帮助你在项目中实现更有效的协作并实现模型的可再现性。本章还将讨论模型版本控制的不同方面以及将其合并到管道中的工具。

本章包含以下主题：
- ❑ 机器学习中的可再现性。
- ❑ 数据版本控制。
- ❑ 模型版本控制。

在阅读完本章之后，你将掌握如何使用 Python 建模项目的数据和模型版本控制来实现可再现性。

10.1 技 术 要 求

学习本章需要满足以下要求，以帮助你更好地理解概念并能够在项目中使用它们，利用提供的代码进行练习。
- ❑ Python 库要求：
  - ➢ pandas >= 1.4.4。
  - ➢ sklearn >= 1.2.2。
- ❑ DVC >= 1.10.0。
- ❑ 你应该具备机器学习生命周期的基本知识。

你可以在本书配套 GitHub 存储库中找到本章的代码文件，其网址如下：

https://github.com/PacktPublishing/Debugging-Machine-Learning-Models-with-Python/tree/main/Chapter10

10.2　机器学习中的可再现性

机器学习项目缺乏可再现性可能会浪费资源，并降低模型和研究项目发现的可信度。

可再现性（reproducibility）并不是在这种语境下使用的唯一术语；在该主题上还有另外两个容易混用的术语：平行性（replicability）和重复性（repeatability）。

- ❑　平行性指的是在同一实验室，分析人员、分析方法均相同，对同一样品进行的多个平行样品之间的相对标准偏差。
- ❑　重复性指的是在同一实验室，分析人员用相同的分析法在短时间内对同一样品重复测定结果之间的相对标准偏差。
- ❑　再现性指的是不同实验室的不同分析人员用相同分析对同一被测对象测定结果之间的相对标准偏差。

我们不想详细讨论这些差异。事实上，有些文献是将它们混用在一起的。本书将使用可再现性的定义。我们将机器学习中的可再现性定义为：不同个人或科学家和开发人员团队使用原始报告或研究中报告的相同数据集、方法和开发环境获得相同结果的能力。

我们可以通过正确共享代码、数据、模型参数和超参数以及其他相关信息来确保可再现性，从而使其他人员能够验证我们的发现并基于此开展工作。让我们通过以下两个例子更好地理解可再现性的重要性。

一家生物技术公司的科学家试图重现 53 项癌症研究的结果（详见 10.7 节"参考文献"：Begley et al.，2012），但他们只能重现 53 项研究中 6 项的结果。这不一定是在机器学习的可再现性背景下的问题，但它强调了科学研究中可再现性的重要性，以及基于不可再现的发现做出决策或进一步研究和开发的潜在后果。

在数据分析和数据驱动的发现中强调可再现性的重要性的另一个著名例子是所谓的 Reinhart-Rogoff Excel 错误（详见 10.7 节"参考文献"：Reinhart C and Rogoff K，2010）。2010 年，经济学家 Carmen Reinhart 和 Kenneth Rogoff 发表了一篇论文，提出高额公共债务与经济增长之间存在负相关关系。这篇论文甚至影响了全球的经济政策。然而，2013 年，其他研究人员却发现该论文的 Excel 计算中存在错误，这对结果产生了重大影响。但后来，也有人认为该错误并不影响论文最后的结论（详见 10.7 节"参考文献"：Maziarz，2017）。在这里，我们并不想关注他们的发现以及该论文的是与非，而是想强调分析的可再现性可以消除任何进一步的争论，无论原始分析是否存在错误。

以下 3 个概念可以帮助你在机器学习建模项目中实现可再现性。

- ❑　代码版本控制：访问机器学习生命周期任何给定阶段所使用的代码版本，对于重现分析或训练和评估过程至关重要。

❑ 数据版本控制：为了实现可再现性，我们需要访问机器学习生命周期任何给定阶段（例如训练和测试）中使用的数据版本。

❑ 模型版本控制：拥有一个具有冻结参数的模型版本，并且在初始化、评估或建模的其他过程中没有随机性，可以帮助你消除不可再现的风险。

在第 1 章"超越代码调试"中已经简要讨论了代码版本控制。在这里，我们将重点关注数据版本和模型版本控制，以帮助你设计可重现的机器学习模型。

10.3 数据版本控制

机器学习生命周期有不同的阶段，从数据收集和选择到数据整理与转换，再到为模型训练和评估准备数据。数据版本控制（data versioning）将帮助我们在整个过程中保持数据完整性和可再现性。

数据版本控制是跟踪和管理数据集更改的过程。它涉及保留数据的不同版本或迭代的记录，使我们能够访问和比较以前的状态或在需要时恢复早期版本。可以通过确保正确记录更改并对其进行版本控制来降低数据丢失或不一致的风险。

10.3.1 常用的数据版本控制工具

有一些数据版本控制工具可以帮助管理和跟踪我们想要用于机器学习建模或流程的数据的变化，以评估模型的可靠性和公平性。以下是一些流行的数据版本控制工具。

❑ MLflow：在前面的章节中已经介绍了如何将 MLflow 用于实验跟踪和模型监控，MLflow 也可以用于进行数据版本控制。

https://mlflow.org/

❑ data version control（DVC）：这是一个用于管理数据、代码和机器学习模型的开源版本控制系统。它旨在处理大型数据集并与 Git 集成。

https://dvc.org/

❑ Pachyderm：这是一个数据版本控制平台，可在机器学习工作流程中提供可再现性、来源和可扩展性。

https://www.pachyderm.com/

❑ Delta Lake：这是一个用于 Apache Spark 和大数据工作负载的开源存储层，提供数据版本控制。

https://delta.io/

❑ Git Large File Storage（Git-LFS）：这是 Git 的扩展，允许对大文件（例如数据文件或模型）以及代码进行版本控制。

https://git-lfs.github.com/

这些工具中的每一个都为你提供了不同的数据版本控制功能。你可以根据数据大小、项目性质以及与其他工具的所需集成级别来选择合适的工具。

10.3.2　数据版本控制示例

现在让我们来看一个使用 DVC 和 Python 进行数据版本控制的具体示例。请按以下步骤操作。

（1）安装 DVC 后，通过在终端中编写以下命令来初始化它：

```
dvc init
```

这将创建一个.dvc 目录并设置必要的配置。

（2）创建一个小型 DataFrame 并将其保存为 Python 中的 CSV 文件：

```
import pandas as pd

# 创建一个示例数据集
data_df = pd.DataFrame({'feature 1': [0.5, 1.2, 0.4, 0.8],
    'feature 2': [1.1, 1.3, 0.6, 0.1]})

# 将数据集保存为 CSV 文件
data_df.to_csv('dataset.csv', index=False)
```

（3）将 dataset.csv 文件添加到 DVC 并提交更改，类似于使用 Git 提交代码更改：

```
dvc add dataset.csv
git add dataset.csv.dvc .gitignore
git commit -m "add initial dataset"
```

这将创建一个跟踪数据集版本的 data.csv.dvc 文件，并将 data.csv 添加到.gitignore，以便 Git 不跟踪实际的数据文件。

（4）按如下方式修改数据集并以相同的名称保存：

```
# 在数据集中添加新的列
data_df['feature 3'] = [0.05, 0.6, 0.4, 0.9]

# 将修改后的数据集保存到相同的 CSV 文件
data_df.to_csv('dataset.csv', index=False)
```

（5）提交更改并将其保存为不同的版本：

```
dvc add dataset.csv
git add dataset.csv.dvc
git commit -m "update dataset with new feature column"
```

（6）现在我们有两个版本的 dataset.csv 文件，在需要时可以通过在终端中使用以下命令切换到数据集的先前版本或最新版本：

```
# 回到数据集的先前版本
git checkout HEAD^
dvc checkout

# 返回数据集的最新版本
git checkout master
dvc checkout
```

如果你有同一文件或数据的多个版本，则可以使用 DVC 中提供的其他简单命令。

除了对数据进行版本控制，我们还需要在整个开发生命周期中跟踪和管理模型的不同版本，这也是接下来我们将要讨论的主题。

10.4　模型版本控制

投入生产的模型是使用不同版本的训练和测试数据、不同的机器学习方法及其相应的超参数进行一系列实验和模型修改的最终结果。模型版本控制将帮助我们确保对模型所做的更改是可追踪的，从而有助于在机器学习项目中建立可再现性。

模型版本控制通过提供给定时间点的模型参数、超参数和训练数据的完整快照，确保可以轻松重现模型的每个版本。它使我们能够在新部署的模型出现问题时轻松回滚到以前的版本，或者恢复可能被无意修改或删除的旧版本。

10.4.1　理解模型版本控制的必要性

现在让我们通过一个非常简单的示例来更好地理解模型版本控制的需求。图 10.1 显示了具有 5 个估计器或决策树的随机森林模型的性能，以及这些决策树允许的不同最大深度。如果我们简单地使用 scikit-learn 中的 train_test_split()更改用于将数据拆分为训练集和测试集的随机状态，并为 RandomForestClassifier()模型执行模型初始化，即可得到随机森林模型中树木的最大深度的不同的对数损失值和依赖关系。

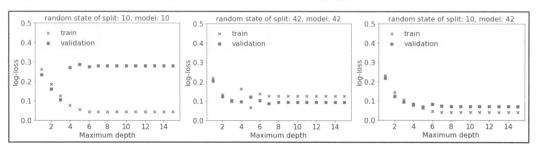

图 10.1   使用不同的随机状态进行建模和数据拆分，从乳腺癌数据集中拆分出训练集和验证集的对数损失

这只是一个小例子，旨在展示如果模型没有版本控制，简单的更改可能会对我们的机器学习建模产生巨大影响。

10.4.2　执行模型版本控制的要点

当我们使用 MLflow 等实验跟踪工具时，可以访问所选模型的所有跟踪信息。为了对模型进行版本控制，需要确保以下几点。

❑　我们可以访问相应模型参数的保存版本。

❑　记录或保存其他必要的信息（例如模型超参数）以供模型重新训练。

❑　需要与模型参数一起使用以进行推理，甚至重新训练和测试的代码是有版本控制的。

❑　对于随机化的过程，例如模型初始化和用于训练和测试的数据拆分，都有指定的随机状态或种子。

存储模型及其相关文档的方法有多种。例如，可以单独使用序列化库（例如 pickle）或将它与 DVC 结合使用来存储模型。示例如下：

```
with dvc.api.open(model_path, mode='w', remote=remote_url) as f:
    pickle.dump(model, f)
```

为此，需要指定使用 pickle.dump 保存模型的本地路径和使用 DVC 进行模型版本控制的远程路径。有关详细信息，可访问：

https://dvc.org/doc/api-reference/open

10.5　小　　结

本章阐释了机器学习建模中可再现性的含义和重要性，介绍了数据版本和模型版本控制，这有助于开发更可靠、可重复的模型和数据分析结果。

本章介绍了可用于对数据和模型进行版本控制的不同工具和 Python 库。掌握本章阐释的概念和演示的示例，可以确保机器学习项目的可再现性。

在下一章中，我们将讨论可用于避免数据漂移和概念漂移的技术，它们也是部署前后模型行为之间出现差异的缘由。

10.6　思　考　题

（1）可用于数据版本控制的工具有哪些？试举 3 例。

（2）当生成相同数据的不同版本时——以使用 DVC 系统为例——是否需要以不同的名称保存？

（3）你能否提供一个示例，说明使用相同的方法训练和评估数据时，却获得不同的训练和评估性能的情况？

10.7　参　考　文　献

❑ Reinhart, C., & Rogoff, K. (2010b). Debt and growth revisited. VOX. CEPRs Policy Portal. Retrieved September 18, 2015.

❑ Reinhart, C., & Rogoff, K. (2010a). Growth in a time of debt. American Economic Review, 100, 573–578.10.1257/aer.100.2.573.

❑ Maziarz, Mariusz. The Reinhart-Rogoff controversy as an instance of the 'emerging contrary result' phenomenon. Journal of Economic Methodology 24.3 (2017): 213-225.

❑ Begley, C. G., & Ellis, L. M. (2012). Drug development: Raise standards for preclinical cancer research. Nature, 483(7391), 531-533.

❑ Association for Computing Machinery (2016). Artifact Review and Badging.

https://www.acm.org/publications/policies/artifact-review-badging

❑ Plesser, Hans E. Reproducibility vs. replicability: a brief history of a confused terminology. Frontiers in neuroinformatics 11 (2018): 76.

❑ Pineau, J., Vincent, M., Larochelle, H., & Bengio, Y. (2020). Improving reproducibility in machine learning research (A report from the NeurIPS 2019 reproducibility program). arXiv preprint arXiv:2003.12206.

❑ Raff, E., Lemire, D., & Nicholas, C. (2019). A new measure of algorithmic stability for machine learning. Journal of Machine Learning Research, 20(168), 1-32.

❑ Gundersen, O. E., & Kjensmo, S. (2018). State of the art: Reproducibility in artificial intelligence. In Thirty-Second AAAI Conference on Artificial Intelligence.

❑ Jo, T., & Bengio, Y. (2017). Measuring the tendency of CNNs to Learn Surface Statistical Regularities. arXiv preprint arXiv:1711.11561.

❑ Haibe-Kains, B., Adam, G. A., Hosny, A., Khodakarami, F., & Waldron, L. (2020). Transparency and reproducibility in artificial intelligence. Nature, 586(7829), E14-E16.

第 11 章　避免数据漂移和概念漂移

在第 9 章 "生产测试和调试" 中讨论了数据漂移和概念漂移对机器学习建模的影响。本章将更深入地阐释这些概念并练习在 Python 中检测偏差。

在这里，你将理解我们之前介绍的概念（例如模型版本控制和模型监控）对于避免漂移的重要性，并练习一些用于漂移检测的 Python 库。

本章包含以下主题：

❏　避免模型漂移。

❏　检测漂移。

在阅读完本章之后，你将能够检测 Python 中的机器学习模型中的漂移，并在生产环境中拥有可靠的模型。

11.1　技　术　要　求

学习本章需要满足以下要求，以帮助你更好地理解概念并能够在项目中使用它们，利用提供的代码进行练习。

❏　Python 库要求如下：

➢　sklearn >= 1.2.2。

➢　numpy >= 1.22.4。

➢　pandas >= 1.4.4。

➢　alibi_detect >= 0.11.1。

➢　lightgbm >= 3.3.5。

➢　evidently >= 0.2.8。

❏　你还需要理解以下概念：

➢　数据漂移和概念漂移。

➢　数据版本和模型版本控制。

你可以在本书配套 GitHub 存储库中找到本章的代码文件，其网址如下：

https://github.com/PacktPublishing/Debugging-Machine-Learning-Models-with-Python/tree/main/Chapter11

11.2　避免模型漂移

数据漂移和概念漂移挑战了生产中机器学习模型的可靠性。机器学习项目中的漂移可能具有不同的特征，其中一些特征可以帮助我们检测项目中的漂移并解决它们，这些特征如下。

- ❑ 幅度：我们可能会面临数据分布的巨大差异，这将导致机器学习模型出现漂移。数据分布的微小变化可能难以检测，而大的变化则可能更明显。
- ❑ 频率：不同频率下可能会出现漂移。
- ❑ 逐渐与突然：数据漂移既可能逐渐发生（数据分布的变化随着时间的推移而缓慢发生），也可能突然发生（变化快速且意外地发生）。
- ❑ 可预测性：某些类型的漂移是可预测的，例如季节性发生的变化或由于外部事件而引起的变化。某些类型的漂移是不可预测的，例如消费者行为或市场趋势的突然变化。
- ❑ 意向性：漂移可以是有意的，例如对数据生成过程进行的更改，也可以是无意的，例如随着时间的推移而自然发生的变化。

我们需要使用各种技术和实践来避免机器学习建模项目中漂移的发生和堆积。

11.2.1　避免数据漂移

在模型的机器学习生命周期的不同阶段访问不同版本的数据，可以帮助我们通过比较训练和生产中的数据来更好地检测漂移，评估训练前的数据处理，或找到导致漂移的数据选择标准。模型监控可以帮助我们及早识别漂移并避免堆积。

现在让我们通过简单地检查用于模型训练的数据版本和生产中的新数据之间的特征分布平均值来练习漂移监控操作。

（1）定义一个类来监视数据漂移。在本示例中，如果两个版本的数据之间的分布均值之差大于 0.1，则考虑出现了特征的漂移。

```
class DataDriftMonitor:
    def __init__(self, baseline_data: np.array,
        threshold_mean: float = 0.1):
            self.baseline = self.calculate_statistics(
                baseline_data)
            self.threshold_mean = threshold_mean
```

```python
    def calculate_statistics(self, data: np.array):
        return np.mean(data, axis=0)

    def assess_drift(self, current_data: np.array):
        current_stats = self.calculate_statistics(
            current_data)

        drift_detected = False
        for feature in range(0, len(current_stats)):
            baseline_stat = self.baseline[feature]
            current_stat = current_stats[feature]
            if np.abs(current_stat - baseline_stat) > self.threshold_
mean:
                drift_detected = True
                print('Feature id with drift:
                    {}'.format(feature))
                print('Mean of original distribution:
                    {}'.format(baseline_stat))
                print('Mean of new distribution:
                    {}'.format(current_stat))
                break

        return drift_detected
```

（2）使用该类来识别两个合成数据集之间的漂移。

```python
np.random.seed(23)

# 生成一个合成数据集
# 和原始数据集一样，有 100 个数据点和 5 个特征
# 正态分布，中心为 0，标准差为 1
baseline_data = np.random.normal(loc=0, scale=1,
    size=(100, 5))

# 创建一个 DataDriftMonitor 实例
monitor = DataDriftMonitor(baseline_data,
    threshold_mean=0.1)

# 生成一个合成数据集
# 和原始数据集一样，有 100 个数据点和 5 个特征
# 正态分布，中心为 0.2，标准差为 1
current_data = np.random.normal(loc=0.15, scale=1,
```

```
    size=(100, 5))

# 评估数据漂移
drift_detected = monitor.assess_drift(current_data)
if drift_detected:
    print("Data drift detected.")
else:
    print("No data drift detected.")
```

这会生成以下结果：

```
Feature id with drift: 1
Mean of original distribution: -0.09990597519469419
Mean of new distribution: 0.09662442557421645
Data drift detected.
```

11.2.2 解决概念漂移问题

我们可以采用类似的方法定义类和函数来检测概念漂移，就像前面练习数据漂移检测一样。在将机器学习模型投入生产环境中时，也可以通过编程方式或作为质量保证的一部分来检查可能导致概念漂移的外部因素，例如环境因素、机构或政府政策的变化等。

除了监控数据，我们还可以利用特征工程选择对概念漂移更稳健的特征，或者在概念漂移的情况下动态调整集成模型。

尽管避免模型中的漂移是理想的选择，但我们仍需要做好在实践中检测并消除漂移的准备。接下来，我们将探讨检测模型漂移的各种技术。从实际操作角度来看，避免漂移和检测模型中的漂移非常相似。但是，也有比简单检查特征分布的平均值（详见 11.2.1节 "避免数据漂移"）更好的技术，下面就让我们来练习一下该技术。

11.3 检 测 漂 移

在所有模型中完全避免漂移是不可能的，我们能做的就是尽早发现并消除它们。本节将在 Python 中使用 alibi_detect 和 evidently 来练习检测漂移。

11.3.1 使用 alibi_detect 进行漂移检测练习

alibi_detect 是广泛使用的漂移检测 Python 库之一。要使用 alibi_detect 进行漂移检测练习，请按以下步骤操作。

（1）导入必要的 Python 函数和类，并使用 scikit-learn 中的 make_classification 生成具有 10 个特征和 10000 个样本的合成数据集。

```
import numpy as np
import pandas as pd
import lightgbm as lgb
from alibi_detect.cd import KSDrift
from sklearn.datasets import make_classification
from sklearn.model_selection import train_test_split
from sklearn.metrics import balanced_accuracy_score as bacc

# 生成合成数据
X, y = make_classification(n_samples=10000, n_features=10,
    n_classes=2, random_state=42)
```

（2）将数据拆分为训练集和测试集。

```
# 将数据拆分为训练集和测试集
X_train, X_test, y_train, y_test = train_test_split(X, y,
    test_size=0.2, random_state=42)
```

（3）在训练集数据上训练 LightGBM 分类器。

```
train_data = lgb.Dataset(X_train, label=y_train)
params = {
    "objective": "binary",
    "metric": "binary_logloss",
    "boosting_type": "gbdt"
}
clf = lgb.train(train_set = train_data, params = params,
    num_boost_round=100)
```

（4）现在可以评估模型在测试集上的性能，并定义一个测试标签 DataFrame 以用于漂移检测。

```
# 在测试集上进行预测
y_pred = clf.predict(X_test)
y_pred = [1 if iter > 0.5 else 0 for iter in y_pred]

# 计算预测结果的平衡准确率
balanced_accuracy = bacc(y_test, y_pred)
print('Balanced accuracy on the synthetic test set:
    {}'.format(balanced_accuracy))
```

```
# 从测试数据和预测结果创建一个 DataFrame
df = pd.DataFrame(X_test,
    columns=[f"feature_{i}" for i in. range(10)])
df["actual"] = y_test
df["predicted"] = y_pred
```

（5）现在使用定义的预测结果 DataFrame 和测试数据点的实际标签来检测漂移。

首先需要初始化 alibi_detect 包中的 KSDrift 检测器，并将其拟合到训练数据上。使用该检测器的 predict 方法来计算测试数据的漂移分数和 p 值。漂移分数表示每个特征的漂移水平，而 p 值则表示漂移的统计显著性。

如果有任何漂移分数或 p 值超过某个阈值，则可以认为模型正在经历漂移，可以采取适当的措施，例如使用更新的数据重新训练模型。

```
# 初始化 KSDrift 检测器
drift_detector = KSDrift(X_train)

# 计算漂移分数和 p 值
drift_scores = drift_detector.predict(X_test)
p_values = drift_detector.predict(X_test,
    return_p_val=True)

# 打印漂移分数和 p 值
print("Drift scores:")
print(drift_scores)
print("P-values:")
print(p_values)
```

（6）以下是所获得的漂移分数和 p 值。由于所有 p 值都大于 0.1，并且考虑到阈值是 0.005，因此可以说本示例没有检测到漂移。

```
Drift scores:
{'data': {'is_drift': 0, 'distance': array([0.02825 , 0.024625,
0.0225 , 0.01275 , 0.014 , 0.017125,0.01775 , 0.015125, 0.021375,
0.014625], dtype=float32), 'p_val': array([0.15258548, 0.28180763,
0.38703775, 0.95421314, 0.907967 ,0.72927415, 0.68762517, 0.8520056 ,
0.45154762, 0.87837887],dtype=float32), 'threshold': 0.005}, 'meta':
{'name': 'KSDrift', 'online': False, 'data_type': None, 'version':
'0.11.1', 'detector_type': 'drift'}}
P-values:
{'data': {'is_drift': 0, 'distance': array([0.02825 , 0.024625,
0.0225 , 0.01275 , 0.014 , 0.017125,0.01775 , 0.015125, 0.021375,
0.014625], dtype=float32), 'p_val': array([0.15258548, 0.28180763,
```

```
0.38703775, 0.95421314, 0.907967 ,0.72927415, 0.68762517, 0.8520056 ,
0.45154762, 0.87837887],dtype=float32), 'threshold': 0.005}, 'meta':
{'name': 'KSDrift', 'online': False, 'data_type': None, 'version':
'0.11.1', 'detector_type': 'drift'}}
```

11.3.2　使用 evidently 进行漂移检测练习

另一个广泛使用的漂移检测 Python 库是 evidently。本小节将使用 evidently 进行漂移检测练习。请按以下步骤操作。

（1）导入必要的库，从 scikit-learn 加载糖尿病数据集。

```
import pandas as pd
import numpy as np
from sklearn import datasets
from evidently.report import Report
from evidently.metrics import DataDriftTable
from evidently.metrics import DatasetDriftMetric

diabetes_data = datasets.fetch_openml(name='diabetes',
    version=1, as_frame='auto')
diabetes = diabetes_data.frame
diabetes = diabetes.drop(['class', 'pres'], axis = 1)
```

表 11.1 显示了我们想要在糖尿病数据集中进行漂移检测的特征及其含义（详见 11.6 节"参考文献"：Efron et al.，2004）。

表 11.1　用于漂移检测的糖尿病数据集中的特征名称及其描述

特　　征	描　　　　述
preg	怀孕次数
plas	口服葡萄糖耐量试验 2 小时后的血浆葡萄糖浓度
skin	三头肌皮褶厚度（单位：mm）
insu	2 小时血清胰岛素（单位：mu U/ml）
mass	身体质量指数（body mass index，BMI） BMI = 体重 ÷ 身高 ^{2}（体重单位：kg；身高单位：m）
pedi	糖尿病谱系功能
age	年龄

（2）将两组数据点分开，这两组数据点称为参考集（reference set）和当前集（current set），然后使用 Report() 从 evidently.report.Reference 集中生成漂移报告，其中包括年龄

小于或等于 40 岁的所有个人，当前集则包括年龄超过 40 岁的其他人的数据集。

```
diabetes_reference = diabetes[diabetes.age <= 40]
diabetes_current = diabetes[diabetes.age > 40]
data_drift_dataset_report = Report(metrics=[
    DatasetDriftMetric(),
    DataDriftTable(),
])
data_drift_dataset_report.run(
    reference_data=diabetes_reference,
    current_data=diabetes_current)
Data_drift_dataset_report
```

（3）图 11.1 是我们为糖尿病数据集生成的报告，考虑了所选特征以及拆分开的参考集和当前集。

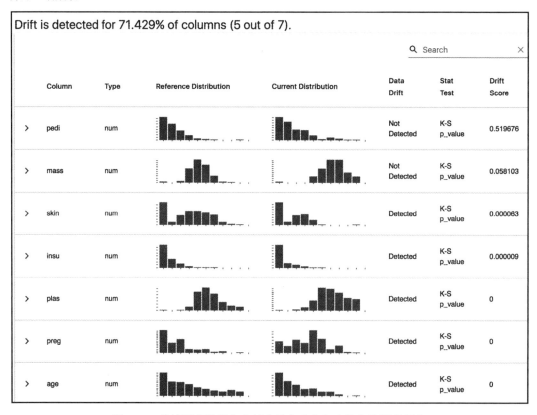

图 11.1　从糖尿病数据集中拆分的参考集和当前集的漂移报告

可以看到，age、preg、plas、insu 和 skin 是参考集和当前集之间分布存在显著差异的特征，这些特征在如图 11.1 所示的报告中被指定为检测到漂移。

尽管分布之间的差异很重要，但具有补充统计数据（例如平均值差异）可能有助于开发更可靠的漂移检测策略。

（4）我们还可以从报告中得到特征的分布，例如图 11.2 和图 11.3 分别显示了参考集（reference）和当前集（current）中 age 特征和 preg 特征的分布。

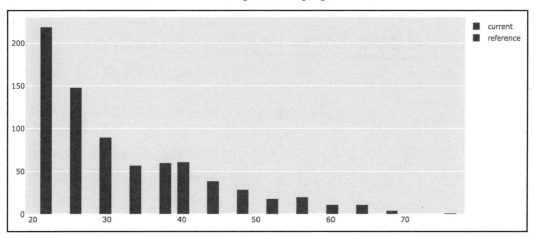

图 11.2　当前集和参考集中 age 特征的分布

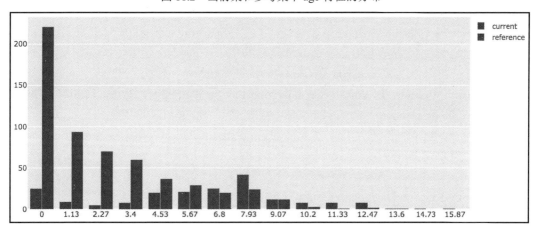

图 11.3　当前集和参考集中 preg 特征的分布

当检测到模型中的漂移时，可能需要通过提取新数据或过滤可能是漂移来源的部分数据来重新训练模型。如果检测到概念漂移，则可能还需要更改模型训练。

11.4　小　　结

本章阐述了避免机器学习模型中出现漂移的重要性，解释了如何利用前面几章介绍过的概念（例如模型版本控制和模型监控）来解决漂移问题。

本章还练习了使用 Python 中的两个漂移检测库：alibi_detect 和 evidently。使用这些库或类似工具将帮助你消除模型中的漂移并在生产环境中拥有可靠的模型。

在下一章中，我们将探讨不同类型的深度神经网络模型以及如何使用 PyTorch 开发可靠的深度学习模型。

11.5　思　考　题

（1）你能否解释一下机器学习建模中漂移的两个特征（幅度和频率）之间的差异？

（2）请通过网络搜索查找可用于数据漂移检测的统计检验，仅举一例即可。

11.6　参　考　文　献

❑ Ackerman, Samuel, et al. "Detection of data drift and outliers affecting machine learning model performance over time." arXiv preprint arXiv:2012.09258 (2020).

❑ Ackerman, Samuel, et al. "Automatically detecting data drift in machine learning classifiers." arXiv preprint arXiv:2111.05672 (2021).

❑ Efron, Bradley, Trevor Hastie, Iain Johnstone, and Robert Tibshirani (2004). "Least Angle Regression," Annals of Statistics (with discussion), 407-499

❑ Gama, João, et al. "A survey on concept drift adaptation." ACM computing surveys (CSUR) 46.4 (2014): 1-37.

❑ Lu, Jie, et al. "Learning under concept drift: A review." IEEE transactions on knowledge and data engineering 31.12 (2018): 2346-2363.

❑ Mallick, Ankur, et al. "Matchmaker: Data drift mitigation in machine learning for large-scale systems." Proceedings of Machine Learning and Systems 4 (2022): 77-94.

❑ Zenisek, Jan, Florian Holzinger, and Michael Affenzeller. "Machine learning based concept drift detection for predictive maintenance." Computers & Industrial Engineering 137 (2019): 106031.

第 4 篇

深度学习建模

本篇将首先阐释深度学习的基础理论，然后进入全连接神经网络的实践探索，继而讨论一些更先进的技术，包括卷积神经网络、Transformer 和图神经网络。最后，本篇还将重点关注机器学习的前沿进展，包括生成式建模以及强化学习和自我监督学习。

在本篇章节中，使用 Python 和 PyTorch 提供了一些实际示例，以确保我们在获得理论知识的同时掌握一定的实践经验。

本篇包含以下章节：

❑ 第 12 章，通过深度学习超越机器学习调试

❑ 第 13 章，高级深度学习技术

❑ 第 14 章，机器学习最新进展简介

第 12 章　通过深度学习超越机器学习调试

机器学习的最新进展是通过深度学习建模实现的。本章将深入介绍深度学习和 PyTorch，PyTorch 是深度学习建模的框架。本书的重点不是详细介绍不同的机器学习和深度学习算法，而在此我们将重点关注深度学习为用户提供的开发高性能模型或使用此类可用模型的机会，这些模型可以通过本篇介绍的技术进行构建。

本章包含以下主题：

❏　人工神经网络简介。

❏　神经网络建模框架。

在阅读完本章之后，你将掌握有关全连接神经网络的深度学习方面的一些理论知识，并练习使用 PyTorch，这是一种广泛使用的深度学习框架。

12.1　技 术 要 求

学习本章需要满足以下要求，以帮助你更好地理解概念并能够在项目中使用它们，利用提供的代码进行练习。

❏　Python 库要求：

➢　torch >= 2.0.0。

➢　torchvision >= 0.15.1。

❏　你需要了解有关不同类型机器学习模型（例如分类、回归和聚类）之间差异的基本知识。

你可以在本书配套 GitHub 存储库中找到本章的代码文件，网址如下：

https://github.com/PacktPublishing/Debugging-Machine-Learning-Models-with-Python/tree/main/Chapter12

12.2　人工神经网络简介

自然神经元网络作为决策系统，具有称为神经元的信息处理单元，可以帮助我们识别朋友的面孔等。人工神经网络（artificial neural network，ANN）的工作原理与其类似。与我们身体中负责所有主动或被动决策的巨大神经元网络不同，人工神经网络的设计是针对特定问题的。例如，我们有专用于图像分类、信用风险估计和对象检测等的人工神经网络。为了简单起见，本书将人工神经网络称为神经网络。

12.2.1　全连接神经网络

首先，让我们来认识一下全连接神经网络（fully connected neural network，FCNN），它处理的是表格化数据（见图 12.1）。FCNN 和多层感知器（multi-layer perceptron，MLP）在许多文献资料中都可以互换使用。为了能够更好地比较不同类型的神经网络，本书将使用 FCNN 的名称而不是 MLP。

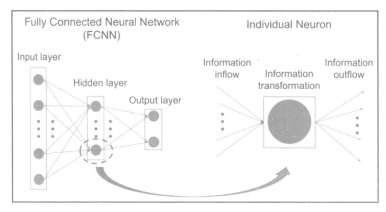

图 12.1　FCNN 和单个神经元的示意图

原　　文	译　　文
Fully Connected Neural Network (FCNN)	全连接神经网络（FCNN）
Input layer	输入层
Hidden layer	隐藏层
Output layer	输出层
Individual Neuron	单个神经元
Information inflow	信息流入
Information transformation	信息转换
Information outflow	信息流出

用于监督学习的 FCNN 具有一个输入层、一个输出层以及一个或多个隐藏（中间）层。超过三层的神经网络（包括监督模型中的输入层和输出层）称为深度神经网络（deep neural network，DNN），而深度学习（deep learning，DL）则是指使用此类网络进行建模（详见 12.6 节"参考文献"：Hinton and Salakhutdinov，2006）。

输入层是用于建模的数据点的特征。输出层中神经元的数量也是根据手头的问题确定的。例如，在二元分类的情况下，输出层中的两个神经元代表两个类别。隐藏层的数量和大小属于 FCNN 的超参数，可以进行优化以提高 FCNN 性能。

FCNN 中的每个神经元接收来自前一层神经元的输出值的加权和（weighted sum），对接收到的值的和应用线性或非线性变换，然后将结果值输出到下一层的其他神经元。每个神经元的输入值计算中使用的权重是训练过程中学习到的权重（参数）。非线性变换通过预定的激活函数（activation function）应用（见图 12.2）。

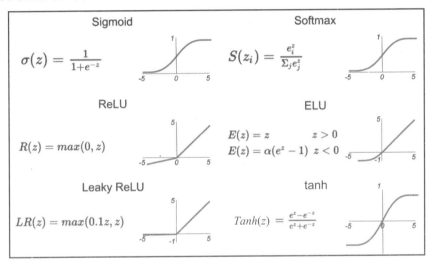

图 12.2　神经网络建模中广泛使用的激活函数

FCNN 因在输入特征值和输出之间提出复杂的非线性关系而闻名，这使得它们（也许）能够灵活地找出输入和输出之间的不同类型的关系。在 FCNN 中，应用于神经元接收到的信息的激活函数负责这种复杂性或灵活性。

这些激活函数中的每一个，例如修正线性单元（rectified linear unit，ReLU）和指数线性单元（exponential linear unit，ELU）都以特定的方式转换值，这使得它们适用于不同的层，并为神经网络建模提供了灵活性。

例如，sigmoid 和 softmax 函数常用于输出层，将输出神经元的分数转换为 0 到 1 之间的值，用于分类模型。这些值被称为预测概率（probabilities of prediction）。

还有其他激活函数，例如高斯误差线性单元（Gaussian error linear unit，GELU）（详见 12.6 节"参考文献"：Hendrycks and Gimpel，2016），它们已在目前最新的模型中使用，例如生成式预训练 Transformer（generative pre-trained Transformer，GPT），下一章将对此展开更多讨论。GELU 的公式如下：

$$GELU(z) = 0.5z \left\{ 1 + \tanh \left[\sqrt{\frac{2}{\pi}} (z + 0.044715z^3) \right] \right\}$$

监督学习有两个主要过程：预测输出和从预测结果的对错中学习。在 FCNN 中，预测发生在前向传播中。输入和第一个隐藏层之间的 FCNN 权重将用于计算第一个隐藏层神经元的输入值，并且类似地计算 FCNN 中的其他层（见图 12.3）。

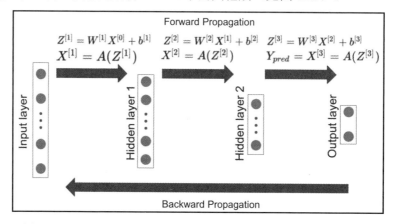

图 12.3　用于输出预测的前向传播和用于参数更新的后向传播示意图

原　文	译　文	原　文	译　文
Forward Propagation	前向传播	Hidden layer	隐藏层
Backward Propagation	后向传播	Output layer	输出层
Input layer	输入层		

从输入到输出称为前向传播（forward propagation）或前向传递（forward pass），它为每个数据点生成输出值（预测）。在后向传播（backward propagation，backpropagation）或后向传递（backward pass）中，FCNN 利用预测输出及其与实际输出的差异来调整其权重，从而得到更好的预测结果。

神经网络的参数是在训练过程中使用优化算法确定的。因此，接下来让我们看看神经网络设置中一些广泛使用的优化算法。

12.2.2　优化算法

优化算法在幕后工作，尝试最小化损失函数，以便在训练机器学习模型时识别最佳参数。在训练过程的每个步骤中，优化算法决定如何更新神经网络或其他机器学习模型中的每个权重或参数。大多数优化算法依赖成本函数（cost function）的梯度向量（gradient vector）来更新权重，主要区别在于如何使用梯度向量以及使用哪些数据点来计算梯度向量。

在梯度下降算法中，所有的数据点都用来计算成本函数的梯度；然后，模型的权重朝着成本最大降低的方向更新。尽管这种方法对于小数据集有效，但它的计算成本可能会很高，并且不适合大型数据集，因为每次学习迭代都需要同时计算所有数据点的成本。

另一种方法是随机梯度下降（stochastic gradient descent，SGD）。这种方法在每次迭代中选择一个数据点而不是所有数据点来计算成本并更新权重，但一次使用一个数据点会导致更新权重时出现高度振荡的行为。

反过来，我们也可以使用小批量梯度下降，这在教程和工具中通常称为 SGD，其中不是在每次迭代中都使用所有数据点或仅使用一个数据点，而是使用一批数据点来更新权重。这三种方法背后的数学原理如图 12.4 所示。

Gradient Descent

Considering all datapoints in each iteration

$$\theta = \theta - \eta . \nabla_{\theta} J(\theta)$$

$J(\theta)$: Cost function

Stochastic Gradient Descent

Considering one datapoint in each iteration

$$\theta = \theta - \eta . \nabla_{\theta} J(\theta; x^{(i)}; y^{(i)})$$

η: Learning rate

Mini-batch Gradient Descent

Considering a subset of datapoints at each iteration

$$\theta = \theta - \eta . \nabla_{\theta} J(\theta; x^{(i:i+n)}; y^{(i:i+n)})$$

$\nabla_{\theta} J$: Gradient vector of cost function

图 12.4　梯度下降、随机梯度下降和小批量梯度下降优化算法

原　　文	译　　文
Gradient Descent	梯度下降
Considering all datapoints in each iteration	每次迭代考虑所有数据点
Stochastic Gradient Descent	随机梯度下降
Considering one datapoint in each iteration	每次迭代考虑一个数据点
Mini-batch Gradient Descent	小批量梯度下降
Considering a subset of datapoints at each iteration	每次迭代考虑一个数据点的子集
Cost function	成本函数
Learning rate	学习率
Gradient vector of cost function	成本函数的梯度向量

近年来，人们还提出了其他优化算法来提高神经网络模型在各种应用中的性能，例如 Adam 优化器（详见 12.6 节 "参考文献"：Kingma and Ba，2014）。这种方法背后的直觉之一是避免优化过程中梯度递减。进一步阐释不同优化算法的细节超出了本书的讨论范围。

在神经网络建模中，你需要了解两个重要术语的定义：轮次（epoch）和批大小（batch size）。轮次是指将整个数据集中的所有样本都迭代一遍的过程，即所有样本都经过一轮训练；而批大小则是指为了加速训练而将大规模数据集划分成小批次数据的过程。当使用不同的框架（下一节将详细介绍）训练神经网络模型时，需要指定轮次数和批大小。

在优化的每次迭代中，数据点的子集或小批量梯度下降中的小批量（见图 12.4）用于计算损失；然后，使用反向传播更新模型的参数。重复此过程以覆盖训练数据中的所有数据点。epoch 就是用来指定在优化过程中使用所有训练数据的次数的术语。例如，指定 epoch 为 5 意味着模型使用所有数据点训练优化 5 次。

现在你已经了解了神经网络建模的基础知识，接下来让我们深入认识神经网络建模的各种框架。

12.3　神经网络建模框架

神经网络建模使用了多种框架，例如：

❑　PyTorch：网址为 https://pytorch.org/。
❑　TensorFlow：网址为 https://www.tensorflow.org/learn。
❑　Keras：网址为 https://keras.io/。
❑　Caffe：网址为 https://caffe.berkeleyvision.org/。
❑　MXNet：网址为 https://mxnet.apache.org/versions/1.9.1/。

本章将重点讨论 PyTorch 并使用它来实践深度学习，但我们将要介绍的概念与你在项目中使用的框架无关。也就是说，你使用其他框架进行本章练习也是可行的。

12.3.1　用于深度学习建模的 PyTorch

PyTorch 是一个开源深度学习框架，基于 Torch 库，由 Meta AI 开发。你可以在深度学习项目中轻松将 PyTorch 与 Python 的科学计算库集成。

本节将通过研究一个使用 MNIST 数字数据集构建 FCNN 模型的简单示例来练习使用 PyTorch。这是一个常用的示例，目的是理解如何使用 PyTorch 训练和测试深度学习模型（如果你没有这方面的经验）。

请按以下步骤操作。

（1）导入所需的库并加载数据集进行训练和测试。

```
import torch
import torchvision
import torchvision.transforms as transforms
torch.manual_seed(10)

# 设备配置
device = torch.device(
    'cuda' if torch.cuda.is_available() else 'cpu')

# MNIST 数据集
batch_size = 100
train_dataset = torchvision.datasets.MNIST(
    root='../../data',train=True,
    transform=transforms.ToTensor(),download=True)
test_dataset = torchvision.datasets.MNIST(
    root='../../data', train=False,
    transform=transforms.ToTensor())

# 数据加载器
train_loader = torch.utils.data.DataLoader(
    dataset=train_dataset,batch_size=batch_size,
    shuffle=True)

test_loader = torch.utils.data.DataLoader(
    dataset=test_dataset, batch_size=batch_size,
    shuffle=False)
```

（2）确定模型的超参数及其 input_size，即输入层的神经元数量，这与数据中的特征数量相同。在此示例中，它等于每幅图像中的像素数，因为我们将每个像素视为一个特征来构建 FCNN 模型。

```
input_size = 784
```

```
# 隐藏层大小
hidden_size = 256

# 类的数量
num_classes = 10

# epoch 数
num_epochs = 10

# 优化过程的学习率
learning_rate = 0.001
```

（3）导入 torch.nn，为 FCNN 模型添加线性神经网络层，并可编写一个类来确定网络的架构，该网络是一个仅具有一个隐藏层的网络，其大小为 256（也就是说，有 256个神经元）。

```
import torch.nn as nn
class NeuralNet(nn.Module):
    def __init__(self, input_size, hidden_size,
        num_classes):
        super(NeuralNet, self).__init__()
        Self.fc_layer_1 = nn.Linear(input_size, hidden_size)
        self.fc_layer_2 = nn.Linear(hidden_size, num_classes)

    def forward(self, x):
        out = self.fc_layer_1(x)
        out = nn.ReLU()(out)
        out = self.fc_layer_2(out)
        return out

model = NeuralNet(input_size, hidden_size,
    num_classes).to(device)
```

torch.nn.Linear()类将添加一个线性层并有两个输入参数，分别是当前层和下一层中的神经元数量。对于第一个 nn.Linear()，其第一个参数必须等于特征的数量，而网络初始化类中最后一个 nn.Linear()输入参数的第二个参数则需要等于数据中的类的数量。

（4）现在必须使用 torch.optim() 中的 Adam 优化器定义交叉熵损失（cross-entropy loss）函数和优化器对象。

```
criterion = nn.CrossEntropyLoss()
```

```
optimizer = torch.optim.Adam(model.parameters(),
    lr=learning_rate)
```

12.3.2　训练模型

现在已经可以开始训练模型了。正如你在下面的代码块中看到的，在每个轮次上有一个循环，而在每个批次上则有另一个内部循环。

在内部循环中有以下 3 个重要步骤，这些步骤在使用 PyTorch 的大多数监督模型中都很常见。

（1）获取批次内数据点的模型输出。

（2）使用真实标签和该批次数据点的预测输出计算损失。

（3）反向传播并更新模型的参数。

在 MNIST 训练集上训练模型的代码如下：

```
total_step = len(train_loader)
for epoch in range(num_epochs):
    for i, (images, labels) in enumerate(train_loader):
        images = images.reshape(-1, 28*28).to(device)
        labels = labels.to(device)

        # 前向传播以计算输出和损失
        outputs = model(images)
        loss = criterion(outputs, labels)

        # 后向传播和优化
        optimizer.zero_grad()
        loss.backward()
        optimizer.step()
```

在第 10 个轮次结束时，模型在训练集中的损失为 0.0214。现在可使用以下代码来计算模型在测试集中的准确率：

```
with torch.no_grad():
    correct = 0
    total = 0
    for images, labels in test_loader:
        images = images.reshape(-1, 28*28).to(device)
        labels = labels.to(device)
        outputs = model(images)
```

```
      _, predicted = torch.max(outputs.data, 1)
      total += labels.size(0)
      correct += (predicted == labels).sum().item()

  print('Accuracy of the network on the test images:
      {} %'.format(100 * correct / total))
```

该模型在 MNIST 测试集中的准确率为 98.4%。

PyTorch 中有 10 多种不同的优化算法，包括 Adam 优化算法，它们可以帮助你训练深度学习模型。有关详细信息，可访问：

https://pytorch.org/docs/stable/optim.html

接下来，我们将讨论深度学习环境中的超参数调优、模型可解释性和公平性。我们还将介绍 PyTorch Lightning，它将为你的深度学习项目提供帮助。

12.3.3　深度学习的超参数调优

在深度学习建模中，超参数是决定其性能的关键因素。你可以使用以下 FCNN 超参数来提高深度学习模型的性能。

❑　架构：FCNN 的架构是指隐藏层的数量及其大小，或神经元的数量。更多的层会导致深度学习模型的深度更高，并可能导致模型更复杂。

尽管神经网络模型的深度已被证明可以在许多情况下提高大型数据集的性能（详见 12.6 节“参考文献”：Krizhevsky et al.，2012；Simonyan and Zisserman，2014；Szegedy et al.，2015；He et al.，2016），但大多数更高深度对性能产生积极影响其实和 FCNN 关系并不大。当然，架构仍然是一个重要的超参数，需要优化才能找到高性能模型。

❑　激活函数：每个领域和问题都有常用的激活函数，你可以找到最适合你的问题的激活函数。请记住，不必在所有层中使用相同的函数，尽管我们通常坚持使用一个函数。

❑　批大小（batch size）：更改批大小会改变模型的性能和收敛速度。但通常情况下，它不会对性能产生显著影响，除了前几个 epoch 的学习曲线的陡峭部分。

❑　学习率：学习率决定收敛速度。较高的学习率会导致更快的收敛，但也可能导致局部最优点附近的振荡甚至发散。当我们在优化过程中接近局部最优时，诸如 Adam 优化器之类的算法会控制收敛速度递减，但我们仍然可以将学习率作为深度学习建模中的超参数。

❏ epoch 数量：深度学习模型在前几个 epoch 具有陡峭的学习曲线，具体取决于学习率和批大小，然后性能开始趋于稳定。使用足够多的 epoch 对于从训练中获得最佳模型非常重要。

❏ 正则化（regularization）：在第 5 章 "提高机器学习模型的性能" 中讨论了正则化在控制过拟合和提高泛化能力方面的重要性，正则化可以防止模型严重依赖单个神经元，并很可能提高模型的泛化能力。例如，如果 dropout 设置为 0.2，则每个神经元在训练期间有 20% 的机会获得零输出。

❏ 权重衰减（weight decay）：这是 L2 正则化的一种形式，可为神经网络的权重添加惩罚。在第 5 章 "提高机器学习模型的性能" 中详细介绍了 L2 正则化。

你可以使用不同的超参数优化工具（例如 Ray Tune 和 PyTorch）来训练深度学习模型并优化其超参数。在 PyTorch 网站的教程中提供了更多的信息：

https://pytorch.org/tutorials/beginner/hyperparameter_tuning_tutorial.html

除了超参数调优，PyTorch 还具有不同的功能和关联库，用于执行模型可解释性和公平性等任务。

12.3.4　PyTorch 中的模型可解释性

在第 6 章 "机器学习建模中的可解释性和可理解性" 中介绍了多种可解释性技术和库，它们可以帮助你解释复杂的机器学习和深度学习模型。

Captum AI 是 Meta AI 为使用 PyTorch 的深度学习项目开发的一个开源模型可解释性库。其网址如下：

https://captum.ai/

你可以轻松地将 Captum 集成到现有或未来基于 PyTorch 的机器学习管道中。

你还可以受益于不同的可解释性和可理解性技术，例如集成梯度（integrated gradient）、GradientSHAP、DeepLIFT 和显著图。

12.3.5　PyTorch 开发的深度学习模型的公平性

在第 7 章 "减少偏差并实现公平性" 中，我们讨论了公平的重要性，并介绍了不同的概念、统计测量和技术来帮助你评估和消除模型中的偏差。FairTorch 和 inFairness 是可用于 PyTorch 以便对深度学习建模进行公平性和偏差评估的库。它们的网址如下：

❑　　FairTorch：https://github.com/wbawakate/fairtorch。

❑　　inFairness：https://github.com/IBM/inFairness。

你可以在审核、训练和后处理模型以实现个体公平性方面受益于 inFairness，而 FairTorch 则为你提供了减轻分类和回归偏差的工具，尽管目前仅限于二元分类。

12.3.6　PyTorch Lightning

PyTorch Lightning 是一个开源的高级框架，可简化使用 PyTorch 开发和训练深度学习模型的过程。以下是 PyTorch Lightning 的一些功能。

❑　　结构化代码：PyTorch Lightning 可将代码组织成 Lightning 模块，有助于分离模型架构、数据处理和训练逻辑，使代码更加模块化且更易于维护。

❑　　训练循环提取：使用 PyTorch Lightning 可以避免训练、验证和测试循环方面的重复代码。

❑　　分布式训练：PyTorch Lightning 可以简化跨多个图形处理器（GPU）或节点扩展深度学习模型的过程。

❑　　实验跟踪和记录：PyTorch Lightning 可以与 MLflow 和 Weights & Biases 等实验跟踪和记录工具集成，以更轻松地监控深度学习模型训练。

❑　　自动优化：PyTorch Lightning 可以自动处理优化过程，管理优化器和学习率调度器，并且可以更轻松地在不同优化算法之间切换。

除了上面所讨论的因素，深度学习建模的意义远不止全连接神经网络（FCNN），在下一章将对此展开更深入的讨论。

12.4　小　　结

本章阐释了如何使用 FCNN 进行深度学习建模。我们练习使用了 PyTorch 和一个简单的深度学习模型来帮助你开始使用 PyTorch 执行深度学习建模（如果你还没有这种经验）。本章解释了 FCNN 的重要超参数，介绍了可在深度学习设置中使用的模型可解释性和公平性工具，以及可作为开源高级框架来简化深度学习建模的 PyTorch Lightning。

现在你已经掌握了有关 PyTorch、PyTorch Lightning 和深度学习的基本信息，可以考虑使用它们来解决你的实际问题。

在下一章中，我们将深入探索其他更高级类型的深度学习模型，包括卷积神经网络（CNN）、Transformer 和图神经网络等。

12.5　思　考　题

（1）神经网络模型的参数会在反向传播中更新吗？

（2）随机梯度下降和小批量梯度下降有什么区别？

（3）你能解释一下 batch 和 epoch 之间的区别吗？

（4）你能否提供一个在神经网络模型中需要用到 sigmoid 和 softmax 函数的示例？

12.6　参　考　文　献

❑ LeCun, Yann, Yoshua Bengio, and Geoffrey Hinton. Deep learning. nature 521.7553 (2015): 436-444.

❑ Hinton, G. E., & Salakhutdinov, R. R. (2006). Reducing the Dimensionality of Data with Neural Networks. Science, 313(5786), 504-507.

❑ Abiodun, Oludare Isaac, et al. State-of-the-art in artificial neural network applications: A survey. Heliyon 4.11 (2018): e00938.

❑ Hendrycks, D., & Gimpel, K. (2016). Gaussian Error Linear Units (GELUs). arXiv preprint arXiv:1606.08415.

❑ Kingma, D. P., & Ba, J. (2014). Adam: A Method for Stochastic Optimization. arXiv preprint arXiv:1412.6980.

❑ Kadra, Arlind, et al. Well-tuned simple nets excel on tabular datasets. Advances in neural information processing systems 34 (2021): 23928-23941.

❑ Krizhevsky, A., Sutskever, I., & Hinton, G. E. (2012). ImageNet classification with deep convolutional neural networks. In Advances in neural information processing systems (pp. 1097-1105).

❑ Simonyan, K., & Zisserman, A. (2014). Very deep convolutional networks for large-scale image recognition. arXiv preprint arXiv:1409.1556.

❑ He, K., Zhang, X., Ren, S., & Sun, J. (2016). Deep residual learning for image recognition. In Proceedings of the IEEE conference on computer vision and pattern recognition (pp. 770-778).

❑ Szegedy, C., Liu, W., Jia, Y., Sermanet, P., Reed, S., Anguelov, D., ... & Rabinovich, A. (2015). Going deeper with convolutions. In Proceedings of the IEEE conference on computer vision and pattern recognition (pp. 1-9).

第13章 高级深度学习技术

在上一章中，我们简要介绍了神经网络建模和深度学习的概念，同时重点讨论了全连接神经网络。本章将讨论更高级的技术，让你可以跨不同的数据类型和结构（例如图像、文本和图形）使用深度学习模型。这些技术通过人工智能推动了各领域的进步，例如聊天机器人、医疗诊断、药物发现、股票交易和欺诈检测等。

尽管我们将介绍一些跨不同数据类型的最著名的深度学习模型，但本章的主旨是帮助你理解 PyTorch 的概念和实践，而不是为你提供每一种数据类型或主题领域的最先进模型。

本章包含以下主题：

❑ 神经网络的类型。

❑ 用于图像形状数据的卷积神经网络。

❑ 用于语言建模的 Transformer。

❑ 使用深度神经网络对图进行建模。

在阅读完本章之后，你将了解卷积神经网络（CNN）、Transformer 和图神经网络，它们是深度学习建模的 3 个重要类别，可以针对你感兴趣的问题开发高性能模型。你还将学习如何使用 PyTorch 和 Python 开发此类模型。

13.1 技 术 要 求

学习本章需要满足以下要求，以帮助你更好地理解概念并能够在项目中使用它们，利用提供的代码进行练习。

❑ Python 库要求：

➢ torch >= 2.0.0。

➢ torchvision >= 0.15.1。

➢ transformers >= 4.28.0。

➢ datasets >= 2.12.0。

➢ torch_geometric == 2.3.1。

❑ 你需要了解以下基本知识：

➢ 深度学习建模和全连接神经网络。

> ➤ 如何使用 PyTorch 进行深度学习建模。

你可以在本书配套 GitHub 存储库中找到本章的代码文件，其网址如下：

https://github.com/PacktPublishing/Debugging-Machine-Learning-Models-with-Python/tree/main/Chapter13

13.2　神经网络的类型

到目前为止，本书提供的示例主要关注机器学习或深度学习建模中的表格数据，但它们只是机器学习建模中的一个类型。事实上，今天的机器学习，尤其是深度学习，已经成功地解决了处理非表格数据或非结构化文本、图像和图形的问题。因此，在这里我们将首先介绍涉及此类数据类型的不同问题，然后介绍相应的深度学习技术，这些技术可以帮助你为它们构建可靠的模型。

13.2.1　基于数据类型的分类

结构化数据（structured data）也称为表格化数据（tabular data），是可以组织成电子表格和结构化数据库的数据。由于本书使用了这种数据类型，因此我们通常具有不同的特征，可以在表、矩阵或 DataFrame 的列中输出。DataFrame 的行代表数据集中的不同数据点。

除此之外，我们还有其他类型的非结构化数据，将它们重新格式化为 DataFrame 或矩阵会导致信息丢失。图 13.1 显示了 3 种最重要的非结构化数据（unstructured data）类型，即文本等序列数据、家庭照片之类的图像形状数据，以及社交网络之类的图（graph）。

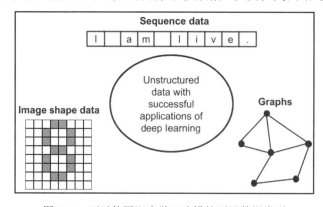

图 13.1　可以使用深度学习建模的不同数据类型

原　　文	译　　文
Sequence data	序列数据
Image shape data	图像形状数据
Graphs	图
Unstructured data with successful applications of deep learning	深度学习成功应用的非结构化数据

13.2.2　不同数据类型示例

表 13.1 提供了一些问题示例以及它们相应的数据如何适合图 13.1 中提到的每个类别。

表 13.1　每种数据类型的问题示例

数 据 类 型	示　　　　例
序列数据	文本 时间序列数据，例如股票价格 音频数据，作为声波序列 地理位置数据，作为物体运动的序列 脑电图（EEG）数据，作为大脑电活动的序列 心电图（ECG）数据，作为心脏电活动的序列
图像形状数据	照片 安全和监控图像 医学图像，例如 X 片或 CT 扫描影像 视觉艺术以及绘画图像 卫星捕获的图像，例如天气模式 使用显微镜捕获的图像，例如细胞图像
图	道路网络 网页图——网页之间的链接和导航关系 知识图谱——概念之间的关系 社交网络——个人和群体之间的联系 生物网络——基因或其他生物实体之间的联系

13.2.3　将不同类型数据重新格式化为表格数据的一些挑战

将不同类型数据重新格式化为表格数据的一些挑战和问题如下。

❑　将序列数据重新格式化为表格数据对象会导致有关数据顺序的信息（例如单词之间的顺序）丢失。单词之间的顺序对于理解其含义非常重要。

❑　将图像形状数据重新格式化为表格数据会导致局部模式（例如二维图像像素之

间的关系）丢失。局部模式对于识别图像内容非常重要。

❑ 将图重新格式化为表格数据将消除数据点或特征之间的依赖性。对于社交网络之类的图来说，数据点或特征之间的依赖性对于建立或识别它们之间的关系非常重要。

现在我们了解了不将所有数据集和数据类型重新格式化为表格数据的重要性，可以开始了解如何使用不同的深度学习技术来为非表格数据构建成功的模型。

让我们从查看图像形状数据开始。

13.3　用于图像形状数据的卷积神经网络

卷积神经网络（convolutional neural network，CNN）允许我们在图像数据上构建深度学习模型，而无须将图像重新格式化为表格格式。

13.3.1　卷积的概念

"卷积神经网络"名称中的重点是"卷积"。在深度学习中，卷积是指对图像形状数据应用滤波器（filter）以产生二次图像形状特征图，如图 13.2 所示。

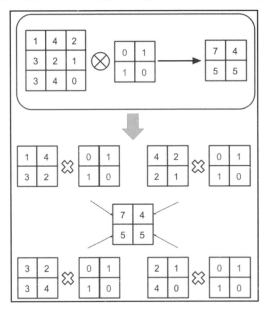

图 13.2　将预定义的卷积滤波器应用于 3×3 图像形状数据点的简单示例

当训练深度学习模型时（例如使用 PyTorch），卷积滤波器或其他滤波器（下文将详细介绍）不会被预定义，而是通过学习过程来学习。

13.3.2　卷积神经网络的应用

CNN 建模中的卷积和其他滤波器的过程让我们可以将此类深度学习技术下的方法用于不同的图像形状数据（参见图 13.1）。

CNN 的应用超出了它最著名的图像分类的监督学习范围。CNN 已用于解决不同的问题，包括图像分割、分辨率增强和对象检测等（见图 13.3）。

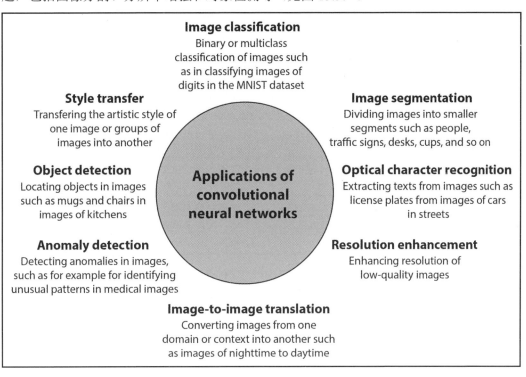

图 13.3　卷积神经网络的一些成功应用

原　　　文	译　　　文
Applications of convolutional neural networks	卷积神经网络的应用
Image classification	图像分类
Binary or multiclass classification of images such as in classifying images of digits in the MNIST dataset	图像的二元或多元分类，例如对 MNIST 数据集中的数字图像进行分类

原　　文	译　　文
Image segmentation	图像分割
Dividing images into smaller segments such as people, traffic signs, desks, cups, and so on	将图像划分为较小的部分，如人物、交通标志、桌子、杯子等
Optical character recognition	光学字符识别
Extracting texts from images such as license plates from images of cars in streets	从街道上汽车的图像中提取文本，如车牌
Resolution enhancement	分辨率增强
Enhancing resolution of low-quality images	提高低质量图像的分辨率
Image-to-image translation	从图像到图像的转换
Converting images from one domain or context into another such as images of nighttime to daytime	将图像从一个领域或背景转换为另一个领域或背景，例如将夜间图像转换为日间图像
Anomaly detection	异常检测
Detecting anomalies in images, such as for example for identifying unusual patterns in medical images	检测图像中的异常，例如用于识别医学图像中的不寻常模式
Object detection	对象检测
Locating objects in images such as mugs and chairs in images of kitchens	在图像中定位对象，如厨房图像中的马克杯和椅子
Style transfer	风格转换
Transfering the artistic style of one image or groups of images into another	将一幅图像或图像组的艺术风格转换为另一种风格

13.3.3　卷积神经网络的常用模型

表 13.2 列出了 CNN 不同应用中的高性能模型，你可以在项目中使用它们或从中学习以构建更好的模型。

表 13.2　解决不同问题的高性能 CNN 模型

问　　题	一些广泛使用的模型和相关技术
图像分类	ResNet（详见 13.8 节"参考文献"：He et al.，2016）； EfficientNets（详见 13.8 节"参考文献"：Tan and Le，2019）； MobileNets（详见 13.8 节"参考文献"：Howard et al.，2017；Sandler et al.，2018）； Xception（详见 13.8 节"参考文献"：Chollet，2017）

问　　题	一些广泛使用的模型和相关技术
图像分割	U-Net（详见 13.8 节"参考文献"：Ronneberger et al.，2015）； Mask R-CNN（详见 13.8 节"参考文献"：He et al.，2017）； DeepLab（详见 13.8 节"参考文献"：Chen et al.，2017）； PSPNet（详见 13.8 节"参考文献"：Chao et al.，2017）
对象检测	Mask R-CNN（详见 13.8 节"参考文献"：He et al.，2017）； Faster R-CNN（详见 13.8 节"参考文献"：Ren et al.，2015）； YOLO（详见 13.8 节"参考文献"：Redmon et al.，2016）
图像超分辨率	SRCNN（详见 13.8 节"参考文献"：Dong et el.，2015）； FSRCNN（详见 13.8 节"参考文献"：Dong et al.，2016）； EDSR（详见 13.8 节"参考文献"：Lim et al.，2017）
从图像到图像的转换	Pix2Pix（详见 13.8 节"参考文献"：Isola et al.，2017）； CycleGAN（详见 13.8 节"参考文献"：Zhu et al.，2017）
风格迁移	Neural Algorithm of Artistic Style（详见 13.8 节"参考文献"：Gatys et al.，2016）； AdaIN-Style（详见 13.8 节"参考文献"：Huang et al.，2017）
异常检测	AnoGAN（详见 13.8 节"参考文献"：Schlegl et al.，2017）； RDA（详见 13.8 节"参考文献"：Zhou et al.，2017）； Deep SVDD（详见 13.8 节"参考文献"：Ruff et al.，2018）
光学字符识别	EAST（详见 13.8 节"参考文献"：Zhou et al.，2017）； CRAFT（详见 13.8 节"参考文献"：Bake et al.，2019）

你可以在二维或三维图像形状数据上训练 CNN 模型，还可以构建适用于此类数据点序列（例如视频）的模型——将视频作为图像序列。

在可以播放的视频上使用 CNN 的一些著名的模型或方法是 C3D（详见 13.8 节"参考文献"：Tran et al.，2015）、I3D（详见 13.8 节"参考文献"：Carreira and Zisserman，2017）和 SlowFast（详见 13.8 节"参考文献"：Feichtenhofer et al.，2019）。

接下来，让我们了解一些评估 CNN 模型性能的方法。

13.3.4　性能评估

评估 CNN 模型可以使用第 4 章"检测机器学习模型中的性能和效率问题"中介绍的性能指标，例如 CNN 分类模型的 ROC-AUC、PR-AUC、精确率和召回率等。当然，对于图 13.3 中出现的一些问题，还有其他更具体的衡量指标，如下所示。

❑　像素准确率（pixel accuracy，PA）：该指标定义为正确分类的像素与像素总数的比率。该指标的作用类似于准确率，并且当像素中存在类别不平衡的现象时也可能会产生误导。

❑ 杰卡德指数（Jaccard index）：杰卡德指数也称为交并比，即它是根据集合的交集与并集的比例来计算的，在数据分析、文本挖掘等领域经常用于度量两个集合之间的相似程度。

13.3.5　使用 PyTorch 进行 CNN 建模

PyTorch 中的 CNN 建模过程与构建全连接神经网络非常相似，正如我们在上一章中介绍的那样，它首先指定网络的架构，然后初始化优化器，最后训练不同的 epoch 和批次，以从训练数据点中学习。

在这里，我们希望使用 torchvision 库中的德国交通标志识别基准（German Traffic Sign Recognition Benchmark，GTSRB）数据集在 PyTorch 中练习 CNN 建模。该数据集中的图像示例如图 13.4 所示。

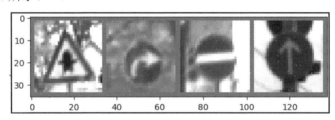

图 13.4　来自 torchvision 的德国交通标志识别基准数据集中的图像示例

除了 torch.nn 中的卷积滤波器（torch.nn.Conv2d），你还可以使用其他滤波器和层来训练高性能 CNN 模型。

除了 torch.nn.Conv2d，广泛使用的过滤器之一是 torch.nn.MaxPool2d，它可以用作 CNN 建模中的池化层（详见 13.8 节"参考文献"：LeCun et al.，1989）。你可以在 PyTorch 网站上了解这两个过滤器所需的参数，其网址如下：

https://pytorch.org/docs/stable/nn.html

现在让我们开始使用 GTSRB 数据集练习 CNN 建模。

（1）加载模型训练和测试的数据，然后指定分类模型中的分类数。

```
transform = transforms.Compose([
    transforms.Resize((32, 32)),
    transforms.ToTensor(),
    transforms.Normalize((0.3337, 0.3064, 0.3171),
```

```
        ( 0.2672, 0.2564, 0.2629))
])
batch_size = 6
n_class = 43

# 加载德国交通标志识别基准（GTSRB）数据集
# 并拆分为训练集和测试集
trainset = torchvision.datasets.GTSRB(
    root='../../data',split = 'train',
    download=True,transform=transform)
trainloader = torch.utils.data.DataLoader(trainset,
    batch_size=batch_size,shuffle=True, num_workers=2)

testset = torchvision.datasets.GTSRB(
    root='../../data',split = 'test',
    download=True,transform=transform)
testloader = torch.utils.data.DataLoader(testset,
    batch_size=batch_size,shuffle=False,num_workers=2)
```

（2）定义一个神经网络类，称为 Net，它决定了网络的架构。该网络包括两个卷积层，另外加上池化滤波器，接下来是 ReLU 激活函数，然后是 3 层带有 ReLU 激活函数的全连接神经网络。

```
import torch.nn as nn
import torch.nn.functional as F

class Net(nn.Module):
    def __init__(self):
        super().__init__()
        self.conv1 = nn.Conv2d(3, 6, 5)
        self.pool = nn.MaxPool2d(2, 2)
        self.conv2 = nn.Conv2d(6, 16, 5)
        self.fc1 = nn.Linear(16 * 5 * 5, 128)
        self.fc2 = nn.Linear(128, 64)
        self.fc3 = nn.Linear(64, n_class)

    def forward(self, x):
        x = self.pool(F.relu(self.conv1(x)))
        x = self.pool(F.relu(self.conv2(x)))
        x = torch.flatten(x, 1)
        x = F.relu(self.fc1(x))
        x = F.relu(self.fc2(x))
        x = self.fc3(x)
        return x
```

（3）初始化网络和优化器，如下所示：

```
import torch.optim as optim

net = Net()
criterion = nn.CrossEntropyLoss()
optimizer = optim.SGD(net.parameters(), lr=0.001,
    momentum=0.9)
```

（4）现在可以使用初始化之后的架构和优化器来训练网络。

在本示例中，我们将训练网络 3 个 epoch。此处不需要指定批大小，因为它们是在从 torchvision 加载数据时确定的，在本示例中指定为 6，详见步骤（1）中的代码。

你也可以在本书配套 GitHub 存储库中找到本示例的全部代码。

```
n_epoch = 3
for epoch in range(n_epoch):

    # running_loss = 0.0
    for i, data in enumerate(trainloader, 0):
        # 获取输入数据
        inputs, labels = data
        # 将梯度参数设置为 0
        optimizer.zero_grad()

        # 输出识别结果
        outputs = net(inputs)
        # 损失计算和后向传播以更新参数
        loss = criterion(outputs, labels)
        loss.backward()
        optimizer.step()
```

在 3 个 epoch 后，最终计算的损失为 0.00008。

以上就是使用 PyTorch 进行 CNN 建模的简单示例。在构建 CNN 模型时，你可以受益于 PyTorch 中的其他功能，例如数据增强。这也是接下来我们将要讨论的主题。

13.3.6　卷积神经网络的图像数据转换和增强

在机器学习生命周期的预训练阶段，你可能需要转换图像，例如通过裁剪图像或将数据增强作为一系列合成数据生成技术来实现，以提高模型的性能，在第 5 章"提高机器学习模型的性能"中已经简单介绍过合成数据的生成。

图 13.5 显示了数据增强的一些简单示例，包括旋转和缩放变化，可帮助你生成合成但高度相关的数据点来训练你的模型。

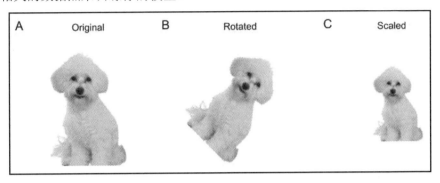

图 13.5　基于规则的数据增强示例

原　文	译　文	原　文	译　文
Original	原图	Scaled	缩放之后
Rotated	旋转之后		

尽管有一些可以在 Python 中实现的数据增强规则的简单示例，但 PyTorch 中有许多类可用于数据转换和增强，有关详细信息，可访问：

https://pytorch.org/vision/stable/transforms.html

13.3.7　使用预先训练的模型

在深度学习环境中，通常依赖预先训练的模型进行推理或针对特定问题做进一步的微调。卷积神经网络也不例外，你可以在 PyTorch 中找到许多用于图像分类或 CNN 的其他应用的预训练模型，其网址如下：

https://pytorch.org/vision/stable/models.html

你还可以在上述网址中找到有关如何使用这些模型的代码示例。想要知道如何使用新数据微调这些模型，可访问：

https://pytorch.org/tutorials/beginner/finetuning_torchvision_models_tutorial.html

尽管到目前为止我们主要关注的是将 CNN 应用于图像数据，但实际上它们可用于对任何图像形状数据进行建模。例如，音频数据可以从时域转换到频域，从而产生可以使用 CNN 结合序列建模算法进行建模的图像形状数据，有关详细信息，可访问：

https://pytorch.org/audio/main/models.html

除了图像和图像形状数据，研究人员还开发了深度学习模型和算法来对各种应用中的序列数据进行正确建模，例如在自然语言处理（natural language processing，NLP）任务中，为简单起见，我们将其称为语言建模。

接下来，我们将探讨用于语言建模的 Transformer，以帮助你掌握和使用此类模型，解决相关问题，完成相关任务。

13.4 用于语言建模的 Transformer

Transformer 模型首次被提出是在一篇名为"Attention is all you need"（《注意力是你所需的一切》）的著名论文中（详见 13.8 节"参考文献"：Vaswani et al.，2017），在该论文中，Transformer 被介绍为一种用于序列到序列（sequence-to-sequence）数据建模任务的新方法，例如将语句从一种语言翻译成另一种语言（即机器翻译）。

Transformer 模型建立在自注意力的思想之上，这有助于模型在训练期间的学习过程中关注句子的其他重要部分或信息序列。

这种注意力机制有助于模型更好地理解输入序列元素之间的关系，例如语言建模中输入序列的单词之间的关系。使用 Transformer 构建的模型通常比使用长短期记忆（long short term memory，LSTM）和循环神经网络（recurrent neural network，RNN）等先前技术构建的模型效果更好（详见 13.8 节"参考文献"：Vaswani et al.，2017；Devlin et al.，2018）。

图 13.6 显示了语言建模中的 4 个传统问题，这些问题已被 Transformer 模型成功解决。

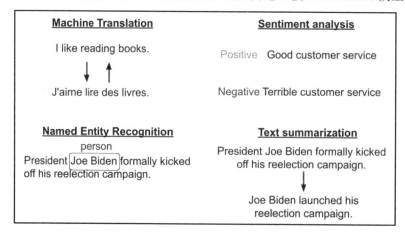

图 13.6　深度学习技术已成功解决语言建模中的 4 个传统问题

原　　文	译　文	原　　文	译　　文
Machine Translation	机器翻译	Named Entity Recognition	命名实体识别
Sentiment analysis	情感分析	Text summarization	文本摘要

目前有一些著名的模型已经在上述领域或其他语言建模任务中直接使用，或略作修改即可使用。以下是一些例子。

❑　BERT（详见 13.8 节"参考文献"：Devlin et al.，2018），网址如下：

https://github.com/google-research/bert

❑　GPT（详见 13.8 节"参考文献"：Radford et al.，2018），网址如下：

https://openai.com/product/gpt-4

❑　DistilBERT（详见 13.8 节"参考文献"：Sanh et al.，2019），网址如下：

https://huggingface.co/docs/transformers/model_doc/distilbert

❑　RoBERTa（详见 13.8 节"参考文献"：Liu et al.，2019），网址如下：

https://github.com/facebookresearch/fairseq/tree/main/examples/roberta

❑　BART（详见 13.8 节"参考文献"：Lewis et al.，2019），网址如下：

https://github.com/huggingface/transformers/tree/main/src/transformers/models/bart

❑　XLNet（详见 13.8 节"参考文献"：Yang et al.，2019），网址如下：

https://github.com/zihangdai/xlnet/

❑　T5（详见 13.8 节"参考文献"：Raffel et al.，2020），网址如下：

https://github.com/google-research/text-to-text-transfer-transformer

❑　LLaMA（详见 13.8 节"参考文献"：Touvron et al.，2023），网址如下：

https://github.com/facebookresearch/llama

Transformer 模型还被用于其他领域和序列数据，例如电子健康记录（详见 13.8 节"参考文献"：Li et al.，2020）、蛋白质结构预测（详见 13.8 节"参考文献"：Jumpter et al.，2021）和时间序列异常检测（详见 13.8 节"参考文献"：Xu et al.，2021）。

生成式建模是机器学习建模中的另一个重要概念，已被 Transformer 和 CNN 成功结合使用。此类模型的示例是不同版本的 GPT，例如 GPT-4，其网址如下：

https://openai.com/product/gpt-4

在第 14 章 "机器学习最新进展简介" 中将详细介绍生成建模。

目前有一个开放的大语言模型（large language model，LLM）排行榜，提供最新的开源 LLM 模型列表，其网址如下：

https://huggingface.co/spaces/HuggingFaceH4/open_llm_leaderboard

有关大语言模型实用资源的列表，可访问：

https://github.com/Mooler0410/LLMsPracticalGuide

本书无意深入讨论 Transformer 背后的理论细节，但在 PyTorch 中构建 Transformer 架构时，需要了解 Transformer 架构的组件。

其他广泛使用的性能度量也可用于序列数据和语言建模，例如：

❑ Perplexity（https://torchmetrics.readthedocs.io/en/stable/text/perplexity.html）。

❑ Bilingual Evaluation Understudy（BLEU）分数（https://torchmetrics.readthedocs.io/en/stable/text/bleu_score.html）。

❑ Recall-Oriented Understudy for Gisting Evaluation（ROUGE）分数（https://torchmetrics.readthedocs.io/en/stable/text/rouge_score.html）。

上述度量可帮助你评估序列模型。

13.4.1　标记化

在训练和测试 Transformer 模型之前，需要通过称为标记化（tokenization）的过程将数据转换为正确的格式。标记化是将数据分成更小的片段，例如，拆分为单词则称单词标记化（word tokenization），拆分为字符则称字符标记化（character tokenization）。

以下面的句子为例：

```
I like reading books
```

可以将其转换为它所包含的单词，即：

```
["I," "like," "reading," "books"]
```

构建标记化器（tokenizer，也称为分词器）时，需要指定允许的最大分词数量。例如，对于具有 1000 个标记的标记化器，最常见的 1000 个单词将用作构建标记化器所提供的文本中的标记。然后，每个标记将是这 1000 个最常见的标记之一。在此之后，这些标记各自获得一个 ID；这些数字稍后将被神经网络模型用于训练和测试。标记化器的标记之外的单词和字符获得一个共同值，例如 0 或 1。

文本标记化中的另一个挑战是语句和单词序列的长度不同。为了应对这一挑战，在称为填充（padding）的过程中，在每个单词或句子序列中的单词标记的 ID 之前或之后使用一个公共 ID，例如 0。

最近的大语言模型在其标记化过程中有着不同数量的标记。例如，OpenAI 的 gpt-4-32k 模型提供 32000 个标记，有关详细信息，可访问：

https://help.openai.com/en/articles/7127966-what-is-the-difference-Between-the-gpt-4-models

而 Claude 的大语言模型则提供了 10 万个标记。有关其详细信息，可访问：

https://www.anthropic.com/index/100k-context-windows

标记数量的差异可能会影响模型在相应文本相关任务方面的性能。

常用的标记化库包括：

❑　Transformer（https://huggingface.co/transformers/v3.5.1/main_classes/tokenizer.html）。

❑　SpaCy（https://spacy.io/）。

❑　NLTK（https://www.nltk.org/api/nltk.tokenize.html）。

现在让我们练习使用 Hugging Face 的 Transformer 库，以更好地理解标记化的工作原理。

（1）导入 transformers.AutoTokenizer()，然后加载 bert-base-cased 和 gpt2 预训练标记化器，示例如下：

```
from transformers import AutoTokenizer
tokenizer_bertcased = AutoTokenizer.from_pretrained(
    'bert-base-cased')
tokenizer_gpt2 = AutoTokenizer.from_pretrained('gpt2')
```

（2）要使用这两个标记化器练习，必须列出要在标记化过程中使用的两个语句：

```
batch_sentences = ["I know how to use machine learning in my
projects","I like reading books."]
```

（3）使用每个加载的标记化器来标记这两个语句并将其编码为相应的 ID 列表。首先使用 gpt2，示例如下：

```
encoded_input_gpt2 = tokenizer_gpt2(batch_sentences)
```

上述代码可将这两个语句转换为以下二维列表，其中包含每个语句中每个标记的 ID。

例如，由于两个语句都以"I"开头，因此它们的第一个 ID 都是 40，这是 gpt2 标记化器中"I"的标记。

```
[[40, 760, 703, 284, 779, 4572, 4673, 287, 616, 4493],
 [40, 588, 3555, 3835, 13]]
```

（4）现在再来使用 bert-base-cased 试一试，但这一次，我们将要求标记化器使用 padding 来生成相同长度的 ID 列表，并以张量（tensor）格式返回生成的 ID，这适合稍后在神经网络中使用网络建模，例如使用 PyTorch：

```
encoded_input_bertcased = tokenizer_bertcased(
    batch_sentences, padding=True, return_tensors="pt")
```

以下张量显示两个句子生成的 ID 的长度相同：

```
tensor([[ 101, 146, 1221, 1293, 1106, 1329, 3395, 3776,
    1107, 1139, 3203, 102],
    [ 101,146, 1176, 3455, 2146, 119, 102, 0, 0, 0, 0, 0]])
```

（5）还可以使用每个标记器的解码功能将 ID 转换回原始语句。首先使用 gpt2 解码生成的 ID：

```
[tokenizer_gpt2.decode(input_id_iter) for input_id_iter in encoded_
input_gpt2["input_ids"]]
```

这会生成以下语句，它与原始输入语句是一致的：

```
['I know how to use machine learning in my projects', 'I like reading
books.']
```

（6）使用 bert-base-cased 标记化器来解码 ID，如下所示：

```
[tokenizer_bertcased.decode(input_id_iter) for input_id_iter in
encoded_input_bertcased["input_ids"]]
```

其结果语句不仅包含原始语句,还包含解码的填充标记。例如,[PAD]是填充项。[CLS]是 classification 的缩写，在文本分类任务中，它通常表示句子或文档的开头。在 BERT 中，[CLS]对应着输入文本中第一个词的词向量。[SEP]是 separator 的缩写，它通常表示句子或文档的结尾。在 BERT 中，[SEP]对应着输入文本中最后一个词的词向量，它的作用是分割不同的句子。

```
['[CLS] I know how to use machine learning in my projects [SEP]',
 '[CLS] I like reading books. [SEP] [PAD] [PAD] [PAD] [PAD] [PAD]']
```

13.4.2　语言嵌入

如果将句子和语句进行标记化，则可以将每个单词或句子的识别 ID 转换为信息更丰富的嵌入（embedding）。

ID 本身可以用作独热编码，如第 4 章"检测机器学习模型中的性能和效率问题"中所讨论的，每个单词都会获得一个长向量，其中所有元素都为 0，而专用于相应单词的标记则为 1。但这些独热编码并没有为我们提供单词之间的任何关系，就像单词级别的语言建模中的数据点一样。

我们可以将词汇表中的单词转换为嵌入，用于捕获它们之间的语义关系，并帮助机器学习和深度学习模型利用跨不同语言建模任务的新的信息丰富的特征。

尽管 BERT 和 GPT-2 等模型并不是专门为文本嵌入提取而设计的，但它们也可以用于为文本语料库中的每个单词生成嵌入。

当然，也有一些较早期的方法是为嵌入生成而设计的，例如 Word2Vec（详见 13.8 节"参考文献"：Mikolov et al.，2013）、GloVe（详见 13.8 节"参考文献"：Pennington et al.，2014）和 fast-text（详见 13.8 节"参考文献"：Bojanowski et al.，2017）。

还有一些更新、更全面的词嵌入模型，例如 Cohere，可以用来生成不同语言的文本嵌入并用于建模。有关详细信息，可访问：

https://txt.cohere.com/embedding-archives-wikipedia/

13.4.3　使用预训练模型进行语言建模

我们可以将预先训练的模型导入不同的深度学习框架（例如 PyTorch）中，仅用于推理或使用新数据对它做进一步的微调。

本小节将使用 DistilBERT（详见 13.8 节"参考文献"：Sanh et al.，2019）进行练习。DistilBERT 是 BERT 的更快速、更轻型的版本（详见 13.8 节"参考文献"：Devlin et al.，2018）。具体来说，我们想要使用 DistilBertForSequenceClassification()，这是一个基于 DistilBERT 架构的模型，适用于序列分类任务。

在本示例的过程中，模型将得到训练，并可用于推理，以执行为给定句子或语句分配标签的任务。此类标签分配的示例是垃圾邮件检测或语义标签，例如正面、负面和中立。

请按以下步骤操作。

（1）从 torch 和 Transformer 中导入必要的库和类。

```
import torch
from torch.utils.data import DataLoader
from transformers import DistilBertTokenizerFast,
DistilBertForSequenceClassification, Trainer, TrainingArguments
```

（2）现在加载 imdb 数据集，以便可以使用它来训练模型，作为
DistilBertForSequenceClassification()的微调版本。

```
from datasets import load_dataset
dataset = load_dataset("imdb")
```

（3）在 DistilBertTokenizerFast()标记化器之上定义一个标记化器函数，并使用
distilbert-base-uncased 作为预训练的标记化器。

```
tokenizer = DistilBertTokenizerFast.from_pretrained(
    "distilbert-base-uncased")

def tokenize(batch):
    return tokenizer(batch["text"], padding=True,
        truncation=True, max_length=512)
```

（4）现在可以分离出一小部分（1%）imdb 数据进行训练和测试，因为我们只想练
习这个过程，而使用整个数据集进行训练和测试将需要很长时间。

```
train_dataset = dataset["train"].train_test_split(
    test_size=0.01)["test"].map(tokenize, batched=True)
test_dataset = dataset["test"].train_test_split(
    test_size=0.01)["test"].map(tokenize, batched=True)
```

（5）现在可以初始化 DistilBertForSequenceClassification()模型，同时指定分类过程
中的标签数量，本示例设置为 2。

```
model = DistilBertForSequenceClassification.from_pretrained(
    "distilbert-base-uncased", num_labels=2)
```

（6）使用来自 imdb 数据集的单独训练数据来训练模型 3 个 epoch。

```
training_args = TrainingArguments(output_dir="./results",
    num_train_epochs=3,per_device_train_batch_size=8,
    per_device_eval_batch_size=8, logging_dir="./logs")

trainer = Trainer(model=model, args=training_args,
```

```
    train_dataset=train_dataset,eval_dataset=test_dataset)

trainer.train()
```

（7）模型训练完毕，可以在 imdb 数据的单独测试集上对其进行评估。

```
eval_results = trainer.evaluate()
```

产生的评估损失为 0.35。

你还可以在语言建模或推理任务中使用许多其他可用模型。例如，PyTorch Transformers 库，其网址如下：

https://pytorch.org/hub/huggingface_pytorch-transformers/

除了语言建模，还有其他序列模型适用于以下领域：

❑　音频建模（https://pytorch.org/audio/main/models.html）。

❑　时间序列建模（https://huggingface.co/docs/transformers/model_doc/time_series_transformer）。

❑　预测（https://pytorch-forecasting.readthedocs.io/en/stable/models.html）。

❑　视频建模（https://pytorchvideo.org/）。

有关 Transformer 建模以及如何从头开始构建新架构（而不是使用 PyTorch 中预先训练的模型）的更多信息，可访问：

https://pytorch.org/tutorials/beginner/transformer_tutorial.html

本节的讨论重点是如何将文本建模为一种序列数据，还有一种更复杂的数据结构——图。接下来让我们看看如何使用深度神经网络对图进行建模。

13.5　使用深度神经网络对图进行建模

我们可以将图视为用于机器学习和深度学习建模的几乎所有非表格数据的更通用结构。序列可以被视为一维（1D）的，而图像或图像形状数据则可以被视为二维（2D）的（见图 13.7）。本章前面已经介绍了如何使用 Python 和 PyTorch 中的 CNN 和 Transformer 来处理序列和图像形状数据，但是图比它们复杂，图具有预定义的结构，不能简单地使用卷积神经网络或序列模型对图进行建模。

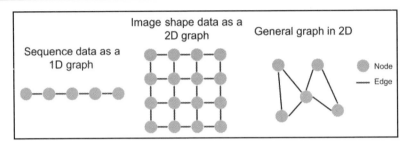

图 13.7　不同的非结构化数据类型的图形表示

原　　　文	译　　　文
Sequence data as a 1D graph	序列数据可以被视为一维图
Image shape data as a 2D graph	图像形状数据可以被视为二维图
General graph in 2D	普通的二维图
Node	节点
Edge	边

13.5.1　认识图

图有两个重要元素，称为节点（node）和边（edge）。边连接节点。图的节点和边可以具有不同的特征，这些特征可用于区分它们（见图 13.8）。

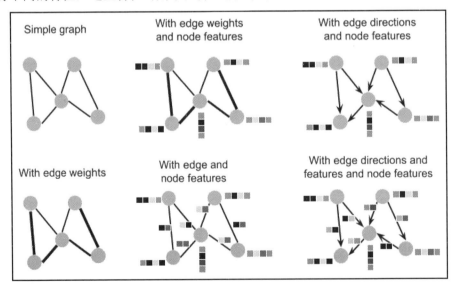

图 13.8　根据节点和边特征划分的图类型

原　　　文	译　　　文
Simple graph	简单图
With edge weights and node features	包含边权重和节点特征
With edge directions and node features	包含边方向和节点特征
With edge weights	包含边权重
With edge and node features	包含边和节点特征
With edge directions and features and node features	包含边方向和特征以及节点特征

　　如图 13.8 所示，我们可以得到各种类型的图，其中的节点具有特征，边具有权重、特征或方向。例如，无向图（undirected graph）是指包含无向边的图，它有许多实际应用，例如社交媒体网络。假设社交媒体图中的每个节点代表一个人，那么图中的边就可以确定哪些人是相连的。这些图中节点的特征可以是社交媒体网络中人们的不同特征，例如他们的年龄、学习领域或职称、居住城市等。

　　有向图（directed graph）可用于不同的应用，例如因果建模，在第 15 章 "相关性与因果关系" 中将对此展开详细讨论。

　　正如本节开头提到的，卷积神经网络和 Transformer 等技术不能直接在图上使用。因此，接下来让我们看看对图进行建模的神经网络技术。

13.5.2　图神经网络

　　与 2D 图像和 1D 序列数据不同，图可能具有很复杂的结构。当然，我们也可以使用深度神经网络对它们进行建模，其思路与卷积神经网络和 Transformer 模型相同，依赖于数据中的局部模式和关系。我们可以依赖图中的局部模式，让神经网络从相邻节点学习，而不是尝试学习整个图的信息，整个图可能包含数千个节点和数百万条边。这就是图神经网络（graph neural network，GNN）背后的思想。

　　可以将图神经网络用于不同的任务，例如：

❑　节点分类：我们的目标是使用图神经网络预测图中每个节点的类别。例如，假设有一个城市所有酒店的图，图中的边是它们之间的最短路线，你可以使用该图预测在假日期间哪一家酒店会率先爆满。或者，假设你有化学知识背景，则可以使用节点分类方法，利用蛋白质的 3D 结构来注释蛋白质中的氨基酸（详见13.8 节 "参考文献"：Abdollahi et al.，2023）。

❑　节点选择：图神经网络的节点选择与卷积神经网络的对象检测类似。我们可以设计图神经网络来识别和选择具有特定特征的节点，例如在产品和消费者图中选择消费者来推荐产品。

❑ 链接预测：我们的目标是预测图中已有节点或新节点之间的未知边。例如，在代表社交媒体网络的图中，链接预测可能是预测人与人之间的联系。然后，这些人可以互相推荐，以便将彼此添加到他们的联系网络中。

❑ 图分类：我们可以设计图神经网络来预测整个图的特征，而不是预测或选择节点或边。在这种情况下，可能会有一些图，其中每个图代表一个数据点，例如在图神经网络模型中用于图分类的药物分子。

有关详细信息，可访问：

https://chrsmrrs.github.io/datasets/

不同的图神经网络有通用的分类法，例如 Wu 等人提出的分类法（详见 13.8 节"参考文献"：Wu et al.，2020）。但在这里，我们希望重点关注一些广泛使用的方法的示例，而不是对不同类别的图神经网络进行过于技术化的比较。

目前已成功用于图建模的方法示例包括图卷积网络（graph convolutional network，GCN）（详见 13.8 节"参考文献"：Kipf and Welling，2016）、图采样和聚合（graph sample and aggregation，GraphSAGE）（详见 13.8 节"参考文献"：Hamilton et al.，2017）和图注意网络（graph attention network，GAT）（详见 13.8 节"参考文献"：Velickovic et al.，2017）。

虽然大多数图神经网络技术都考虑节点特征，但并非所有技术都考虑边的特征。消息传递神经网络（message passing neural network，MPNN）是考虑节点和边的特征的技术示例，最初设计用于生成药物分子图（详见 13.8 节"参考文献"：Gilmer et al.，2017）。

你可以根据自己所拥有的数据构建图表，或使用斯坦福大型网络数据集（Stanford large network dataset collection，SNAP）等公开数据集来练习不同的图神经网络技术。SNAP 拥有最大的图数据集之一，你可以下载并开始练习，其网址如下：

https://snap.stanford.edu/data/

接下来，我们将使用 PyTorch 练习图神经网络建模，以帮助你更好地理解如何在 Python 中构建此类模型。

13.5.3　使用 PyTorch Geometric 构建图神经网络

PyTorch Geometric 是一个基于 PyTorch 构建的 Python 库，可帮助你训练和测试图神经网络。你可以通过一系列教程来了解如何使用 PyTorch Geometric 进行图神经网络建模，其网址如下：

https://pytorch-geometric.readthedocs.io/en/latest/notes/colabs.html

本小节将使用改编自这些教程之一的代码来练习节点分类问题。有关详细信息，可访问：

https://colab.research.google.com/drive/14OvFnAXggxB8vM4e8vSURUp1TaKnovzX?usp=sharing#scrollTo=0YgHcLXMLk4o

请按以下步骤操作。

（1）从 PyTorch Geometric 中的 Planetoid 导入 CiteSeer 引文网络数据集（详见 13.8 节"参考文献"：Yang et al.，2016）。

```
from torch_geometric.datasets import Planetoid
from torch_geometric.transforms import NormalizeFeatures

dataset = Planetoid(root='data/Planetoid', name='CiteSeer',
    transform=NormalizeFeatures())
data = dataset[0]
```

（2）与初始化 FCNN 和 CNN 的神经网络类似，我们必须初始化用于图神经网络建模的 GCNet 类，但本示例将使用 GCNConv 图卷积层，而不是使用线性和卷积层。

```
import torch
from torch_geometric.nn import GCNConv
import torch.nn.functional as F
torch.manual_seed(123)

class GCNet(torch.nn.Module):
    def __init__(self, hidden_channels):
        super().__init__()
        self.gcn_layer1 = GCNConv(dataset.num_features,
            hidden_channels[0])
        self.gcn_layer2 = GCNConv(hidden_channels[0],
            hidden_channels[1])
        self.gcn_layer3 = GCNConv(hidden_channels[1],
            dataset.num_classes)

    def forward(self, x, edge_index):
        x = self.gcn_layer1(x, edge_index)
        x = x.relu()
        x = F.dropout(x, p=0.3, training=self.training)
        x = self.gcn_layer2(x, edge_index)
```

```
x = x.relu()
x = self.gcn_layer3(x, edge_index)

return x
```

在上述代码中,使用了 3 个 GCNConv 层结合 ReLU 激活函数和 dropout 进行正则化。

（3）现在可以使用定义的 GCNet 类来初始化模型,其中隐藏层的大小为 128 和 16,在本练习代码中,这两个层都是任意的。

我们还必须初始化优化器,同时指定算法（在本例中为 Adam）,学习率为 0.01,为正则化设置权重衰减为 1e-4。

```
model = GCNet(hidden_channels=[128, 16])
optimizer = torch.optim.Adam(model.parameters(), lr=0.01,
    weight_decay=1e-4)
criterion = torch.nn.CrossEntropyLoss()
```

（4）定义训练函数,它将用于 1 个 epoch 的训练:

```
def train():
    model.train()
    optimizer.zero_grad()
    out = model(data.x, data.edge_index)
    loss = criterion(out[data.train_mask],
        data.y[data.train_mask])
    loss.backward()
    optimizer.step()
    return loss
```

（5）现在可以遍历多个 epoch 来训练模型。请注意,以下循环训练模型 400 个 epoch,可能需要很长时间。

```
import numpy as np
epoch_list = []
loss_list = []
for epoch in np.arange(1, 401):
    loss = train()
    if epoch%20 == 0:
        print(f'Epoch: {epoch:03d}, Loss: {loss:.4f}')
        epoch_list.append(epoch)
        loss_list.append(loss.detach().numpy())
```

图 13.9 显示了训练过程中的学习曲线（Loss 和 Epoch 的对比）。

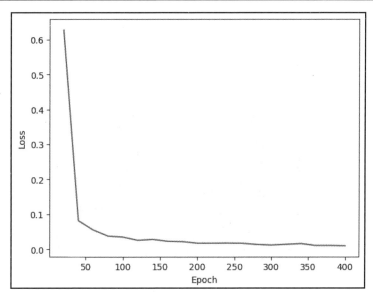

图 13.9　CiteSeer 数据集上示例 GCN 模型的学习曲线

（6）还可以在数据集的测试部分测试模型，如下所示：

```
model.eval()
pred = model(data.x, data.edge_index).argmax(dim=1)
test_correct = pred[data.test_mask] ==
    data.y[data.test_mask]
test_acc = int(test_correct.sum()) / int(
    data.test_mask.sum())
```

获得的准确率为 0.655。

（7）生成测试集上预测结果的混淆矩阵：

```
from sklearn.metrics import confusion_matrix
cf = confusion_matrix(y_true = data.y, y_pred = model(
    data.x, data.edge_index).argmax(dim=1))
import seaborn as sns
sns.set()
sns.heatmap(cf, annot=True, fmt="d")
```

这会产生如图 13.10 所示的矩阵（显示为热图）。尽管大多数预测和数据点的真实类别是匹配的，但也有许多在混淆矩阵的对角线元素之外的数据点被错误分类。

本章讨论了使用深度学习对不同数据类型和问题进行建模的技术。你可以了解这些先进技术的更多信息并在项目中使用它们。

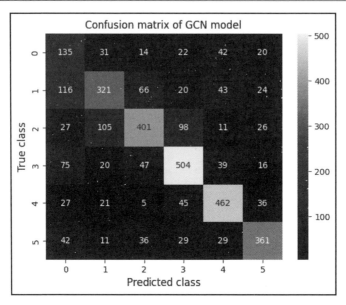

图 13.10　CiteSeer 数据集上示例 GCN 模型的测试集预测的混淆矩阵

13.6　小　　结

本章介绍了一些高级深度学习技术，包括卷积神经网络、Transformer 和图神经网络。你了解了一些使用此类技术开发的广泛使用或非常著名的模型。

本章还练习从头开始构建这些高级模型或使用 Python 和 PyTorch 对其进行微调。这些知识可帮助你更多地了解这些技术并开始在项目中使用它们，以便你可以对图像和图像形状数据、文本和序列数据以及图进行建模。

在下一章中，我们将介绍生成式建模和强化学习以及自监督学习方面的最新进展，它们可以帮助你开发项目或为你提供开发有趣且实用的工具和应用程序的机会。

13.7　思　考　题

（1）可以使用卷积神经网络和图神经网络解决哪些问题？

（2）应用卷积是否会保留图像中的局部模式？

（3）减少标记数量是否会导致语言模型出现更多错误？

（4）文本标记化过程中的填充指的是什么？

（5）在 PyTorch 中为卷积神经网络和图神经网络构建的网络架构类是否相似？

（6）什么时候需要边的特征来构建图神经网络？

13.8　参　考　文　献

❏ He, Kaiming, et al. Deep residual learning for image recognition. Proceedings of the IEEE conference on computer vision and pattern recognition. 2016.

❏ Tan, Mingxing, and Quoc Le. Efficientnet: Rethinking model scaling for convolutional neural networks. International conference on machine learning. PMLR, 2019.

❏ Howard, Andrew G., et al. Mobilenets: Efficient convolutional neural networks for mobile vision applications. arXiv preprint arXiv:1704.04861 (2017).

❏ Sandler, Mark, et al. Mobilenetv2: Inverted residuals and linear bottlenecks. Proceedings of the IEEE conference on computer vision and pattern recognition. 2018.

❏ Chollet, François. Xception: Deep learning with depthwise separable convolutions. Proceedings of the IEEE conference on computer vision and pattern recognition. 2017.

❏ Ronneberger, Olaf, Philipp Fischer, and Thomas Brox. U-net: Convolutional networks for biomedical image segmentation. Medical Image Computing and Computer-Assisted Intervention–MICCAI 2015: 18th International Conference, Munich, Germany, October 5-9, 2015, Proceedings, Part III 18. Springer International Publishing, 2015.

❏ He, Kaiming, et al. Mask r-cnn. Proceedings of the IEEE international conference on computer vision. 2017.

❏ Chen, Liang-Chieh, et al. Deeplab: Semantic image segmentation with deep convolutional nets, atrous convolution, and fully connected crfs. IEEE transactions on pattern analysis and machine intelligence 40.4 (2017): 834-848.

❏ Zhao, Hengshuang, et al. Pyramid scene parsing network. Proceedings of the IEEE conference on computer vision and pattern recognition. 2017.

❏ Ren, Shaoqing, et al. Faster r-cnn: Towards real-time object detection with region proposal networks. Advances in neural information processing systems 28 (2015).

❑ Redmon, Joseph, et al. You only look once: Unified, real-time object detection. Proceedings of the IEEE conference on computer vision and pattern recognition. 2016.

❑ Dong, Chao, et al. Image super-resolution using deep convolutional networks. IEEE transactions on pattern analysis and machine intelligence 38.2 (2015): 295-307.

❑ Dong, Chao, Chen Change Loy, and Xiaoou Tang. Accelerating the super-resolution convolutional neural network. Computer Vision–ECCV 2016: 14th European Conference, Amsterdam, The Netherlands, October 11-14, 2016, Proceedings, Part II 14. Springer International Publishing, 2016.

❑ Lim, Bee, et al. Enhanced deep residual networks for single image super-resolution. Proceedings of the IEEE conference on computer vision and pattern recognition workshops. 2017.

❑ Isola, Phillip, et al. Image-to-image translation with conditional adversarial networks. Proceedings of the IEEE conference on computer vision and pattern recognition. 2017.

❑ Zhu, Jun-Yan, et al. Unpaired image-to-image translation using cycle-consistent adversarial networks. Proceedings of the IEEE international conference on computer vision. 2017.

❑ Gatys, Leon A., Alexander S. Ecker, and Matthias Bethge. Image style transfer using convolutional neural networks. Proceedings of the IEEE conference on computer vision and pattern recognition. 2016.

❑ Huang, Xun, and Serge Belongie. Arbitrary style transfer in real-time with adaptive instance normalization. Proceedings of the IEEE international conference on computer vision. 2017.

❑ Schlegl, Thomas, et al. Unsupervised anomaly detection with generative adversarial networks to guide marker discovery. Information Processing in Medical Imaging: 25th International Conference, IPMI 2017, Boone, NC, USA, June 25-30, 2017, Proceedings. Cham: Springer International Publishing, 2017.

❑ Ruff, Lukas, et al. Deep one-class classification. International conference on machine learning. PMLR, 2018.

❑ Zhou, Chong, and Randy C. Paffenroth. Anomaly detection with robust deep autoencoders. Proceedings of the 23rd ACM SIGKDD international conference on knowledge discovery and data mining. 2017.

❑ Baek, Youngmin, et al. Character region awareness for text detection. Proceedings of the IEEE/CVF conference on computer vision and pattern recognition. 2019.

❑ Zhou, Xinyu, et al. East: an efficient and accurate scene text detector. Proceedings of the IEEE Conference on Computer Vision and Pattern Recognition. 2017.

❑ Tran, Du, et al. Learning spatiotemporal features with 3d convolutional networks. Proceedings of the IEEE international conference on computer vision. 2015.

❑ Carreira, Joao, and Andrew Zisserman. Quo vadis, action recognition? a new model and the kinetics dataset. Proceedings of the IEEE Conference on Computer Vision and Pattern Recognition. 2017.

❑ Feichtenhofer, Christoph, et al. Slowfast networks for video recognition. Proceedings of the IEEE/CVF international conference on computer vision. 2019.

❑ LeCun, Yann, et al. Handwritten digit recognition with a back-propagation network. Advances in neural information processing systems 2 (1989).

❑ Vaswani, Ashish, et al. Attention is all you need. Advances in neural information processing systems 30 (2017).

❑ Devlin, Jacob, et al. Bert: Pre-training of deep bidirectional transformers for language understanding. arXiv preprint arXiv:1810.04805 (2018).

❑ Touvron, Hugo, et al. Llama: Open and efficient foundation language models. arXiv preprint arXiv:2302.13971 (2023).

❑ Li, Yikuan, et al. BEHRT: transformer for electronic health records. Scientific reports 10.1 (2020): 1-12.

❑ Jumper, John, et al. Highly accurate protein structure prediction with AlphaFold. Nature 596.7873 (2021): 583-589.

❑ Xu, Jiehui, et al. Anomaly transformer: Time series anomaly detection with association discrepancy. arXiv preprint arXiv:2110.02642 (2021).

❑ Yuan, Li, et al. Tokens-to-token vit: Training vision transformers from scratch on imagenet. Proceedings of the IEEE/CVF international conference on computer vision. 2021.

❑ Liu, Yinhan, et al. Roberta: A robustly optimized bert pretraining approach. arXiv preprint arXiv:1907.11692 (2019).

❑ Lewis, Mike, et al. Bart: Denoising sequence-to-sequence pre-training for natural language generation, translation, and comprehension. arXiv preprint arXiv: 1910. 13461 (2019).

❑ Radford, Alec, et al. Improving language understanding by generative pre-training. (2018).

❑ Raffel, Colin, et al. Exploring the limits of transfer learning with a unified text-to-text transformer. The Journal of Machine Learning Research 21.1 (2020): 5485-5551.

❑ Sanh, Victor, et al. DistilBERT, a distilled version of BERT: smaller, faster, cheaper and lighter. arXiv preprint arXiv:1910.01108 (2019).

❑ Yang, Zhilin, et al. Xlnet: Generalized autoregressive pretraining for language understanding. Advances in neural information processing systems 32 (2019).

❑ Mikolov, Tomas, et al. Efficient estimation of word representations in vector space. arXiv preprint arXiv:1301.3781 (2013).

❑ Pennington, Jeffrey, Richard Socher, and Christopher D. Manning. Glove: Global vectors for word representation. Proceedings of the 2014 conference on empirical methods in natural language processing (EMNLP). 2014.

❑ Bojanowski, Piotr, et al. Enriching word vectors with subword information. Transactions of the association for computational linguistics 5 (2017): 135-146.

❑ Wu, Zonghan, et al. A comprehensive survey on graph neural networks. IEEE transactions on neural networks and learning systems 32.1 (2020): 4-24.

❑ Abdollahi, Nasim, et al. NodeCoder: a graph-based machine learning platform to predict active sites of modeled protein structures. arXiv preprint arXiv:2302.03590 (2023).

❑ Kipf, Thomas N., and Max Welling. Semi-supervised classification with graph convolutional networks. arXiv preprint arXiv:1609.02907 (2016).

❑ Hamilton, Will, Zhitao Ying, and Jure Leskovec. Inductive representation learning on large graphs. Advances in neural information processing systems 30 (2017).

❑ Velickovic, Petar, et al. Graph attention networks. stat 1050.20 (2017): 10-48550.

❑ Gilmer, Justin, et al. Neural message passing for quantum chemistry. International conference on machine learning. PMLR, 2017.

❑ Yang, Zhilin, William Cohen, and Ruslan Salakhudinov. Revisiting semi-supervised learning with graph embeddings. International conference on machine learning. PMLR, 2016.

第 14 章　机器学习最新进展简介

直到 2020 年，监督学习仍然是不同行业和应用领域的大多数机器学习成功应用的焦点。但是，其他技术，例如生成式建模，后来也引起了机器学习开发人员和用户的注意。因此，对此类技术的理解将帮助你拓宽对监督学习之外的机器学习能力的理解。

本章包含以下主题：
- ❑　生成式建模。
- ❑　强化学习。
- ❑　自监督学习。

在阅读完本章之后，你将了解生成式建模（generative modeling）、强化学习（reinforcement learning，RL）和自监督学习（self-supervised learning，SSL）的含义、一些广泛使用的技术及其优势。你还将使用 Python 和 PyTorch 练习其中一些技术。

14.1　技　术　要　求

学习本章需要满足以下要求，以帮助你更好地理解概念并能够在项目中使用它们，利用提供的代码进行练习。

Python 库要求：
- ❑　torch >= 2.0.0。
- ❑　torchvision >= 0.15.1。
- ❑　matplotlib >= 3.7.1。

你可以在本书配套 GitHub 存储库中找到本章的代码文件，其网址如下：

https://github.com/PacktPublishing/Debugging-Machine-Learning-Models-with-Python/tree/main/Chapter14

14.2　生成式建模

生成式建模（generative modeling），或更一般地说生成式 AI，使你有机会生成接近预期或参考数据点或分布集的数据（通常称为现实数据）。

14.2.1　ChatGPT 和其他生成式 AI 的成功故事

生成式建模最成功的应用之一是语言建模。2023 年，Generative Pre-trained Transformer（GPT）-4 和 ChatGPT 火遍网络，直接催生了人工智能生成内容（artificial intelligence generated content，AIGC）的大爆发。有关 ChatGPT 的详细信息，可访问：

https://openai.com/blog/chatgpt

ChatGPT 是基于 GPT-4 和 GPT-3.5 构建的聊天机器人，类似的工具还有 Perplexity 等，其网址如下：

https://www.perplexity.ai/

ChatGPT 使工程师、科学家、金融和医疗保健等不同行业的人员以及许多其他工作人员对生成式建模的兴趣大幅上升。使用 ChatGPT 或 GPT-4 时，你可以提出问题或提供问题的描述（称为提示），然后这些工具会生成一系列语句或数据，为你提供符合需求的答案、信息或文本等。

除了在文本生成中的成功应用，生成式建模的许多其他应用也可以为你的工作或学习提供帮助。例如，GPT-4 及其之前的版本或其他类似模型，如 LLaMA（详见 14.7 节"参考文献"：Touvron et al.，2023），可用于代码生成和补全。有关详细信息，可访问：

https://github.com/features/copilot/
https://github.com/sahil280114/codealpaca

你可以编写你有兴趣生成的代码，它会为你生成相应的代码。尽管生成的代码可能并不总是按预期工作，但它通常接近预期，至少在几次试验之后是这样。

生成式建模还有许多其他成功的应用，例如图像生成、药物发现（详见 14.7 节"参考文献"：Cheng et al.，2021）、时装设计（详见 14.7 节"参考文献"：Davis et al.，2023）、制造业（Zhao et al.，2023）等。

同样由 OpenAI 开发的 DALL·E2 是一个人工智能系统，可以根据自然语言的描述创建逼真的图像和艺术。其网址如下：

https://openai.com/product/dall-e-2

从 2023 年开始，许多传统商业工具和服务都开始集成生成式 AI 功能。例如，你只需用简单的英语解释你的需求即可使用 Adobe Photoshop 中的 Generative AI 编辑照片，有关详细信息，可访问：

https://www.adobe.com/ca/products/photoshop/generative-fill.html

WolframAlpha 也结合了其符号和生成式 AI 计算的力量，使用它能够以简单的英语询问特定的符号过程：

https://www.wolframalpha.com/input?i=Generative+Adversarial+Networks

可汗学院设计了一项策略，可帮助教师和学生从生成式人工智能（特别是 ChatGPT）中受益，而不是损害学生的教育：

https://www.khanacademy.org/

这些成功案例是依靠为生成式建模而设计的不同深度学习技术来实现的，我们接下来将简要回顾这些技术。

14.2.2　生成式深度学习技术

有多种生成式建模方法，可使用 PyTorch 或其他深度学习框架（例如 TensorFlow）中提供的 API。在这里，我们将介绍其中的一些方法，以帮助你了解它们的工作原理，并在 Python 中练习使用它们。

1．基于 Transformer 的文本生成

在第 13 章"高级深度学习技术"中已经介绍过，2017 年引入的 Transformer（详见 14.7 节"参考文献"：Vaswani et al.，2017）是用于生成式 AI 最成功的语言模型。当然，这些模型不仅适用于自然语言处理中的传统翻译等任务，还可以用于生成式建模，以帮助我们生成有意义的文本，例如，回答我们提出的问题。这就是 GPT、ChatGPT 和许多其他生成式语言模型背后的方法。

提供简短文本作为询问或问题的过程也称为提示（prompt），我们需要提供良好的提示才能获得良好的答案。在 14.2.3 节"基于文本的生成式模型的提示工程"中将详细讨论给出最佳提示的技巧。

2．变分自动编码器

自动编码器是一种可以将特征数量减少为信息丰富的嵌入集的技术，你可以考虑使用主成分分析（principal component analysis，PCA）的更复杂版本来更好地理解它。它的具体做法是：首先尝试将原始空间编码为新的嵌入（称为编码），然后解码嵌入，并为每个数据点重新生成原始特征（称为解码）。

在变分自动编码器（variational autoencoder，VAE）中，不是生成一组特征（嵌入），而是为每个新特征生成一个分布（详见 14.7 节"参考文献"：Kingma and Welling，2013）。例如，不会将原来的 1000 个特征减少到 100 个特征（每个特征都有一个浮点值），而是获得 100 个新变量，每个变量都是正态分布。这个过程的美妙之处在于，你可以从这些分布中为每个变量选择不同的值，并生成一组新的 100 个嵌入。在解码它们的过程中，这些嵌入将被解码并生成一组具有原始大小（1000）的新特征。该过程可用于不同类型的数据，例如图像（详见 14.7 节"参考文献"：Vahdat et al.，2020）和图（详见 14.7 节"参考文献"：Simonovsky et al.，2018；Wengong et al.，2018）。

有关在 PyTorch 中实现的 VAE 集合，可访问：

https://github.com/AntixK/PyTorch-VAE

3．生成式对抗网络

在 2014 年推出的生成式对抗网络（generative adversarial network，GAN）技术中（详见 14.7 节"参考文献"：Goodfellow et al.，2020），鉴别器（discriminator）的工作原理类似于监督分类模型，而生成器（generator）则用于相互协同工作。

生成器是一个神经网络架构，可以生成所需数据类型（例如图像），生成数据的目的是欺骗鉴别器，以便让它将生成的数据识别为真实数据。

鉴别器则需要通过不断的学习，善于区分生成的数据和真实数据。在某些情况下生成的数据被称为假数据，例如在 Deepfakes 等技术和模型中。Deepfakes 可以实现 AI 换脸功能，能够合成让任何人说任何话或做任何事的视频，有关该项目的具体介绍，可访问：

https://www.businessinsider.com/guides/tech/what-is-deepfake

当然，生成的数据也可以作为新数据点用于不同的应用，例如药物发现（详见 14.7 节"参考文献"：Prykhodko et al.，2019）。

你可以使用 torchgan 来实现生成式对抗网络：

https://torchgan.readthedocs.io/en/latest/

由于生成式模型所需的新一代基于提示的技术已经出现，因此，接下来我们将深入探讨如何优化设计提示。

14.2.3　基于文本的生成式模型的提示工程

提示工程（prompt engineering）不仅是机器学习领域的一个新话题，而且已成为一个高薪职位（提示工程师）的工作内容。

1．提示工程和提示工程师

在提示工程中，我们的目标是提供最佳提示以生成最佳结果（例如文本、代码和图像），并找到生成式模型的问题以帮助改进它们。提示工程师的任务就是利用他们掌握的领域知识，通过设计、实验和优化输入提示来引导模型生成高质量的、准确和有针对性的输出。

对大型语言和生成式模型的基本了解、提示工程师的语言熟练程度以及特定领域数据生成的领域知识都有助于更好地进行提示。你可以使用一些免费资源来了解提示工程，例如 Andrew Ng 和 OpenAI 的课程：

https://www.deeplearning.ai/short-courses/chatgpt-prompt-engineering-for-developers/

微软也发布了一些关于提示工程的介绍性内容：

https://learn.microsoft.com/en-us/azure/cognitive-services/openai/concepts/prompt-engineering

当然，我们不会让你自己从头开始学习这个主题。在这里我们将为你提供一些最佳提示指南，以帮助你提高提示技巧。

2．有针对性的提示

在日常对话中，无论是在工作、学习中还是在家里，我们都会采取一些方法来确保对面的人更好地理解我们的意思，从而得到更好的回应。例如，如果你告诉朋友"给我那个"而不是"给我桌上的那瓶水"，你的朋友可能不会给你那瓶水，或者对你到底想要什么感到困惑。在提示中，如果你清楚地解释了你想要完成的非常具体的任务，则可以获得更好的响应和生成的数据（例如图像）。

以下是一些可以用来更好地提示的技巧。

❑ 具体询问：你可以提供具体信息，例如你想要生成的数据的格式（例如要点或代码）以及你所指的任务（例如编写电子邮件或商业计划书）。

❑ 指定为谁生成数据：你可以指定为谁生成数据，明确指出其专业或职位，例如为机器学习工程师、业务经理或软件开发人员生成一段文本。

❑ 指定时间：你可以指定是否需要有关技术发布日期、首次宣布某事的日期、事件的时间顺序等时间信息。

❑ 简化概念：你可以提供所要求内容的简化版本，以确保模型不会因提示的复杂性而感到困惑。

尽管这些技术将帮助你更好地给出提示，但如果你要求文本响应或不是相关的数据生成，则仍然有可能获得高置信度的错误答案，这就是通常所说的幻觉（hallucination）。减少不相关或错误响应或数据生成的可能性的方法之一是为要使用的模型提供测试。当我们用 Python 编写函数和类时，可以设计单元测试以确保它们的输出符合预期，这在第 8 章"使用测试驱动开发以控制风险"中介绍过。

14.2.4　使用 PyTorch 进行生成式建模

你可以使用 PyTorch 基于本章前面讨论的不同技术来开发生成式模型。本小节将使用变分自动编码器（VAE）进行练习。VAE 的目的是确定数据低维表示的概率分布。例如，模型学习输入参数表示的均值和方差（或对数方差），假设潜在空间（即潜在变量或表示的空间）呈正态分布（即高斯分布）。

请按以下步骤操作。

（1）导入所需的库和模块，并从 PyTorch 加载 Flowers102 数据集。

```
transform = transforms.Compose([
    transforms.Resize((32, 32)),
    transforms.ToTensor()
])

train_dataset = datasets.Flowers102(root='./data',
    download=True, transform=transform)
train_loader = DataLoader(train_dataset, batch_size=32,
    shuffle=True)
```

（2）为 VAE 定义一个类，具体代码如下所示。其中定义了两个线性层来对图像的输入像素进行编码。潜在空间概率分布的均值和方差也由两个线性层定义，用于将潜在变量解码回原始输入数字，以生成与输入数据相似的图像。然后，学习到的潜在空间分布的均值和方差将用于生成新的潜在变量并可能生成新数据。

```
class VAE(nn.Module):
    def __init__(self):
        super(VAE, self).__init__()
        self.encoder = nn.Sequential(
            nn.Linear(32 * 32 * 3, 512),
            nn.ReLU(),
            nn.Linear(512, 128),
            nn.ReLU(),
        )self.fc_mean = nn.Linear(128, 32)
```

```
        self.fc_var = nn.Linear(128, 32)
        self.decoder = nn.Sequential(
            nn.Linear(32, 128),
            nn.ReLU(),
            nn.Linear(128, 512),
            nn.ReLU(),
            nn.Linear(512, 32 * 32 * 3),
            nn.Sigmoid(),
        )

    def forward(self, x):
        h = self.encoder(x.view(-1, 32 * 32 * 3))
        mean, logvar = self.fc_mean(h), self.fc_var(h)
        std = torch.exp(0.5*logvar)
        q = torch.distributions.Normal(mean, std)
        z = q.rsample()
        return self.decoder(z), mean, logvar
```

（3）现在可以初始化已定义的 VAE 类，并确定使用 Adam 优化器优化算法，设置学习率为 0.002。

```
model = VAE()
optimizer = optim.Adam(model.parameters(), lr=2e-3)
device = torch.device("cuda" if torch.cuda.is_available() else "cpu")
model.to(device)
```

（4）使用 binary_cross_entropy 定义损失函数，以将生成的像素与输入像素进行比较。具体示例如下：

```
def loss_function(recon_x, x, mu, logvar):
    BCE = nn.functional.binary_cross_entropy(recon_x,
        x.view(-1, 32 * 32 * 3), reduction='sum')
    KLD = -0.5 * torch.sum(
        1 + logvar - mu.pow(2) - logvar.exp())
    return BCE + KLD
```

（5）使用之前加载的 Flowers102 数据集来训练模型。

```
n_epoch = 400

for epoch in range(n_epoch):
    model.train()
    train_loss = 0
    for batch_idx, (data, _) in enumerate(train_loader):
```

```
    data = data.to(device)
    optimizer.zero_grad()
    recon_batch, mean, logvar = model(data)
    loss = loss_function(recon_batch, data, mean,
        logvar)
    loss.backward()
    train_loss += loss.item()
    optimizer.step()

print(f'Epoch: {epoch} Average loss: {
    train_loss / len(train_loader.dataset):.4f}')
```

（6）现在可以使用这个经过训练的模型来生成看起来像花朵的图像（见图 14.1）。通过超参数优化，例如更改模型的架构，你可以获得更好的结果。在第 12 章"通过深度学习超越机器学习调试"中已经介绍过深度学习的超参数优化。

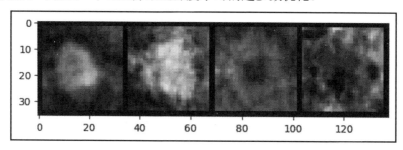

图 14.1　我们开发的简单 VAE 生成的示例图像

这是使用 PyTorch 生成式建模的一个简单示例。该示例取得了很大的成功。最近使用生成式模型开发的工具（例如 ChatGPT）的成功部分归功于强化学习的巧妙使用，这也是接下来我们将要讨论的主题。

14.3　强 化 学 习

强化学习（reinforcement learning，RL）并不是一个新的思想或技术。其最初的思想可以追溯到 20 世纪 50 年代，当时由 Richard Bellman 提出贝尔曼方程（Bellman equation）的概念（详见 14.7 节"参考文献"：Sutton and Barto，2018）。它最近与人类反馈的结合（很快我们将做出详细解释）为其在开发实用机器学习技术方面提供了新的机会。

强化学习的总体思想是通过经验或与指定环境的交互来进行学习，而不是像监督学习那样使用收集的一组数据点进行训练。

强化学习中使用了一个代理（agent），它学习如何改进行动以获得更大的奖励（详见 14.7 节"参考文献"：Kaelbling et al.，1996）。在收到上一步采取的行动的奖励后，代理将以不断迭代的方式学习并改进其采取的行动，或者用更专业的术语来说，就是不断改进其策略。

在强化学习的历史上，有两项重要的发展和实用功能使其受欢迎程度增加，包括 Q-learning 的发展（详见 14.7 节"参考文献"：Watkins，1989）以及使用 Q-learning 将强化学习与深度学习相结合（详见 14.7 节"参考文献"：Mnih et al.，2013）。

尽管强化学习背后有成功的故事，而且它模仿了人类通过经验学习的直觉，但事实证明，深度强化学习的数据效率不高，需要大量数据或迭代经验，这使得它与人类的学习仍有根本的不同（详见 14.7 节"参考文献"：Botvinick et al.，2019）。

最近，基于人类反馈的强化学习（reinforcement learning with human feedback，RLHF）被用作强化学习的成功应用，以改善生成式模型的结果，接下来就让我们认识一下它。

14.3.1　基于人类反馈的强化学习

在基于人类反馈的强化学习（RLHF）中，其奖励是根据人类（专家或非专家）的反馈来计算的，具体取决于你所要解决的问题。当然，考虑到语言建模等问题的复杂性，其奖励并不像预先定义的数学公式那样简单。人类提供的反馈会逐步改进模型。例如，RLHF 语言模型的训练过程可以总结如下。

（1）训练语言模型，称为预训练。

（2）数据收集和奖励模型训练。

（3）使用奖励模型通过强化学习微调语言模型。

有关更详细的解释，可访问：

https://huggingface.co/blog/rlhf

当然，学习如何使用 PyTorch 设计基于人类反馈的强化学习（RLHF）的模型，可能有助于更好地理解这个概念。

14.3.2　使用 PyTorch 设计 RLHF

从 RLHF 中受益的主要挑战之一是设计用于人类反馈收集和管理的基础设施，然后用它们来计算奖励，以改进主要的预训练模型。在这里，我们不想深入介绍 RLHF 的技术细节，而是通过一个简单的代码示例来了解如何将此类反馈合并到机器学习模型中。

有一些很好的资源可以帮助你更好地理解 RLHF 以及了解如何使用 Python 和 PyTorch 实现 RLHF。如果你对此感兴趣，可访问：

https://github.com/lucidrains/PaLM-rlhf-pytorch

本小节将使用 GPT-2 作为预训练模型，其网址如下：

https://huggingface.co/transformers/v1.2.0/_modules/pytorch_transformers/modeling_gpt2.html

请按以下步骤操作。

（1）导入必要的库和模块，并初始化模型、标记化器和优化器（选择 Adam）。

```python
import torch
from transformers import GPT2LMHeadModel, GPT2Tokenizer
from torch import optim
from torch.utils.data import DataLoader

# 预训练 GPT-2 语言模型
tokenizer = GPT2Tokenizer.from_pretrained('gpt2')
model = GPT2LMHeadModel.from_pretrained('gpt2')
optimizer = optim.Adam(model.parameters(), lr=1e-3)
```

（2）现在假设我们收集了人类反馈并对其进行了正确格式化，即可使用它从 PyTorch 创建一个 DataLoader。

```python
dataloader = DataLoader(dataset, batch_size=1, shuffle=True)
```

（3）设计奖励模型，我们使用了两层全连接神经网络。

```python
class Reward_Model(torch.nn.Module):
    def __init__(self, input_size, hidden_size, output_size):
        super(RewardModel, self).__init__()
        self.fc_layer1 = torch.nn.Linear(input_size,
            hidden_size)
        self.fc_layer2 = torch.nn.Linear(hidden_size,
            output_size)

    def forward(self, x):
        x = torch.relu(self.fc_layer1(x))
        x = self.fc_layer2(x)
        return x
```

（4）使用之前定义的类初始化奖励模型。

```
reward_model = Reward_Model(input_size, hidden_size, output_size)
```

（5）现在可以使用已经收集的人类反馈和奖励模型来改进预训练模型。如果你注意以下代码，会发现与没有奖励模型的神经网络相比，这种简单的模型训练 epoch 和批次循环之间的主要区别在于奖励计算，然后将其用于损失计算。

```
for epoch in range(n_epochs):
    for batch in dataloader:
        input_ids = tokenizer.encode(batch['input'],
            return_tensors='pt')
        output_ids = tokenizer.encode(batch['output'],
            return_tensors='pt')
        reward = reward_model(batch['input'])
        loss = model(input_ids, labels=output_ids).loss * reward
        loss.backward()
        optimizer.step()
        optimizer.zero_grad()
```

以上就是设计基于 RLHF 的模型改进的一个非常简单的示例，可用于帮助你更好地理解这个概念。如果你想实现更复杂的方法来整合人类反馈以改进你的模型，则可以访问：

https://github.com/lucidrains/PaLM-rlhf-pytorch

接下来，我们将讨论机器学习中另一个有趣的话题，即所谓的自监督学习。

14.4　自监督学习

自监督学习（self-supervised learning，SSL）并不是一个新概念。它与强化学习类似，但由于其在学习数据表示方面的有效性，在与深度学习结合后颇受关注。

此类模型的示例包括用于语言建模的 Word2vec（详见 14.7 节"参考文献"：Mikolov et al.，2013）和使用 SSL 训练的 Meta 的 RoBERTa 模型，该模型在多种语言建模任务上实现了最先进的性能。

SSL 的基本思想是为机器学习模型定义一个目标，该目标不依赖于预标记或数据点的量化。例如，使用之前的时间步长来预测每个时间步长中对象或人的位置，屏蔽部分图像或序列数据，并旨在重新填充这些屏蔽部分。

此类模型广泛使用的应用之一是在强化学习中学习图像和文本的表示，然后在其他环境中使用这些表示。例如，在带有数据标签的较小数据集的监督建模中（详见 14.7 节"参考文献"：Kolesnikov et al.，2019；Wang et al.，2020）。

14.4.1　常见自监督学习技术

SSL 有多种技术，其中 3 种技术如下。

❑　对比学习（contrastive learning）：对比学习的思想是学习表示，使相似的数据点与不相似的数据点相比彼此更接近（详见 14.7 节"参考文献"：Jaiswal et al.，2020）。

❑　自回归模型（autoregressive model）：在自回归建模中，模型的目标是在给定先前数据点的情况下，基于时间或特定序列的顺序来预测下一个数据点。这是语言建模中非常流行的技术，例如，GPT 等模型可以预测句子中的下一个单词（详见 14.7 节"参考文献"：Radford et al.，2019）。

❑　通过修复进行自监督学习（self-supervision via inpainting）：在这种方法中，将屏蔽部分数据并训练模型来填充缺失的部分（例如，图像的一部分可能被屏蔽），并且训练模型来预测被屏蔽的部分。

屏蔽的自动编码器（masked autoencoder）是此类技术的一个示例，其中图像的屏蔽部分在自动编码器的解码过程中被重新填充（详见 14.7 节"参考文献"：Zhang et al.，2022）。

接下来，我们将通过一个使用 Python 和 PyTorch 进行自监督建模的简单示例来进行相关技术的练习。

14.4.2　使用 PyTorch 进行自监督学习

从编程的角度来看，SSL 深度学习与监督学习的主要区别在于定义训练和测试的目标和数据。本小节希望练习的技术是通过修复进行自监督学习，使用基于卷积层的屏蔽图像自动编码器。我们还将使用与 RLHF 练习相同的 Flowers102 数据集。

请按以下步骤操作。

（1）定义神经网络类，使用两个编码和解码 torch.nn.Conv2d()层，如下所示：

```
class Conv_AE(nn.Module):
    def __init__(self):
        super(Conv_AE, self).__init__()
        # 编码数据
```

```
        self.encoding_conv1 = nn.Conv2d(3, 8, 3, padding=1)
        self.encoding_conv2 = nn.Conv2d(8, 32, 3,padding=1)
        self.pool = nn.MaxPool2d(2, 2)

        # 解码数据
        self.decoding_conv1 = nn.ConvTranspose2d(32, 8, 2,
            stride=2)
        self.decoding_conv2 = nn.ConvTranspose2d(8, 3, 2,
            stride=2)

    def forward(self, x):
        # 编码数据
        x = torch.relu(self.encoding_conv1(x))
        x = self.pool(x)
        x = torch.relu(self.encoding_conv2(x))
        x = self.pool(x)

        # 解码数据
        x = torch.relu(self.decoding_conv1(x))
        x = self.decoding_conv2(x)
        x = torch.sigmoid(x)

        return x
```

（2）初始化模型，指定 torch.nn.MSELoss()作为预测图像和真实图像比较的标准，并指定 torch.optim.Adam()作为优化器，设置学习率为 0.001。

```
model = Conv_AE().to(device)
criterion = nn.MSELoss()
optimizer = torch.optim.Adam(model.parameters(), lr=0.001)
```

（3）以下函数可以帮助我们对每个图像的随机 8×8 部分实现屏蔽，然后自动编码器将学习填充。

```
def create_mask(size=(32, 32), mask_size=8):
    mask = np.ones((3, size[0], size[1]), dtype=np.float32)
    height, width = size
    m_height, m_width = mask_size, mask_size
    top = np.random.randint(0, height - m_height)
    left = np.random.randint(0, width - m_width)
    mask[:, top:top+m_height, left:left+m_width] = 0
    return torch.from_numpy(mask)
```

（4）将模型训练 200 个 epoch，如下所示：

```
n_epoch = 200
for epoch in range(n_epoch):
    for data in train_loader:
        img, _ = data
        # 屏蔽训练图像中的小部分
        mask = create_mask().to(device)
        img_masked = img * mask
        img = img.to(device)
        img_masked = img_masked.to(device)

        optimizer.zero_grad()
        outputs = model(img_masked)
        loss = criterion(outputs, img)
        loss.backward()
        optimizer.step()
```

如图 14.2 所示，图像首先被屏蔽，然后在解码步骤中，自动编码器尝试重建完整图像，包括屏蔽部分。

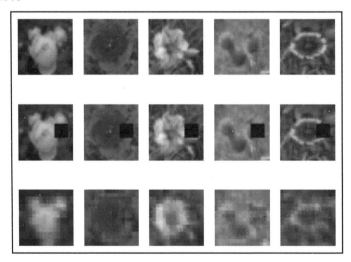

图 14.2　使用卷积自动编码器模型的示例图像（第 1 行）及其屏蔽版本（第 2 行）、
重新生成的版本（第 3 行）

正如你在如图 14.2 所示的重新填充图像的示例中看到的，模型可以正确找到模式。当然，通过适当的超参数优化和设计具有更好的神经网络架构的模型，可以实现更高的性能和更好的模型。

你可以通过本章提供的资源和参考文献来了解有关自监督学习和其他相关技术的更多信息，以更好地理解这些概念。

14.5　小　　结

本章深入讨论了监督学习之外的机器学习建模的最新进展，包括生成式建模、强化学习和自监督学习等，还介绍了最佳提示和提示工程，以帮助你利用构建在生成式模型之上的工具和应用程序，这些模型接受文本提示作为用户的输入。

本章为你提供了 Python 和 PyTorch 中可用的相关代码存储库和功能，这将帮助你了解有关这些高级技术的更多信息。

本章的知识和练习不仅可以帮助你在遇到相关模型时更好地理解它们的工作原理，还可以帮助你使用这些先进技术构建自己的模型。

在下一章中，我们将探讨在机器学习建模中识别因果关系的好处，并使用可帮助你实现因果建模的 Python 库进行实战练习。

14.6　思　考　题

（1）生成式深度学习技术的例子有哪些？

（2）使用 Transformer 的生成式文本模型有哪些示例？

（3）GAN 中的生成器和鉴别器是什么？

（4）可以使用哪些技巧来更好地进行提示？

（5）你能否解释一下强化学习如何有助于导入生成式模型的结果？

（6）请简要介绍一下对比学习。

14.7　参　考　文　献

❑ Cheng, Yu, et al. "Molecular design in drug discovery: a comprehensive review of deep generative models." Briefings in bioinformatics 22.6 (2021): bbab344.

❑ Davis, Richard Lee, et al. "Fashioning the Future: Unlocking the Creative Potential of Deep Generative Models for Design Space Exploration." Extended Abstracts of the 2023 CHI Conference on Human Factors in Computing Systems (2023).

❏ Zhao, Yaoyao Fiona, et al., eds. "Design for Advanced Manufacturing." Journal of Mechanical Design 145.1 (2023): 010301.

❏ Touvron, Hugo, et al. "Llama: Open and efficient foundation language models." arXiv preprint arXiv:2302.13971 (2023).

❏ Vaswani, Ashish, et al. "Attention is all you need." Advances in neural information processing systems 30 (2017).

❏ Kingma, Diederik P., and Max Welling. "Auto-encoding variational bayes." arXiv preprint arXiv:1312.6114 (2013).

❏ Vahdat, Arash, and Jan Kautz. "NVAE: A deep hierarchical variational autoencoder." Advances in neural information processing systems 33 (2020): 19667-19679.

❏ Simonovsky, Martin, and Nikos Komodakis. "Graphvae: Towards generation of small graphs using variational autoencoders." Artificial Neural Networks and Machine Learning–ICANN 2018:27th International Conference on Artificial Neural Networks, Rhodes, Greece, October 4-7, 2018, Proceedings, Part I 27. Springer International Publishing (2018).

❏ Jin, Wengong, Regina Barzilay, and Tommi Jaakkola. "Junction tree variational autoencoder for molecular graph generation." International conference on machine learning. PMLR (2018).

❏ Goodfellow, Ian, et al. "Generative adversarial networks." Communications of the ACM 63.11 (2020): 139-144.

❏ Karras, Tero, Samuli Laine, and Timo Aila. "A style-based generator architecture for generative adversarial networks." Proceedings of the IEEE/CVF conference on computer vision and pattern recognition (2019).

❏ Prykhodko, Oleksii, et al. "A de novo molecular generation method using latent vector based generative adversarial network." Journal of Cheminformatics 11.1 (2019): 1-13.

❏ Sutton, Richard S., and Andrew G. Barto. Reinforcement learning: An introduction. MIT Press (2018).

❏ Kaelbling, Leslie Pack, Michael L. Littman, and Andrew W. Moore. "Reinforcement learning:A survey." Journal of artificial intelligence research 4 (1996): 237-285.

❏ Watkins, Christopher John Cornish Hellaby. Learning from delayed rewards. (1989).

❑ Mnih, Volodymyr, et al. "Playing atari with deep reinforcement learning." arXiv preprint arXiv:1312.5602 (2013).

❑ Botvinick, Matthew, et al. "Reinforcement learning, fast and slow." Trends in cognitive sciences 23.5 (2019): 408-422.

❑ Kolesnikov, Alexander, Xiaohua Zhai, and Lucas Beyer. "Revisiting self-supervised visual representation learning." Proceedings of the IEEE/CVF conference on computer vision and pattern recognition (2019).

❑ Wang, Jiangliu, Jianbo Jiao, and Yun-Hui Liu. "Self-supervised video representation learning by pace prediction." Computer Vision-ECCV 2020: 16th European Conference, Glasgow, UK, August 23-28, 2020, Proceedings, Part XVII 16. Springer International Publishing (2020).

❑ Jaiswal, Ashish, et al. "A survey on contrastive self-supervised learning." Technologies 9.1 (2020): 2.

❑ Radford, Alec, et al. "Language models are unsupervised multitask learners." OpenAI blog 1.8 (2019): 9.

❑ Zhang, Chaoning, et al. "A survey on masked autoencoder for self-supervised learning in vision and beyond." arXiv preprint arXiv:2208.00173 (2022).

第 5 篇

模型调试的高级主题

本篇将讨论机器学习中的一些最关键的主题。首先，解释相关性与因果关系之间的差异，阐明它们在模型开发中的独特含义；其次，转向安全性和隐私主题，讨论一些紧迫的问题、挑战和技术，以确保我们的模型既稳健可靠又尊重用户数据隐私；最后，解释人机回圈（human-in-the-loop，HITL）机器学习，强调人类专业知识和自动化系统之间的协同作用，探讨这种协作如何为更有效的解决方案铺平道路。

本篇包含以下章节：
- ❑ 第 15 章，相关性与因果关系
- ❑ 第 16 章，机器学习中的安全性和隐私
- ❑ 第 17 章，人机回圈机器学习

第 15 章 相关性与因果关系

在本书的前面章节中，你学习了如何训练、评估和构建高性能和低偏差的机器学习模型。但是，我们用来练习本书所阐释概念的算法和示例方法并不一定能为你提供监督学习环境中特征和输出变量之间的因果关系。因此，本章将探讨因果推理和建模如何帮助你提高模型在生产环境中的可靠性。

本章包含以下主题：

❏ 作为机器学习模型一部分的相关性。

❏ 因果建模可降低风险并提高性能。

❏ 评估机器学习模型中的因果关系。

❏ 使用 Python 进行因果建模。

在阅读完本章之后，你将了解因果建模和推理相对于相关性建模的优势，并可以使用 Python 功能进行实战练习，以识别特征和输出变量之间的因果关系。

15.1 技 术 要 求

学习本章需要满足以下要求，以帮助你更好地理解概念并能够在项目中使用它们，利用提供的代码进行练习。

❏ Python 库要求：

➢ dowhy == 0.5.1。

➢ bnlearn == 0.7.16。

➢ sklearn >= 1.2.2。

➢ d3blocks == 1.3.0。

❏ 你需要具备有关机器学习模型训练、验证和测试的基本知识。

在本书配套 GitHub 存储库中可以找到本章的代码文件，其网址如下：

https://github.com/PacktPublishing/Debugging-Machine-Learning-Models-with-Python/tree/main/Chapter15

15.2　作为机器学习模型一部分的相关性

大多数机器学习建模和数据分析项目会在监督学习设置和统计建模中产生特征和输出变量之间的相关关系。尽管这些关系不是因果关系，但识别因果关系具有很高的价值，即使在我们尝试解决的大多数问题中这并不是必需的。例如，可以基于因果关系将医学诊断定义为："根据患者的病史，识别最有可能导致患者症状的疾病"（详见 15.8 节"参考文献"：Richens et al.，2020）。

识别因果关系解决了识别变量之间的误导性关系的问题。仅仅依赖相关性而不是因果关系可能会导致虚假和奇怪的关联，如下所示。

- ❑ 美国在科学、太空和技术上的支出与上吊、勒死和窒息自杀有关。
- ❑ 街机厅产生的总收入与美国授予的计算机科学博士学位相关。
- ❑ 美国从挪威进口的原油与火车碰撞事故中丧生的司机有关。
- ❑ 吃有机食品与自闭症相关。
- ❑ 肥胖与债务泡沫相关。

有关这些虚假关联的详细信息，可访问：

- ❑ https://www.tylervigen.com/spurious-correlations
- ❑ https://www.buzzfeednews.com/article/kjh2110/the-10-most-bizarre-correlations

你可以在这些示例的来源中找到更多此类虚假相关性。

虚假相关性得出的结论显然是不可靠的，而如果能够找到可理解的因果关系，则会使模型的分析结果更加可靠。例如，理解"如果我们吸引更多访问者进行搜索，则将看到购买量和收入的增加"这样的因果关系，将有助于做出正确的决策和技术开发投资。

https://conversionsciences.com/correlation-causation-impact-ab-testing/

现在你已经理解了仅依赖相关性可能产生的问题，接下来，让我们看看因果建模在机器学习环境中的含义。

15.3　因果建模可降低风险并提高性能

因果建模有助于消除变量之间不可靠的相关关系。消除这种不可靠的关系可以降低在机器学习应用的不同领域（例如医疗保健）中做出错误决策的风险。

医疗保健决策，例如诊断疾病和为患者分配有效的治疗方案，直接影响患者的生活质量和生存概率。因此，做出这样的决策需要基于可靠的模型和关系，而因果建模和推理正可以在这方面提供帮助（详见 15.8 节"参考文献"：Richens et al.，2020；Prosperi et al.，2020；Sanchez et al.，2022）。

因果建模技术有助于消除模型中的偏差，例如混杂偏差（confounding bias）和碰撞偏差（collider bias）（详见 15.8 节"参考文献"：Prosperi et al.，2020），如图 15.1 所示。这种偏差的一个常见例子是：吸烟被认为是一个与黄手指和肺癌都有关的混杂因素（详见 15.8 节"参考文献"：Prosperi et al.，2020）。

如图 15.1 所示，碰撞变量的存在导致一些输入变量和结果之间存在相关但有偏差且不真实的关联。此外，如果没有一些可能在我们的建模中造成混淆的变量，则可能会导致我们得出其他变量与结果相关的结论。

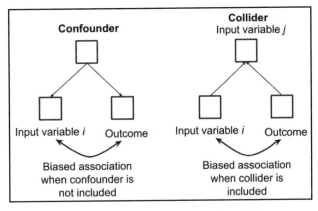

图 15.1　混杂偏差和碰撞偏差的示意图

原　　文	译　　文
Confounder	混杂偏差
Input variable *i*	输入变量 *i*
Outcome	结果
Biased association when confounder is not included	不包括混杂因素时的偏差关联
Collider	碰撞偏差
Input variable *j*	输入变量 *j*
Biased association when collider is included	包括碰撞因素时的偏差关联

接下来，让我们看看因果建模中的一些概念和技术（例如因果推理），了解如何在机器学习模型中测试因果关系。

15.4　评估机器学习模型中的因果关系

计算机器学习建模中特征和结果之间的相关性已成为许多领域和行业的常用方法。例如，我们可以简单地计算皮尔逊相关系数（Pearson correlation coefficient）来识别与目标变量相关的特征。许多机器学习模型中也有一些特征有助于预测结果，但它们执行的不是因果预测，而是相关性预测。

15.4.1　识别因果特征的方法

有多种方法可以通过 Python 中的可用功能来区分此类相关性特征和因果特征。以下是一些具体示例。

- ❑ 实验设计（experimental design）：建立因果关系的方法之一是进行实验，测量因果特征变化对目标变量的影响。但是，此类实验研究可能并不总是可行或符合伦理。
- ❑ 特征重要性（feature importance）：可以使用第 6 章"机器学习建模中的可解释性和可理解性"中介绍的可解释性技术来识别特征重要性，并使用此类信息来区分相关性和因果关系。
- ❑ 因果推理（causal inference）：因果推理方法旨在识别变量之间的因果关系。可以使用因果推理来确定一个变量的变化是否会导致另一个变量的变化。

在第 6 章"机器学习建模中的可解释性和可理解性"中讨论了不同的可解释性技术，例如 SHAP、LIME 和反事实解释等。可以使用这些技术来识别模型中不具有因果关系的特征。例如，SHAP 值较低的特征很可能与所研究的模型的预测结果没有因果关系。根据 LIME 的说法，如果局部近似中有一个重要性较低的特征，那么它可能与模型的输出没有因果关系。或者，如果通过反事实分析更改某个特征对模型的输出影响很小或没有影响，那么它可能不是因果特征。

我们还可以使用另一种技术，称为特征重要性排列（permutation feature importance），它也被认为是一种可解释性技术，可以识别具有较低因果关系可能性的特征。在该方法中，将更改特征值并测量更改对模型性能的影响，这样就可以识别出影响较小且可能不是因果关系的特征。

在第 6 章"机器学习建模中的可解释性和可理解性"中已经练习了可解释性技术，因此，本章其余部分将重点关注因果推理。

15.4.2　因果推理

在因果推理中，我们的目标是识别和理解数据集或模型中变量之间的因果关系。在此过程中，可能需要依靠不同的统计和机器学习技术来分析数据并推断变量之间的因果关系。

图 15.2 显示了 5 种这样的方法，即实验设计（experimental design）、观察研究（observational studies）、倾向评分匹配（propensity score matching，PSM）、工具变量（instrumental variables）和基于机器学习的方法（machine learning-based methods）。

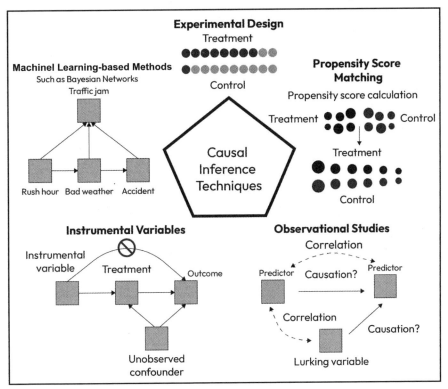

图 15.2　常见的 5 种因果推理技术

原　文	译　文
Causal Inference Techniques	因果推理技术
Experimental Design	实验设计
Treatment	实验组

续表

原　　文	译　　文
Control	对照组
Propensity Score Matching	倾向评分匹配
Propensity score calculation	倾向评分计算
Observational Studies	观察研究
Correlation	相关性
Predictor	自变量（特征）
Causation?	是否有因果关系？
Lurking variable	潜在变量
Instrumental Variables	工具变量
Outcome	结果
Unobserved confounder	未观察到的混杂因素
Machine Learning-based Methods	基于机器学习的方法
Such as Bayesian Networks	例如贝叶斯网络
Traffic jam	交通拥堵
Rush hour	高峰时段
Bad weather	恶劣天气
Accident	交通事故

（1）在实验设计方法中，可以设计实验来比较实验组变量和结果变量的样本差异，或基于特定特征比较不同的条件。表 15.1 提供了因果模型中的实验组变量和结果变量示例，以帮助你理解这两个术语之间的区别。

表 15.1　因果模型中的实验组变量和结果变量示例

实验组变量	结　果　变　量	实验组变量	结　果　变　量
受教育程度	收入水平	体力活动	心血管健康
吸烟	肺癌	家庭收入	学业成绩

（2）在观察研究方法中，将使用观察数据而不是对照实验，并尝试通过控制混杂变量来识别因果关系。

（3）在倾向评分匹配方法中，将根据给定观察变量接受处理的概率来匹配实验组（treatment group）和对照组（control group）。在观察研究方法中，由于种种原因，数据偏差和混杂变量较多，倾向评分匹配的方法正是为了减少这些偏差和混杂变量的影响，以便对实验组和对照组进行更合理的比较。

（4）工具变量可用于克服观察研究中的一个常见问题（即实验组变量和结果变量由

模型中未包含的其他变量或混杂因素共同确定）。这种方法需要首先确定一个与实验组变量相关但与结果变量不相关的工具变量。

（5）基于机器学习的方法是其他类别的技术，它将使用贝叶斯网络和决策树等机器学习方法来识别变量和结果之间的因果关系。

15.4.3　贝叶斯网络

在进行因果建模时，可以考虑使用贝叶斯网络（Bayesian network），以识别变量之间的因果关系。贝叶斯网络是通过有向无环图（directed acyclic graph，DAG）显示变量之间关系的图形模型，该图中的每个变量（包括输入特征和输出）是一个节点，方向显示变量之间的关系（见图 15.3）。

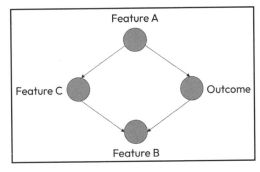

图 15.3　贝叶斯网络示例

原　　文	译　　文	原　　文	译　　文
Feature	特征	Outcome	结果

图 15.3 中的贝叶斯网络告诉我们，特征 A 和特征 B 的值越大，结果发生的可能性就越大。请注意，这些特征可以是数字的，也可以是分类的。尽管从特征 A 到结果、从结果到特征 B、从特征 C 到特征 B、从特征 A 到特征 C 等方向并不一定意味着因果关系，但贝叶斯网络可用于估计变量对结果的因果影响，同时控制混杂变量。

从概率的角度来看，图 15.3 中的贝叶斯网络可以用来简化所有变量的联合概率，包括特征和结果，具体如下所示：

$$p(F_A, F_B, F_C, \text{Outcome}) = p(\text{Outcome} \mid F_A, F_B)\, p(F_B \mid F_C) p(F_C \mid F_A) p(F_A)$$

其中：

❑　$p(\text{Outcome} \mid F_A, F_B)$是给定特征 A 和 B 值时结果的条件概率分布（conditional probability distribution，CPD）。

❑ $p(F_B \mid F_C)$是给定特征 C 时特征 B 的条件概率分布。

❑ $p(F_C \mid F_A)$是给定特征 A 时特征 C 的条件概率分布。

❑ $p(F_A)$是特征 A 的概率，它是无条件的，因为图中没有其他特征的边指向它。

这些条件概率分布可以帮助我们估计一个特征值的变化对另一个特征值的影响。它告诉我们在一个或多个变量出现的情况下，另一个变量出现的可能性。

在本章后面的内容中，你将学习如何以数据驱动的方式为给定的数据集创建贝叶斯网络，以及如何使用 Python 识别网络的 CPD。

Python 中有多种方法可用于因果推理，接下来就让我们看看这些方法。

15.5　使用 Python 进行因果建模

目前有多个 Python 库提供了一些易于使用的功能，可帮助你使用因果方法和进行因果推理。其中一些库如下。

❑ dowhy（https://pypi.org/project/dowhy/）。

❑ pycausalimpact（https://pypi.org/project/pycausalimpact/）。

❑ causalnex（https://pypi.org/project/causalnex/）。

❑ econml（https://pypi.org/project/econml/）。

❑ bnlearn（https://pypi.org/project/bnlearn/）。

接下来，我们将详细介绍 dowhy 和 bnlearn 的使用。

15.5.1　使用 dowhy 进行因果效应估计

下面使用倾向评分匹配方法进行练习。当你考虑到实验组变量时，该方法非常有用。例如，当你想要确定药物对患者的影响并在模型中包含其他变量（例如他们的饮食、年龄、性别等）时，该方法非常有用。

本示例将使用 scikit-learn 的乳腺癌数据集，其中目标变量是一个二元结果，告诉我们来自大量乳腺癌患者的细胞是来自恶性还是良性肿块。

在本示例中，我们将使用平均 radius（半径）特征（指从中心到周边点的平均距离）作为实验组变量。

请按以下步骤操作。

（1）导入 Python 所需的库和模块。

```
import pandas as pd
import numpy as np
```

```
from sklearn.datasets import load_breast_cancer
import dowhy
from dowhy import CausalModel
```

（2）加载乳腺癌数据集并将其转换为 DataFrame。

```
breast_cancer = load_breast_cancer()
data = pd.DataFrame(breast_cancer.data,
    columns=breast_cancer.feature_names)
data['target'] = breast_cancer.target
```

（3）现在我们需要将实验组变量的数值（平均半径）转换为二进制值，因为倾向评分匹配仅接受二元实验组变量。

```
data['mean radius'] = data['mean radius'].gt(data[
    'mean radius'].values.mean()).astype(int)
data=data.astype({'mean radius':'bool'}, copy=False)
```

（4）我们还需要制作一个常见原因的列表，在本例中可以将其视为数据集中的所有其他属性。

```
common_causes_list = data.columns.values.tolist()
common_causes_list.remove('mean radius')
common_causes_list.remove('target')
```

（5）现在可以通过指定数据、实验组变量、结果变量和常见原因，使用 dowhy 中的 CausalModel()构建模型。CausalModel()对象可以帮助我们估计 treatment 变量（平均半径）对结果变量（目标）的因果影响。

```
model = CausalModel(
    data=data,
    treatment='mean radius',
    outcome='target',
    common_causes=common_causes_list
)
```

（6）现在可以估计指定实验组变量（平均半径）对目标变量的因果效应。请注意，我们在这里使用的倾向评分匹配仅适用于离散实验组变量。

```
identified_est = model.identify_effect()
estimate = model.estimate_effect(identified_est,
    method_name='backdoor.propensity_score_matching')
```

estimate 值为-0.279，这意味着结果的概率降低了约 28%，以高平均半径作为实验组变量。该倾向评分是在给定一组观察到的协变量的情况下接受实验组变量（高平均半径）

的条件概率。backdoor 可以调整控制混杂变量，它与实验组变量和结果变量都有关联。

（7）还可以使用 refute_estimate() 来评估有关因果变量及其数据驱动的估计对结果的变量影响的假设的有效性。例如，我们可以使用'placebo_treatment_refuter'方法，该方法将使用独立的随机变量取代指定的实验组变量。如果我们对实验组和结果之间因果关系的假设是正确的，那么新的估计值将接近于零。

以下代码使用'placebo_treatment_refuter'检查我们假设的有效性：

```
refute_results = model.refute_estimate(identified_estimand,
    estimate, method_name='placebo_treatment_refuter',
    placebo_type='permute', num_simulations=40)
```

这会产生 0.0014 的新效应值，它保证了我们假设的有效性。当然，p 值估计（该命令的另一个输出）为 0.48，也显示了统计置信度水平。

refute_estimate() 的低 p 值并不意味着实验组变量不是因果关系。低 p 值表明估计的因果效应对所测试的特定假设的敏感性。反驳（refutation）结果的显著性并不意味着实验组变量和结果变量之间不存在因果关系。

15.5.2　使用 bnlearn 通过贝叶斯网络进行因果推理

bnlearn 是 Python 和 R 编程语言中都存在的用于贝叶斯网络学习和推理的库之一。我们可以使用这个库学习给定数据集的贝叶斯网络，然后使用学习到的图来推断因果关系。

要使用 bnlearn 通过贝叶斯网络进行因果推理，请按以下步骤操作。

（1）安装并导入 bnlearn 库，然后加载作为其一部分存在的 Sprinkler 数据集。

```
import bnlearn as bn
df = bn.import_example('sprinkler')
```

（2）拟合 structure_learning() 模型来生成贝叶斯网络或 DAG。

```
DAG = bn.structure_learning.fit(df)
```

（3）定义节点的属性并可视化 DAG，如下所示：

```
# 设置边和节点的颜色
node_properties = bn.get_node_properties(DAG)
node_properties['Sprinkler']['node_color']='#00FFFF'
node_properties['Wet_Grass']['node_color']='#FF0000'
node_properties['Rain']['node_color']='#A9A9A9'
node_properties['Cloudy']['node_color']='#A9A9A9'
```

```
# 绘制贝叶斯网络
bn.plot(DAG,
    node_properties=node_properties,
    interactive=True,
    params_interactive={'notebook':True,
        'cdn_resources': 'remote'})
```

网络结果如图 15.4 所示。在该 DAG 图中可以看到，'Sprinkler'可能是多云天气和潮湿草地的因果变量，而'Wet_Grass'则可能是由'Rain'和'Sprinkler'导致的。有一些功能可以量化这些依赖性。

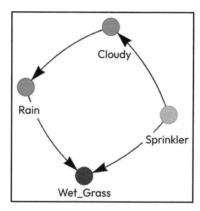

图 15.4　使用 bnlearn 学习到的 Sprinkler 数据集的 DAG

原　　文	译　　文	原　　文	译　　文
Cloudy	多云天气	Sprinkler	洒水器
Rain	雨水	Wet_Grass	潮湿草地

（4）可以使用 independence_test()来测试变量的依赖性。

```
bn.independence_test(DAG, df, test = 'chi_square',
    prune = True)
```

表 15.2 汇总了以上命令的输出，清楚地显示了 DAG 中成对变量的依赖性的重要性。

表 15.2　在 Sprinkler 数据集上使用 bnlearn.independence_test()的汇总

来　　源	目　　标	p 值（来自 chi_square 检验）	chi_square
Cloudy	Rain	1.080606e-87	394.061629
Sprinkler	Wet_Grass	1.196919e-23	100.478455
Sprinkler	Cloudy	8.383708e-53	233.906474
Rain	Wet_Grass	3.886511e-64	285.901702

（5）还可以使用 bn.parameter_learning.fit() 来学习条件概率分布（CPD），具体如下所示：

```
model_mle = bn.parameter_learning.fit(DAG, df,
    methodtype='maximumlikelihood')
# 打印已学习到的条件概率分布（CPD）
bn.print_CPD(model_mle)
```

图 15.5 显示了 Cloudy、Rain 和 Sprinkler 变量的条件概率分布。这些 CPD 与已确定的 DAG（参见图 15.4）相结合，提供所需的信息，不仅可以识别变量之间的潜在因果关系，还可以对它们进行定量评估。

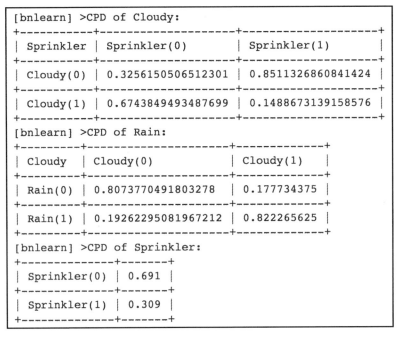

图 15.5　bnlearn 为 Sprinkler 数据集识别的 CPD 示例

本章介绍和演示了因果建模，但该主题其实还有更多值得探索的内容，这也是机器学习中最重要的主题之一。

15.6　小　　结

本章详细阐释了相关性与因果关系之间的区别、因果建模的重要性以及用于因果推理的贝叶斯网络等技术。我们通过 Python 实战练习来帮助你在项目中进行因果建模和推理，以便你可以识别数据集中变量之间更可靠的关系并设计可靠的模型。

在下一章中，我们将探索保护隐私和确保安全的技术，同时最大限度地利用私有和专有数据来构建可靠的机器学习模型。

15.7　思　考　题

（1）你能否拥有一个与输出高度相关，但在监督学习模型中没有因果关系的特征？

（2）因果推理的实验设计和观察研究有什么区别？

（3）使用工具变量进行因果推断有什么要求？

（4）贝叶斯网络中的关系是否一定被视为因果关系？

15.8　参　考　文　献

❑　Schölkopf, Bernhard. Causality for machine learning. Probabilistic and Causal Inference: The Works of Judea Pearl. 2022: 765-804.

❑　Kaddour, Jean, et al. Causal machine learning: A survey and open problems. arXiv preprint arXiv:2206.15475 (2022).

❑　Pearl, Judea. Bayesian networks. (2011).

❑　Richens, Jonathan G., Ciarán M. Lee, and Saurabh Johri. Improving the accuracy of medical diagnosis with causal machine learning. Nature communications 11.1 (2020): 3923.

❑　Prosperi, Mattia, et al. Causal inference and counterfactual prediction in machine learning for actionable healthcare. Nature Machine Intelligence 2.7 (2020): 369-375.

❑　Sanchez, Pedro, et al. Causal machine learning for healthcare and precision medicine. Royal Society Open Science 9.8 (2022): 220638.

第 16 章　机器学习中的安全性和隐私

在我们生活的数字世界中，保护用户数据和个人信息的隐私，以及确保用户数字信息和资产的安全，对于技术发展来说至关重要。而对于建立在机器学习模型之上的技术来说，也是如此。我们在第 3 章"为实现负责任的人工智能而进行调试"中简要讨论了这个主题。本章将为你提供更多详细信息，以帮助你开始学习旅程，了解更多有关隐私保护和确保机器学习模型安全性的知识。

本章包含以下主题：

❑　加密技术及其在机器学习中的应用。

❑　同态加密。

❑　差分隐私。

❑　联邦学习。

在阅读完本章之后，你将了解在机器学习设置中保护隐私和确保安全面临的挑战，并学习一些技术来应对这些挑战。

16.1　技术要求

学习本章需要满足以下要求，以帮助你更好地理解概念并能够在项目中使用它们，利用提供的代码进行练习。

Python 库要求：

❑　numpy >= 1.22.4。

❑　matplotlib >= 3.7.1。

❑　tenseal >= 0.3.14。

❑　pycryptodome = 3.18.0。

❑　pycryptodomex = 3.18.0。

如果你是 Mac 用户并且遇到了 tenseal 安装问题，则可以通过克隆其存储库来直接安装它，有关详细信息，可访问：

https://github.com/OpenMined/TenSEAL/issues

在本书配套 GitHub 存储库中可以找到本章的代码文件，其网址如下：

https://github.com/PacktPublishing/Debugging-Machine-Learning-Models-with-Python/
tree/main/Chapter16

16.2　加密技术及其在机器学习中的应用

我们可以使用不同的加密技术来加密原始数据、用于模型训练和推理的处理数据、模型参数或其他需要保护的敏感信息。有一个术语称为密钥（key），通常是一串数字或字母，这在大多数加密技术中都很重要。密钥由加密算法处理，以编码和解码数据。

16.2.1　常见加密技术

目前有多种加密技术可用，其中一些技术如下（详见 16.8 节"参考文献"：Bhanot et al.，2015；Dibas et al，2021）。

- ❑ 高级加密标准（advanced encryption standard，AES）：AES 是保护数据的最强加密算法之一。AES 接受不同的密钥大小，如 128 位、192 位或 256 位。
- ❑ rivest-shamir-adleman（RSA）安全性：RSA 是最安全的加密算法之一，是一种广泛用于安全数据传输的公钥加密算法。
- ❑ 三重数据加密标准（triple data encryption standard，TDES）：TDES 是一种使用 56 位密钥来加密数据块的加密方法。
- ❑ Blowfish：Blowfish 是一种对称密钥加密技术，可用作 TDES 加密算法的替代方案。Blowfish 的数据加密速度快且高效。它可以将数据（例如字符串和消息）分割成 64 位块并单独加密。
- ❑ Twofish：Twofish 是 Blowfish 算法的加密算法，同 Blowfish 一样，Twofish 使用分组加密机制。它可以破译 128 位数据块。

接下来，我们将在 Python 中使用 AES 进行数据加密，这也是当前最常见的加密技术之一。

16.2.2　在 Python 中实现 AES 加密

本小节将在 Python 中练习使用 AES 进行数据加密。本练习的唯一目的是帮助你更好地了解如何在 Python 中进行数据加密。事实上，在 Python 中加密和解密数据非常容易，通过该操作也可以轻松保护数据隐私并确保机器学习设置的安全性。

请按以下步骤操作。

（1）导入 Cryptodome.Cipher.AES()和 Cryptodome.Random.get_random_bytes()，前者用于加密和解密操作，后者用于密钥生成。

```
from Cryptodome.Cipher import AES
from Cryptodome.Random import get_random_bytes
```

我们可以使用 AES 来加密文本（例如"My name is Ali"）或其他类型的信息。在这里，我们想用它来加密所谓的 SMILES，即代表化合物的序列。

例如，CC(=O)NC1=CC=C(C=C1)O 代表一种著名的药物，名为 Acetaminophen。有关详细信息，可访问：

https://pubchem.ncbi.nlm.nih.gov/compound/Acetaminophen

（2）执行以下加密操作：

```
data = b'CC(=O)NC1=CC=C(C=C1)O'
key_random = get_random_bytes(16)
cipher_molecule = AES.new(key_random, AES.MODE_EAX)
ciphertext, tag = cipher_molecule.encrypt_and_digest(data)

out_encrypt = open("molecule_enc.bin", "wb")
[out_encrypt.write(x) for x in (cipher_molecule.nonce, tag,
    ciphertext) ]
out_encrypt.close()
```

（3）如果我们有密钥，即可解密并安全地加载数据：

```
in_encrypt = open("molecule_enc.bin", "rb")
nonce, tag, ciphertext = [in_encrypt.read(x) for x in (16,
    16, -1) ]
in_encrypt.close()

# 让我们假设密钥以某种方式再次可用
decipher_molecule = AES.new(key_random, AES.MODE_EAX,nonce)
data = decipher_molecule.decrypt_and_verify(ciphertext,tag)
print('Decrypted data: {}'.format(data))
```

这会重新生成我们加密的序列，即 CC(=O)NC1=CC=C(C=C1)O。

在此示例中，AES 可以帮助我们加密有关药物的信息，这在制药和生物技术公司开发新药的过程中非常重要。当然，你也可以通过 Python 使用 AES 来加密其他类型的数据。

接下来，让我们看看称为同态加密的另一种技术。

16.3　同态加密

另一种允许我们对加密数据进行计算的技术称为同态加密（homomorphic encryption）。此技术在机器学习设置中很有帮助，例如，使用模型对加密数据进行推理而无须解密。但是，实现完全同态加密可能很复杂、计算成本高昂且内存效率低下（详见 16.8 节"参考文献"：Armknecht et al.，2015；Gentry et al.，2009；Yousuf et al.，2020）。

有一些 Python 库可以帮助我们练习同态加密方案，例如：

❑　TenSEAL（https://github.com/OpenMined/TenSEAL），可以与 PyTorch 和 NumPy 集成。

❑　PySEAL（https://github.com/Huelse/PySEAL）。

❑　HElib（https://github.com/homenc/HElib）。

现在让我们来看一个使用 TenSEAL 进行同态加密的简单示例。

请按以下步骤操作。

（1）导入 TenSEAL 库并使用 tenseal.context()生成一个 context 对象。该 context 对象将生成并存储加密计算所需的必要密钥。

```
import tenseal as ts
context = ts.context(ts.SCHEME_TYPE.BFV,
    poly_modulus_degree=4096, plain_modulus=1032193)
```

其中，poly_modulus_degree 参数用于确定多项式模数的次数，多项式模数是具有整数系数的多项式。plain_modulus 参数用于指定将明文消息编码为可以同态加密和处理的多项式的模数。如果 plain_modulus 参数太小，消息可能会溢出并导致错误的结果；而如果 plain_modulus 参数太大，密文可能会变得太大并减慢同态操作。

在上述示例代码中，我们使用了 Brakerski-Fan-Vercauteren（BFV）方案。BFV 是一种支持整数运算的同态加密方案。它由不同的多项式时间算法组成，用于生成公钥和密钥、加密明文消息、解密密文消息、两个密文相加和相减以及两个密文相乘。

密文是加密信息，如果没有适当的密码或执行加密或解密的算法来进行解密，则我们或计算机将无法读取该信息。

（2）现在定义一个包含 3 个数字的列表。

```
plain_list = [50, 60, 70]
```

（3）使用之前定义的 context 对象来实现解密。

```
encrypted_list = ts.bfv_vector(context, plain_list)
```

（4）实现一个操作流程，如下：

```
add_result = encrypted_vector + [1, 2, 3]
```

生成的 add_result 列表将是[51, 62, 73]，它是原始值列表[50, 60, 70]和[1, 2, 3]按元素求和的结果。

尽管同态加密或其他加密技术似乎非常安全，但它们仍然需要访问密钥，例如云服务器上的密钥，这可能会导致安全问题。有一些解决方案可以降低此类风险，例如，使用 AWS KMS 或多重要素验证（multi-factor authentication，MFA）等密钥管理服务。有关 AWS KMS 的详细信息，可访问：

https://aws.amazon.com/kms/

接下来，让我们认识一下差分隐私，它可以作为保护单个数据点隐私的技术。

16.4　差　分　隐　私

差分隐私（differential privacy，DP）的目标是确保单个数据点的删除或添加不会影响建模的结果。例如，通过向正态分布添加随机噪声，试图使各个数据点的特征变得模糊。如果可以访问大量数据点，则可以根据大数定律（law of large numbers）（详见 16.8 节"参考文献"：Dekking et al., 2005）消除学习中的噪声影响。

为了更好地理解这个概念，我们希望生成一个随机数字列表，并从正态分布中向它们添加噪声，以更好地理解该技术为何有效。在这个过程中，我们还将定义一些广泛使用的技术术语。

请按以下步骤操作。

（1）定义一个名为 gaussian_add_noise()的函数，它的作用是将高斯噪声添加到值的查询列表中。

```python
def gaussian_add_noise(query_result: float,
    sensitivity: float, epsilon: float):

        std_dev = sensitivity / epsilon
        noise = np.random.normal(loc=0.0, scale=std_dev)
        noisy_result = query_result + noise

    return noisy_result
```

在上述函数中，使用了 sensitivity 和 epsilon 作为函数的输入参数，其含义可以简化如下。

- ❑ sensitivity：差分隐私机制所需的噪声水平由 sensitivity 参数决定。敏感性（sensitivity）告诉我们更改对查询结果的影响。sensitivity 的值越大，则隐私性越好，但响应的准确率较低。
- ❑ epsilon(privacy budget)：隐私预算（privacy budget）是限制噪声数据和查询数据之间偏差程度的参数。较小的 epsilon 值将导致更好的隐私，但响应不太准确。

（2）使用一个简单的 for 循环来生成遵循正态分布的随机值作为查询值，然后使用定义的 gaussian_mechanism()函数向它们添加噪声。

```python
query_list = []
noisy_list = []
for iter in range(1000):
    # 生成 0 到 100 之间的随机值
    query_val = np.random.rand()*100
    noisy_val = gaussian_add_noise(query_val, sensitivity,
        epsilon_budget)

    query_list.append(query_val)
    noisy_list.append(noisy_val)

print('Mean of the original distribution:
    {}'.format(np.mean(query_list)))

print('Mean of the nosiy distribution:
    {}'.format(np.mean(noisy_list)))

print('Standard deviation of the original distribution:
    {}'.format(np.std(query_list)))

print('Standard deviation of the nosiy distribution:
    {}'.format(np.std(noisy_list)))
```

生成的噪声分布和查询分布非常相似，平均值分别为 0.78 和 0.82，标准差分别为 99.32 和 99.67。图 16.1 为两个值列表的散点图。可以通过调整 sensitivity 和 epsilon 参数来更改查询值和噪声值之间的距离。

还有一些 Python 库可用于实现差分隐私，例如：

- ❑ IBM Differential Privacy Library (Diffprivlib)（https://github.com/IBM/difference-privacy-library）。

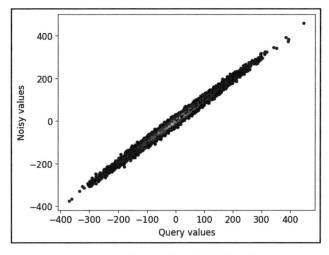

图 16.1 添加噪声前后变量值的比较

❑ PyDP（https://github.com/OpenMined/PyDP）。

❑ Opacus（https://github.com/pytorch/opacus）。

本章要介绍的最后一个主题称为联邦学习（也称为联合学习），它超越了为中央存储系统提供隐私保护的概念。

16.5 联邦学习

联邦学习（federated learning，FL）依赖于去中心化学习、数据分析和推理的理念，因此允许将用户数据保存在单个设备或本地数据库中（详见 16.8 节"参考文献"：Kaissis et al.，2020；Yang et al.，2019）。

借助于联邦学习技术，我们可以利用本地设备和用户的数据（这些数据无法存储在中心数据存储系统中）来训练和改进机器学习模型。

如图 16.2 所示，本地设备或用户可以提供本地数据来更新全局模型和我们正在训练的模型并改进中心服务器。在全局模型得到更新和改进之后，即可向本地用户和设备提供更新之后的推理结果。

在实现联邦学习时，可使用以下多个 Python 库：

❑ PySyft（https://github.com/OpenMined/PySyft）。

❑ TensorFlow Federated（https://www.tensorflow.org/federated）。

❑ FedML（https://github.com/FedML-AI/FedML）。

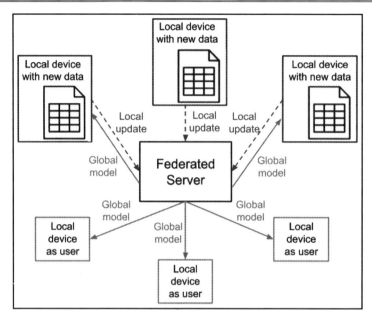

图 16.2　使用本地数据更新模型并将全局模型反馈给本地设备和用户的示意图

原　　　文	译　　　文
Federated Server	联邦学习服务器
Local device with new data	包含新数据的本地设备
Local update	本地更新
Global model	全局模式
Local device as user	作为用户的本地设备

❑　Flower（https://github.com/adap/flower）。

❑　FATE（https://github.com/FederatedAI/FATE）。

当然，在实践中使用联邦学习有很多技术细节，这超出了本书编程或基础设施设计的讨论范围。尽管联邦学习是本地存储用户数据的绝佳替代方案，但在不同的应用领域使用它仍然存在道德、法律和商业方面的诸多挑战。例如，医疗保健就是非常适合进行联邦学习的领域，但其法律和道德挑战同样存在，从而减缓了其在实践中的应用。许多研究所、医院、制药公司和政府机构仍然需要用于建模的数据，即使是通过联邦学习，也要经过现有的常规道德、法律和商业审批流程，以便完全访问数据，而不需要联邦学习。

当然，随着联邦学习算法和相关基础设施变得更好，各种机构、医院和公司等也有望提出解决方案，从这项技术中受益。

除了本章介绍的有关数据隐私和安全的内容，你还可以在第 3 章"为实现负责任的人工智能而进行调试"中了解关于机器学习设置中攻击的重要主题。

此外，你还可以查看其他资源，例如 Papernot 等人于 2018 年发表的题为"Sok: Security and privacy in machine learning"（《Sok：机器学习中的安全性和隐私》）的精彩文章，以了解有关这些重要主题的更多信息。

16.6　小　　结

本章详细阐释了一些可帮助你保护隐私和确保安全的最重要的概念和技术，包括数据加密技术、同态加密、差分隐私和联邦学习。

与传统数据加密技术相比，同态加密提供了不同类型的操作和机器学习推理的可能性。本章还介绍了如何通过在差分隐私中向数据添加噪声来确保数据隐私，解释了如何在联邦学习中使用去中心化数据并省略传输原始数据的需要。

本章还使用 Python 练习了其中的一些内容。这些知识可以成为你进一步了解这些概念并在机器学习项目中受益的起点。

在下一章中，将阐释把人类反馈集成到机器学习建模中的重要性，并帮助你理解有关此主题的技术。

16.7　思　考　题

（1）请解释 3 种可以帮助你完成机器学习项目的加密技术。

（2）同态加密在机器学习环境中的优势是什么？

（3）什么是差分隐私？

（4）使用差分隐私或联邦学习有哪些非技术挑战？

16.8　参　考　文　献

❑　Shafahi, Ali, et al. "Adversarial training for free!." Advances in Neural Information Processing Systems 32 (2019).

❑　Gaur, Shailendra Singh, Hemanpreet Singh Kalsi, and Shivani Gautam. "A Comparative Study and Analysis of Cryptographic Algorithms: RSA, DES, AES, BLOWFISH, 3-DES, and TWOFISH."

❑ Bhanot, Rajdeep, and Rahul Hans. "A review and comparative analysis of various encryption algorithms." International Journal of Security and Its Applications 9.4 (2015): 289-306.

❑ Dibas, Hasan, and Khair Eddin Sabri. "A comprehensive performance empirical study of the symmetric algorithms: AES, 3DES, Blowfish and Twofish." International Conference on Information Technology (ICIT). IEEE (2021).

❑ Armknecht, Frederik, et al. "A guide to fully homomorphic encryption." Cryptology ePrint Archive (2015).

❑ Gentry, Craig. A fully homomorphic encryption scheme. Stanford University, 2009.

❑ Yousuf, Hana, et al. "Systematic review on fully homomorphic encryption scheme and its application." Recent Advances in Intelligent Systems and Smart Applications (2020): 537-551.

❑ Yang, Qiang, et al. "Federated machine learning: Concept and applications." ACM Transactions on Intelligent Systems and Technology (TIST) 10.2 (2019): 1-19.

❑ Abadi, Martin, et al. "Deep learning with differential privacy." Proceedings of the 2016 ACM SIGSAC conference on computer and communications security (2016).

❑ Dekking, Frederik Michel, et al. A Modern Introduction to Probability and Statistics: Understanding why and how. Vol. 488. London: Springer (2005).

❑ Kaissis, Georgios A., et al. "Secure, privacy-preserving and federated machine learning in medical imaging." Nature Machine Intelligence 2.6 (2020): 305-311.

❑ Yang, Qiang, et al. "Federated machine learning: Concept and applications." ACM Transactions on Intelligent Systems and Technology (TIST) 10.2 (2019): 1-19.

❑ Papernot, Nicolas, et al. "Sok: Security and privacy in machine learning." IEEE European Symposium on Security and Privacy (EuroS&P). IEEE (2018).

第 17 章　人机回圈机器学习

机器学习建模不是找一些机器学习开发人员和工程师坐在计算机后面构建和修改机器学习生命周期的组件那样简单，纳入领域专家甚至非专家群体的反馈是将更可靠和面向应用的模型投入生产环境的关键。这个概念被称为人机回圈（human-in-the-loop）机器学习，它的主要思想是在机器学习生命周期的不同阶段利用人类智能和专家知识，进一步提高模型的性能和可靠性。

本章包含以下主题：
- ❑　机器学习生命周期中的人类。
- ❑　人机回圈建模。

在阅读完本章之后，你将理解把人类智能融入机器学习建模项目的好处和挑战。

17.1　机器学习生命周期中的人类

开发和改进机器学习生命周期的不同组件，以便将可靠且高性能的模型投入生产环境，这是一项需要多方面协作的工作，你可以从专家和非专家的人类反馈中受益（见图 17.1）。

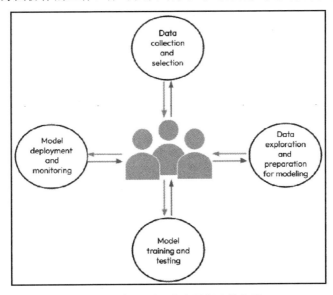

图 17.1　机器学习生命周期中的人类

原　　文	译　　文
Data collection and selection	数据收集和选择
Data exploration and preparation for modeling	数据探索和建模准备
Model training and testing	模型训练和测试
Model deployment and monitoring	模型部署和监控

例如，放射科医生可以帮助标注放射图像，而大多数视力良好的人则可以轻松标注猫和狗的图像。但纳入人类反馈并不仅限于生命周期开始时的数据标注。

17.1.1　主动和被动人机回圈

我们可以利用人类智慧和专业知识来改进生命周期的数据准备、特征工程和表示学习方面，也可以进入模型训练和测试，以及最终的模型部署和监控阶段。在每个阶段，都可以被动或主动地纳入人类反馈，这使我们能够将更好的模型投入生产。

被动人机回圈是指收集专家和非专家的反馈与信息，并在下次修改相应机器学习建模系统的组件时从中受益。在此过程中，反馈和额外信息有助于识别改进生命周期组件的机会，并识别数据漂移和概念漂移，从而将更好的模型投入生产。

在主动的人机回圈机器学习中，需要对基础设施和一个或所有生命周期组件进行合理设计，使它们能够主动、持续地将额外的人机回圈信息和数据纳入机器学习中，从而改进数据分析和建模。

接下来，让我们看看对专家反馈收集的设计，探讨如何有效地通过它改进模型。

17.1.2　专家反馈收集

在一个或多个机器学习模式之上构建一项技术的最终目标是为用户、专家或非专家提供实现特定目标的工具，例如医疗图像分类、股票价格预测、信用风险估计，以及在线电商的产品推荐系统等。

我们可以收集反馈信息以进行数据标注或在生产阶段的后期进行数据漂移和概念漂移的检测，然后使用这些反馈信息来改进模型。但是，这种反馈可能超出了数据标注或识别数据漂移和概念漂移的目的。

我们可以将专家反馈用于 4 个主要目的：数据生成和标注、数据过滤、模型选择、模型监控。

用于标注和监测的专家反馈收集通常与非专家数据收集类似，但在某些应用中，专业知识是必要的，例如在放射图像分类的标注中。

对于模型选择，我们可以使用专家反馈，而不是完全依赖用于模型性能评估的性能指标来选择最佳模型。专家反馈可以帮助我们根据错误的预测结果检测危险信号，或者获取模型的可解释性信息（例如在预测方面贡献最大的特征是否相关性最低）。

在模型监控阶段也可以利用专家反馈信息。在第 11 章"避免数据漂移和概念漂移"中已经介绍过，漂移检测对于确保我们的模型在生产环境中的可靠性至关重要。在许多应用中，模型的用户可能是特定领域的专家，例如医疗保健和药物发现应用。在这种情况下，我们需要确保不断收集他们的反馈，并使用反馈来检测和消除模型中的偏差。

收集作为机器学习模型用户的专家的反馈不应仅限于他们"好"与"坏"的二元反应。我们需要提供有关模型及其预测结果的足够信息，并要求专家提供反馈，如下所示。

- ❑ 提供足够的信息：当我们向模型的专家用户寻求反馈时，需要提供足够的信息以获得更好、更相关的反馈。例如，除了我们的模型在测试和生产环境中的性能，或者对一组特定数据点的错误和正确预测结果，还可以提供有关模型如何对这些数据点做出决策的可解释性信息。此类信息可以帮助用户提供更好的反馈，从而帮助我们改进模型。
- ❑ 不要求专家翻译解读：我们模型的许多用户可能只有较为有限的统计和机器学习建模知识。因此，要求他们将意见和想法转化为技术术语会限制有效的反馈收集。你需要提供足够的信息并征求他们的反馈，并进行来回对话，将他们的见解转化为可操作的项目以改进模型。
- ❑ 设计自动反馈收集：虽然最好不要要求专家进行翻译解读，但如前文所述，你可以使用清晰详细的问题和适当的基础设施设计来实现更自动化的反馈收集，以收集反馈并将其合并到你的模型中。

  例如，你可以使用机器学习的可解释性功能，并询问模型用于预测特定数据点集的输出的信息最丰富的特征是否与任务相关。

人机回圈也有其自身的挑战，例如，当需要第三方公司监控模型和管道时，或者当我们的团队和组织与其他人共享来自合作者和业务合作伙伴的数据时，可能存在特定的法律障碍，需要保护数据隐私。因此，在设计时需要牢记这些挑战，以便能够更多地在机器学习生命周期的人机回圈中受益。

除了可以在机器学习生命周期的不同阶段收集反馈来改进我们的模型，主动学习等技术可以帮助我们以更低的成本将更好的模型投入生产。

17.2　人机回圈建模

尽管高质量的带标注的数据点更有价值，但标注数据的成本（特别是在需要领域专业知识时）可能非常高。在这种情况下，主动学习（active learning）是一种可以帮助我们生成和标记数据，以较低的成本提高模型性能的策略。

在主动学习环境中，我们的目标是从数据量有限的模型中受益，并迭代地选择要标记的新数据点或确定其连续值，以实现更高的性能（详见 17.5 节 "参考文献"：Wu et al.，2022；Ren et al.，2021；Burbidge et al.，2007）。

主动学习的模型将查询由专家或非专家标注的新实例，或者通过任何计算或实验技术识别它们的标签或连续值。当然，这不是随机选择实例，而是有一些新实例选择的技术可以帮助我们以更少的实例和迭代次数实现更好的模型（见表 17.1）。这些技术中的每一种都有其优缺点。例如，虽然不确定性采样技术很简单，但如果实例预测输出的不确定性与模型误差不高度相关，则其对性能的影响可能有限。

表 17.1　主动学习技术中的新实例选择方法

以数据为中心	以模型为中心
不确定性采样（uncertainty sampling）： 选择（在推理中）具有最大不确定性的样本实例，这些实例可能是最接近分类问题中的决策边界的实例	预期模型变化： 选择知道其标签会对当前模型产生最大影响的实例
密度加权不确定性采样（density-weighted uncertainty sampling）： 选择不仅具有最高不确定性，而且能够代表许多其他依赖特征空间中数据密度的数据点的样本实例	误差减少估计： 选择知道其标签将最大限度地减少未来误差的实例
委员会查询（query-by-committee）： 在相同的训练语料上训练多个模型，组成一个投票委员会，根据委员会的投票结果选出对模型迭代最有价值的样本（争议较大的样本）	方差减少： 选择知道其标签将最大限度地减少模型参数的不确定性的实例

本章重点介绍了人机回圈背后的概念和技术。当然，有一些 Python 库，例如 modAL，可以帮助你在项目中实施一些将人类反馈带入机器学习生命周期的技术。有关 modAL 库的详细信息，可访问：

https://modal-python.readthedocs.io/en/latest/

17.3　小　　结

本章阐释了人机回圈机器学习中的一些重要概念，这些概念可以帮助你更好地在你和你的团队以及专家或非专家之间建立协作，以便将他们反馈的信息（包括领域知识）纳入你的机器学习建模项目。

这是本书的最后一章。我们希望你能充分了解改进机器学习模型并构建更好模型的不同方法，以便开启成长为该领域专家的旅程。

17.4　思　考　题

（1）人机回圈机器学习是否仅限于数据标注和标记？

（2）在主动学习过程的每个步骤中选择实例时，不确定性采样和密度加权不确定性采样有什么区别？

17.5　参　考　文　献

❑ Amershi, Saleema, et al. Power to the people: The role of humans in interactive machine learning. Ai Magazine 35.4 (2014): 105-120.

❑ Wu, Xingjiao, et al. A survey of human-in-the-loop for machine learning. Future Generation Computer Systems 135 (2022): 364-381.

❑ Ren, Pengzhen, et al. A survey of deep active learning. ACM computing surveys (CSUR) 54.9 (2021): 1-40.

❑ Burbidge, Robert, Jem J. Rowland, and Ross D. King. Active learning for regression based on query by committee. Intelligent Data Engineering and Automated Learning-IDEAL 2007: 8th International Conference, Birmingham, UK, December 16-19, 2007. Proceedings 8. Springer Berlin Heidelberg, 2007.

❑ Cai, Wenbin, Ya Zhang, and Jun Zhou. Maximizing expected model change for active learning in regression. 2013 IEEE 13th international conference on data mining. IEEE, 2013.

❑ Roy, Nicholas, and Andrew McCallum. Toward optimal active learning through monte carlo estimation of error reduction. ICML, Williamstown 2 (2001): 441-448.

❑ Donmez, Pinar, Jaime G. Carbonell, and Paul N. Bennett. Dual strategy active learning. Machine Learning: ECML 2007: 18th European Conference on Machine Learning, Warsaw, Poland, September 17-21, 2007. Proceedings 18. Springer Berlin Heidelberg, 2007.

附录 A 思考题答案

第 1 章 超越代码调试

（1）你的代码是否可能出现意外缩进但不返回任何错误消息？

可能。以下就是一个示例：

```python
def odd_counter(num_list: list):
    """
    :param num_list: list of integers to be checked for
identifying odd numbers
    :return: return an integer as the number of odd numbers in
the input list
    """
    odd_count = 0
    for num in num_list:
        if (num % 2) == 0:
            print("{} is even".format(num))
        else:
            print("{} is even".format(num))
        odd_count += 1

    return odd_count

num_list = [1, 2, 5, 8, 9]
print(odd_counter(num_list))
```

（2）Python 中的 AttributeError 和 NameError 有什么区别？

它们的定义如下。

❑ AttributeError：当属性用于未定义的对象时，会引发此类错误。例如，没有为列表定义 isnull，所以，my_list.isnull() 会导致 AttributeError。

❑ NameError：当尝试调用代码中未定义的函数、类或其他名称和模块时，会引发此错误。例如，如果尚未在代码中定义 neural_network 类，但在代码中调用了 neural_network()，则将收到 NameError 消息。

（3）数据维度如何影响模型性能？

维度越高，特征空间越稀疏，并且可能会降低模型在分类任务中识别可泛化的决策边界的置信度。

（4）Python 中的回溯消息可为你提供有关代码中错误的哪些信息？

当你在 Python 中收到错误消息时，通常会获得查找问题所需的信息。此信息会创建类似报告的消息，内容涉及发生错误的代码行、错误类型以及导致此类错误的函数或类调用等。这种类似于报告的消息在 Python 中称为回溯（traceback）。

（5）你能解释一下高质量 Python 编程的 3 种最佳实践吗？

增量编程（incremental programming）：例如，为每个小组件编写代码，然后对其进行测试并使用 PyTest 编写测试代码，可以帮助你避免编写的函数或类出现问题。它还可以帮助你确保为另一个模块提供输入的某个模块的输出是兼容的。

日志记录（logging）：当你在 Python 中开发函数和类时，也可以从日志信息、错误和其他类型的消息中受益，这些消息可以帮助你在收到错误消息时识别潜在的问题来源。

防御性编程（defensive programming）：防御性编程是让你为自己、你的队友和你的合作者可能犯的错误做好准备。有一些工具、技术和 Python 类可以防止代码出现此类错误，例如断言（assertion）。

（6）你能解释一下为什么你的特征或数据点可能具有不同的置信度吗？

举例来说，如果你聘请放射科医生等专家来标注癌症诊断的医学图像，则图像标签上的置信度可能会有所不同。这些置信度可以在建模阶段予以考虑（例如，在数据收集过程中，要求更多专家标注相同的图像），也可以在建模过程中考虑（例如，根据标记的置信度为每幅图像分配权重）。

数据的特征也可能具有不同的品质。例如，你可能具有高度稀疏的特征，这些特征在数据点上的值大部分为 0；或者你可能具有不同置信级别的特征，例如如果你使用卷尺来捕获物体（例如骰子）之间的毫米级差异，则与使用相同的卷尺捕获较大物体（例如家具）之间的差异相比，测量获得的特征的置信度会较低。

（7）在为给定数据集构建模型时，你能否提供有关如何减少欠拟合或过拟合的建议？

可以通过控制模型复杂度来控制欠拟合和过拟合。

（8）我们是否可以拥有一个在生产环境中的性能明显低于测试性能的模型？

是的，这是可能的。用于训练和测试机器学习模型的数据可能会过时。例如，服装市场趋势的变化可能会使服装推荐模型的预测变得不可靠。

（9）当我们还可以提高训练数据的质量或数量时，专注于超参数优化是一个好主意吗？

仅通过调优模型超参数，无法开发出最佳模型。同样，仅通过提高数据的质量和数量，但模型超参数不变，也无法实现最佳性能。因此，最好的做法是数据质量和数量提升以及超参数调优双管齐下。

第 2 章　机器学习生命周期

（1）你能提供两个数据清洗过程的示例吗？

数据清洗过程的示例包括：填充数据中的缺失值和删除异常值。

（2）你能解释一下独热编码和标签编码方法之间的区别吗？

独热编码将为分类特征的每一类生成一个新特征。标签编码保留相同的特征，只是用分配给类别的数字替换了类别。

（3）如何使用分布的分位数来检测其异常值？

检测异常值的最简单方法是使用变量值分布的分位数。超出上限和下限的数据点被视为异常值。

下限可以计算为

$$Q_1 - a.\text{IQR}$$

上限可以计算为

$$Q_3 + a.\text{IQR}$$

其中，第三四分位数与第一四分位数的差距称四分位距（interquartile range，IQR）。a 的取值范围为 1.5～3，常用值为 1.5，在默认情况下，也用于绘制箱线图。但具有较高的值会使异常值识别过程不那么严格，并且会减少被检测为异常值的数据点。

（4）假设你需要以本地方式为医生部署模型，还需要在银行系统的聊天机器人背后部署模型，你认为这两个任务的考虑因素有何差异？

如果想在医院的医生个人计算机中部署模型以供临床医生直接使用，则需要考虑建立适当的生产环境和所有软件依赖项可能遇到的所有困难和所需的规划。还需要确保本地系统具有必要的硬件条件。

相反，如果想在银行系统的聊天机器人背后部署模型，那么这些都不必考虑。

第 3 章　为实现负责任的人工智能而进行调试

（1）你能解释一下两种类型的数据偏差吗？

数据收集偏差：我们所收集的数据可能包含偏差，例如亚马逊公司申请人排序示例中的性别偏见、COMPAS 中的种族偏见、住院示例中的社会经济偏见或其他类型的偏差。

抽样偏差：数据偏差还可能来自在生命周期的数据收集阶段对数据点进行采样或对总体进行采样的过程。例如，当对学生的情况进行抽样填写调查时，我们的抽样过程可能会偏向女孩或男孩、富裕或贫穷的学生家庭、高年级学生或低年级学生。

（2）白盒和黑盒对抗性攻击有什么区别？

完全知识白盒攻击（perfect-knowledge white-box attack）：攻击者了解系统的一切。

零知识黑盒攻击（zero-knowledge black-box attack）：攻击者对系统本身没有任何了解，而是通过生产环境中的模型预测来收集信息。

（3）你能否解释一下数据和算法加密如何帮助保护系统的隐私和安全？

加密（encryption）过程会将信息（无论是数据还是算法）转换为新的（加密）形式。如果个人有权访问加密密钥（即解密过程所需的密码式密钥），则可以解密加密的数据（使其变得人类可读或机器可理解）。这样，在没有加密密钥的情况下访问数据和算法将变得不可能或非常困难。

（4）你能解释一下差分隐私和联邦机器学习之间的区别吗？

差分隐私（differential privacy）试图确保单个数据点的删除或添加不会影响建模的结果。它将尝试从数据点组内的模式中学习。例如，通过添加正态分布的随机噪声，试图使各个数据点的特征变得模糊。但是，如果可以访问大量数据点，则可以根据大数定律消除学习中的噪声影响。

联邦机器学习（federated learning）依赖于去中心化学习、数据分析和推理的思想，从而允许用户数据保存在单个设备或本地数据库中。

（5）透明度如何帮助你增加机器学习模型的用户数量？

透明度可以帮助模型的用户了解模型的工作原理和构建方式，从而有助于他们建立对模型的信任。它还可以帮助你、你的团队、你的合作者和你的组织收集有关机器学习生命周期不同组成部分的反馈，增加使用你的模型的用户数量。

第 4 章　检测机器学习模型中的性能和效率问题

（1）某个分类器旨在确定诊所的患者在第一轮测试后是否需要执行其余的诊断步骤。哪个分类指标更适合或更不适合这种应用场景？为什么？

在初步诊断检查中，通过更准确的后续测试，我们希望确保不会漏报任何患有我们正在检查的疾病的患者。因此，我们需要致力于减少漏报（假阴性），同时努力减少误报（假阳性）。所以，我们的目标是最大限度地提高召回率（recall），同时控制精确率（precision）和特异性（specificity）。

（2）某个分类器旨在评估特定金额的不同投资选项的投资风险，并将用于向你的客户建议投资机会。哪个分类指标更适合或更不适合这种应用场景？为什么？

在这种情况下，你需要确保精确率（precision）以控制风险并推荐良好的投资机会。这可能会导致召回率（recall）降低，但这影响不大，因为市场机会很多，你不可能把所有的钱都赚走，而糟糕的投资却可能会导致个人投资者遭受重大资本损失。

在此，我们不想考虑投资风险管理的细节，而是想对如何选择良好的性能衡量标准有一个高层次的了解。如果你是该领域的专家，请考虑你的专业知识并选择满足你所了解的要求的良好性能衡量标准。

（3）如果在同一验证集上有两个二元分类模型计算出的 ROC-AUC 相同，是否意味着这两个模型的性能相同？

ROC-AUC 是一个汇总指标。因此，具有相同 ROC-AUC 的两个模型可能对各个数据点有不同的预测。

（4）如果在相同测试集上模型 A 的对数损失低于模型 B，是否意味着模型 A 的马修斯相关系数（MCC）必然高于模型 B？

MCC 关注预测标签，而对数损失（log-loss）关注测试数据点的预测概率。因此，较低的对数损失并不一定意味着较低的 MCC。

（5）如果与模型 B 相比，模型 A 在相同数量的数据点上具有更高的 R^2，那么可以说模型 A 优于模型 B 吗？特征数量如何影响我们对两个模型的比较？

不一定。R^2 不考虑数据维度（即特征、输入或自变量的数量）。具有更多特征的模型可能会产生更高的 R^2，但不一定是更好的模型。

（6）如果模型 A 的性能高于模型 B，那么是否意味着模型 A 必然是最适合投入生产环境的模型？

这取决于用于评估模型泛化能力的性能测量和测试数据。需要针对生产目标使用正确的性能衡量标准，并使用一组数据点进行模型测试，以更好地反映模型在生产环境中未见过的数据上的性能表现。

第 5 章　提高机器学习模型的性能

（1）添加更多特征和训练数据点是否会减少模型方差？

虽然添加更多训练数据点有助于减少方差，同时添加更多特征有助于减少偏差。但是，添加新数据点并不能保证减少方差，添加新特征也不一定有助于减少方差。

（2）你能否提供用于组合类标签中具有不同置信度的数据的方法示例？

常见方法包括以下几种。

- ❑ 优化期间分配权重：在训练机器学习模型时，可以根据类标签的置信度为每个数据点分配权重。
- ❑ 集成学习（ensemble learning）：如果考虑每个数据点的质量或置信度分数的分布，那么可以使用该分布的每个部分的数据点构建不同的模型，然后组合模型的预测，例如使用它们的加权平均值。分配给每个模型的权重可以是一个数字，代表用于其训练的数据点的质量。
- ❑ 迁移学习（transfer learning）：在迁移学习中，我们可以在参考任务（reference task）上训练模型，它通常具有更多的数据点，然后在较小的任务上对其进行微调，以获得特定任务的预测。该方法可用于具有不同置信度的数据。你可以在具有不同标签置信度的大型数据集上训练模型，排除置信度非常低的数据，然后在数据集的置信度非常高的部分数据上对其进行微调。

（3）过采样如何提高监督机器学习模型的泛化能力？

在少数类较为稀疏的分类环境中，过采样可以增加识别决策边界的信心，从而提高模型的泛化能力。

（4）DSMOTE 和 Borderline-SMOTE 有什么区别？

如果使用 Borderline-SMOTE，则新生成的数据点将接近多数类数据点，这有助于识别决策边界，提高泛化能力。

在 DSMOTE 中，使用基于密度的噪声应用空间聚类（density-based spatial clustering of applications with noise，DBSCAN）将少数类的数据点分为 3 组，即核心样本、边界样本和噪声（即异常值）样本，然后仅将核心样本和边界样本用于过采样。事实证明，这种方法比 SMOTE 和 Borderline-SMOTE 效果更好。

（5）进行超参数优化时是否需要检查模型的每个超参数的每个单值的效果？

没有必要搜索所有可能的超参数组合。

（6）L1 正则化能否消除某些特征对监督模型预测的贡献？

是的，L1 正则化可以消除特征对正则化过程的贡献。

（7）如果使用相同的训练数据进行训练，套索回归（lasso regression）和岭回归（ridge regression）模型能否在相同的测试数据上产生相同的性能？

是的，这是可能的。

第 6 章　机器学习建模中的可解释性和可理解性

（1）可解释性如何帮助你提高模型的性能？

可解释性有助于提高性能，例如降低模型对小特征值变化的敏感性，提高模型训练中的数据效率，尝试帮助模型进行正确推理并避免虚假的相关性，帮助实现公平性。

（2）局部可解释性和全局可解释性有什么区别？

局部可解释性（local explainability）有助于我们理解特征空间中靠近数据点的模型的行为。尽管这些模型满足局部保真度标准，但被认为局部重要的特征对于全局来说可能并不是重要的，反之亦然。这意味着我们无法轻松地从全局解释中推断出局部解释，反之亦然。

全局可解释性（global explainability）技术试图超越局部可解释性，并为模型提供全局解释。

（3）由于线性模型的可理解性，是否使用线性模型更好？

线性模型虽然可以理解，但通常性能较低。相反，我们可以从具有更高性能的更复杂的模型中受益，并使用可解释性技术来理解模型如何得出其预测结果。

（4）可解释性分析是否使机器学习模型更可靠？

是的，确实如此。可解释性技术可以帮助我们了解哪些模型对一组数据点的预测结果有主要贡献。

（5）你能解释一下 SHAP 和 LIME 在机器学习可解释性方面的区别吗？

SHAP 可以确定每个特征如何对模型的预测做出贡献。由于特征将协同确定分类模型的决策边界并最终影响模型的预测，因此 SHAP 会尝试首先识别每个特征的边际贡献，然后提供 Shapley 值作为每个特征在整个特征集协同预测中的估计贡献值。

LIME 是局部可解释性 SHAP 的替代方案，通过使用可解释模型局部近似模型，以与模型无关的方式解释任何分类器或回归器的预测。

（6）在开发机器学习模型时，如何从反事实分析中受益？

反事实解释（counterfactual explanation，CE）示例或解释可以帮助我们确定实例中需要更改哪些内容才能改变分类模型的结果。这些反事实可以帮助确定许多应用（例如金融、零售、营销、招聘和医疗保健）中的可行路径。其中一个例子是向银行客户建议如何更改贷款申请的拒绝结果。

此外，反事实分析还可以帮助识别模型中的偏差，从而帮助我们提高模型性能或消除模型中的公平问题。

（7）假设银行使用机器学习模型进行贷款审批。所有建议的反事实是否都有助于建议一个人如何增加获得批准的机会？

正如 6.6.3 节"使用多样化反事实解释（DiCE）的反事实生成"中所述，根据每个特征的定义和含义，并非所有反事实都是可行的。

例如，如果我们想建议一个 29 岁的人将自己的预测结果从低薪变为高薪，那么建议他在 80 岁时会获得高薪并不是一个有效且可操作的建议。此外，建议将每周工作小时数从 38 个小时更改为大于 90 小时也是不可行的。

你需要在拒绝反事实时考虑到这些因素，以便可以识别提高模型性能的机会并向用户提供可行的建议。此外，你还可以在不同的技术之间切换，为你的模型和应用程序生成更有意义的反事实。

第 7 章　减少偏差并实现公平性

（1）公平性是否仅取决于可观察到的特征？

不。我们的模型中可能有性别和种族等敏感属性的代理的存在，但在模型中是观察不到它们的。

（2）性别的代理特征有哪些示例？

受教育水平、工资和收入（在某些国家/地区）、职业、重罪指控历史、用户生成内容中的关键字（例如，简历或社交媒体中）、是否大学教员等。

（3）如果一种模型就人口平等而言是公平的，那么它在其他公平概念（例如概率均等）方面是否也是公平的？

不一定。根据人口平等来满足公平性并不一定会使模型在其他公平概念（例如概率均等）方面也是公平的。

（4）人口平等和概率均等作为两个公平指标有何区别？

人口平等是一种群体公平定义，旨在确保模型的预测不依赖于给定的敏感属性，例如种族或性别。

当给定的预测独立于给定的敏感属性时，满足概率均等。

（5）如果你的模型中有"性别"这一特征，并且你的模型对此特征的依赖性较低，那么这是否意味着你的模型在不同性别群体中是公平的？

不一定。模型预测的主要贡献者中可能存在"性别"的特征代理。

（6）如何使用可解释性技术来评估模型的公平性？

我们可以使用可解释性技术来识别模型中的潜在偏差，然后计划改进它们以实现公平性。例如，可以识别男性和女性群体之间的公平性问题。

第 8 章　使用测试驱动开发以控制风险

（1）Pytest 如何帮助你在机器学习项目中开发代码模块？

Pytest 是一个简单易用的 Python 库，可用于设计单元测试。设计的测试可用于测试代码中的更改，并控制整个开发过程中潜在错误和代码未来更改的风险。

（2）Pytest 固定装置如何帮助你使用 Pytest？

在进行数据分析和机器学习建模编程时，我们需要使用不同变量或数据对象中的数据、来自本地计算机或云中的文件、来自数据库查询的结果或来自测试中 URL 的数据。固定装置（fixture）可以在这些过程中帮助我们消除在测试中重复相同代码的需要。

将固定装置函数附加到测试，将会运行它并在每个测试运行之前将数据返回到测试。

（3）什么是差异测试？何时需要使用它？

差异测试（differential testing）的基本思想是，尝试在同一输入上检查一个软件的两个版本（被视为基础版本和测试版本），然后比较输出。这个过程将帮助我们识别输出是否相同并识别意外差异。

在差异测试中，基本版本已经被验证并被视为批准版本，而测试版本需要与基本版本进行比较以产生正确的输出。在差异测试中，还可以评估观察到的基础版本和测试版本输出之间的差异是预期的还是可以解释的。

在机器学习建模中，当在相同数据上比较相同算法的两种不同实现时，还可以从差异测试中受益。

（4）什么是 MLflow？它如何帮助你完成机器学习建模项目？

MLflow 是一个广泛使用的机器学习实验跟踪库，可以在 Python 中使用。跟踪机器学习实验将有助于降低无效结论和选择不可靠模型的风险。

机器学习中的实验跟踪（experiment tracking）是指保存有关实验的信息，例如已使用的数据、测试性能和用于性能评估的指标，以及用于建模的算法和超参数等。

第 9 章　生产测试和调试

（1）你能解释一下数据漂移和概念漂移之间的区别吗？

❏　数据漂移（data drift）：如果生产环境中的特征或自变量（independent variable）

的特点和含义与建模阶段不同，则可能会发生数据漂移。想象一下，你使用了第三方工具来生成人们的健康或财务状况的评分。该工具背后的算法可能会随着时间的推移而改变，当你的模型在生产环境中使用它时，其范围和含义将不一样。如果你没有相应地更新模型，那么模型将无法按预期工作，因为用于训练的数据和部署后的用户数据之间的特征值的含义有所不同。

❑ 概念漂移（concept drift）：概念漂移是指输出变量定义的任何变化。例如，由于概念漂移，训练数据和生产环境数据之间的实际决策边界可能会有所不同，这意味着训练中所做的努力可能会导致决策边界远离生产环境中的现实情况。

（2）模型断言如何帮助你开发可靠的机器学习模型？

模型断言（model assertion）可以帮助你及早发现问题，例如输入数据漂移或其他可能影响模型性能的意外行为。

我们可以将模型断言视为一组规则，在模型的训练、验证甚至部署期间进行检查，以确保模型的预测结果满足预定义的条件。

模型断言可以在很多方面帮助我们，例如检测模型或输入数据的问题，使我们能够在它们影响模型性能之前解决问题。它们还可以帮助保持模型的性能。

（3）集成测试的组件有哪些示例？

以下是集成测试组件的一些示例。

❑ 测试数据管道：我们需要评估模型训练之前的数据预处理组成部分（例如数据整理）在训练和部署阶段是否一致。

❑ 测试 API：如果机器学习模型通过 API 公开，则需要测试 API 端点以确保它正确处理请求和响应。

❑ 测试模型部署：可以使用集成测试来评估模型的部署过程，无论是将其部署为独立服务、部署到容器中，还是将其嵌入应用程序中。这个过程将确保部署环境提供必要的资源，例如 CPU、内存和存储，并且模型可以在需要时更新。

❑ 测试与其他组件的交互：我们需要验证机器学习模型是否与数据库、用户界面或第三方服务无缝协作。因此，这可能包括测试模型的预测结果如何在应用程序中存储、显示或使用。

❑ 测试端到端功能：可以使用模拟真实场景和用户交互的端到端测试来验证模型的预测在整个应用程序的上下文中是否准确、可靠且有用。

（4）如何使用 Chef、Puppet 和 Ansible？

可以使用 Chef、Puppet、Ansible 等基础设施即代码（infrastructure as code，IaC）和配置管理工具来自动化软硬件基础设施的部署、配置和管理。这些工具可以帮助我们确保不同环境下的一致性和可靠性。当然，在描述这些 IaC 工具对我们来说意味着什么之前，还需要定义两个重要的术语：客户端和服务器。

以下是 Chef、Puppet 和 Ansible 的工作原理。

❑ Chef：这是一个开源配置管理工具，依赖于客户端-服务器模型，其中 Chef 服务器将存储所需的配置，而 Chef 客户端则可将其应用于节点。

❑ Puppet：这是另一个开源配置管理工具，可以在客户端-服务器模型中工作或作为独立应用程序运行。Puppet 通过定期从 Puppet 主服务器拉取节点来强制执行所需的配置。

❑ Ansible：这是一种开源且易于使用的配置管理、编排和自动化工具，可以将配置传播并应用到节点。

第 10 章 版本控制和可再现的机器学习建模

（1）可用于数据版本控制的工具有哪些？试举 3 例。

以下是一些流行的数据版本控制工具。

❑ MLflow：在前面的章节中已经介绍了如何将 MLflow 用于实验跟踪和模型监控，MLflow 也可以用于进行数据版本控制。

❑ data version control（DVC）：这是一个用于管理数据、代码和机器学习模型的开源版本控制系统。它旨在处理大型数据集并与 Git 集成。

❑ Pachyderm：这是一个数据版本控制平台，可在机器学习工作流程中提供可再现性、来源和可扩展性。

（2）当生成相同数据的不同版本时——以使用 DVC 系统为例——是否需要以不同的名称保存？

不需要。同一数据文件的不同版本可以按相同的名称存储，并在需要时恢复和检索。

（3）你能否提供一个示例，说明使用相同的方法训练和评估数据时，却获得不同的训练和评估性能的情况？

将数据拆分为训练集和测试集时，或模型初始化期间随机状态的简单更改，可能会导致训练集和评估集的参数值和性能不同。

第 11 章 避免数据漂移和概念漂移

（1）你能否解释一下机器学习建模中漂移的两个特征（幅度和频率）之间的差异？

❑　幅度：我们可能会面临数据分布的巨大差异，这将导致机器学习模型出现漂移。数据分布的微小变化可能难以检测，而大的变化则可能更明显。

❑　频率：不同频率下可能会出现漂移。

（2）请通过网络搜索查找可用于数据漂移检测的统计检验，仅举一例即可。

Kolmogorov-Smirnov 检验（K-S 检验）可用于数据漂移检测。

第 12 章　　通过深度学习超越机器学习调试

（1）神经网络模型的参数会在反向传播中更新吗？

会。在前向传播中，已经计算出的参数用于输出生成；然后，在后向传播过程中使用实际输出和预测输出之间的差异来更新权重。

（2）随机梯度下降和小批量梯度下降有什么区别？

在随机梯度下降中，每次迭代使用一个数据点来优化和更新模型权重，而在小批量梯度下降中，使用数据点的小批量（小子集）。

（3）你能解释一下 batch 和 epoch 之间的区别吗？

每个 batch 或 mini-batch 是训练集中数据点的一个小子集，用于计算损失并更新模型的权重。在每个 epoch 中，将迭代多个批次以覆盖所有训练数据。

（4）你能否提供一个在神经网络模型中需要用到 sigmoid 和 softmax 函数的示例？

sigmoid 和 softmax 函数通常用于输出层，以将输出神经元的分数转换为 0 到 1 之间的值，用于分类模型。这称为预测的概率。

第 13 章　　高级深度学习技术

（1）可以使用卷积神经网络和图神经网络解决哪些问题？

卷积神经网络（CNN）可用于图像分类或分割、分辨率增强和对象检测等任务。例如，用于放射图像恶性肿瘤（肿瘤区域）的识别。

图神经网络（GNN）可用于节点分类、节点选择、链接预测和图分类等任务。例如，在产品和消费者图中选择消费者来推荐产品。

（2）应用卷积是否会保留图像中的局部模式？

是的，确实如此。

（3）减少标记数量是否会导致语言模型出现更多错误？

可能会导致更多错误。

（4）文本标记化过程中的填充指的是什么？

文本标记化中的一个挑战是语句和单词序列的长度不同。为了应对这一挑战，在称为填充（padding）的过程中，在每个单词或句子序列中的单词标记的 ID 之前或之后使用一个公共 ID，例如 0。

（5）在 PyTorch 中为卷积神经网络和图神经网络构建的网络架构类是否相似？

我们为 CNN 和 GNN 构建的类具有相似的代码结构。

（6）什么时候需要边的特征来构建图神经网络？

边的特征有助于包含一些重要信息，具体取决于应用。例如，在化学应用中，可以将化学键的类型确定为边的特征，而节点则可以是图中的原子。

第 14 章　机器学习最新进展简介

（1）生成式深度学习技术的例子有哪些？

基于 Transformer 的文本生成、变分自动编码器（VAE）和生成式对抗网络（GAN）。

（2）使用 Transformer 的生成式文本模型有哪些示例？

LLaMA 和 GPT 的不同版本。

（3）GAN 中的生成器和鉴别器是什么？

生成器是一个神经网络架构，可以生成所需数据类型（例如图像），生成数据的目的是欺骗鉴别器，以便让它将生成的数据识别为真实数据。

鉴别器则需要通过不断的学习，善于区分生成的数据和真实数据。

（4）可以使用哪些技巧来更好地进行提示？

以下是一些可以用来更好地进行提示的技巧。

❑　具体询问：你可以提供具体信息，例如你想要生成的数据的格式（例如要点或代码）以及你所指的任务（例如编写电子邮件或商业计划书）。

❑　指定为谁生成数据：你可以指定为谁生成数据，明确指出其专业或职位，例如为机器学习工程师、业务经理或软件开发人员生成一段文本。

❑　指定时间：你可以指定是否需要有关技术发布日期、首次宣布某事的日期、事件的时间顺序等时间信息。

❑　简化概念：你可以提供所要求内容的简化版本，以确保模型不会因提示的复杂性而感到困惑。

（5）你能否解释一下强化学习如何有助于导入生成式模型的结果？

在基于人类反馈的强化学习（RLHF）中，其奖励是根据人类（专家或非专家）的反馈来计算的，具体取决于你所要解决的问题。当然，考虑到语言建模等问题的复杂性，其奖励并不像预先定义的数学公式那样简单。人类提供的反馈会逐步改进模型。

（6）请简要介绍一下对比学习。

对比学习（contrastive learning）的思想是学习表示，使相似的数据点与不相似的数据点相比彼此更接近。

第 15 章　相关性与因果关系

（1）你能否拥有一个与输出高度相关，但在监督学习模型中没有因果关系的特征？

是的，可以拥有与输出高度相关，但在监督学习模型中不存在因果关系的特征。

（2）因果推理的实验设计和观察研究有什么区别？

建立因果关系的方法之一是进行实验，如在实验设计中，可以测量因果特征的变化对目标变量的影响。但是，此类实验研究可能并不总是可行或符合伦理。

在观察研究方法中，我们将使用观察数据而不是对照实验，并尝试通过控制混杂变量来识别因果关系。

（3）使用工具变量进行因果推断有什么要求？

工具变量可用于因果推理，克服观察研究中的一个常见问题（即实验组变量和结果变量由模型中未包含的其他变量或混杂因素共同确定）。这种方法需要首先确定一个与实验组变量相关，但与结果变量不相关的工具变量。

（4）贝叶斯网络中的关系是否一定被视为因果关系？

从特征到结果的方向并不一定意味着因果关系。但贝叶斯网络可用于估计变量对结果的因果影响，同时控制混杂变量。

第 16 章　机器学习中的安全性和隐私

（1）请解释 3 种可以帮助你完成机器学习项目的加密技术。

在以下 5 种技术中任选 3 种即可。

❑　高级加密标准（advanced encryption standard，AES）：AES 是保护数据的最强加密算法之一。AES 接受不同的密钥大小，如 128 位、192 位或 256 位。

❑　rivest-shamir-adleman（RSA）安全性：RSA 是最安全的加密算法之一，是一种广泛用于安全数据传输的公钥加密算法。

❑ 三重数据加密标准（triple data encryption standard，TDES）：TDES 是一种使用 56 位密钥来加密数据块的加密方法。

❑ Blowfish：Blowfish 是一种对称密钥加密技术，可用作 DES 加密算法的替代方案。Blowfish 的数据加密速度快且高效。它可以将数据（例如字符串和消息）分割成 64 位块并单独加密。

❑ Twofish：Twofish 是 Blowfish 算法的加密算法，同 Blowfish 一样，Twofish 使用分组加密机制。它可以破译 128 位数据块。

（2）同态加密在机器学习环境中的优势是什么？

我们可以使用模型对加密数据进行推理，而不需要解密。

（3）什么是差分隐私？

差分隐私（differential privacy，DP）的目标是确保单个数据点的删除或添加不会影响建模的结果。例如，通过向正态分布添加随机噪声，试图使各个数据点的特征变得模糊。如果可以访问大量数据点，则可以根据大数定律消除学习中的噪声影响。

（4）使用差分隐私或联邦学习有哪些非技术挑战？

在实践中使用联邦学习或差分隐私有很多技术细节，这超出了本书编程或基础设施设计的讨论范围。尽管联邦学习是本地存储用户数据的绝佳替代方案，但在不同的应用领域使用它仍然存在道德、法律和商业方面的诸多挑战。

第 17 章　人机回圈机器学习

（1）人机回圈机器学习是否仅限于数据标注和标记？

否。举例来说，可以通过主动学习将人类专家带入人机回圈中。

（2）在主动学习过程的每个步骤中选择实例时，不确定性采样和密度加权不确定性采样有什么区别？

在不确定性采样中，仅根据推理的不确定性来选择数据点。

在密度加权不确定性采样中，将选择不仅具有最高不确定性，而且能够代表许多其他依赖特征空间中数据密度的数据点的样本实例。